塑料成型加工技术

何　亮　冯翠兰　主编

中国纺织出版社

内 容 提 要

塑料作为一种常用材料，近年来发展迅速。塑料制品的应用已经遍布到国民经济中的各个部门。塑料是高分子材料最主要的品种，塑料成型加工技术集中体现了高分子材料的整体成型加工技术水平。塑料成型加工技术属于高分子材料加工工程学科，也是高分子材料加工工程学科最为活跃的研究领域与发展领域之一。

本书系统地讲解了塑料成型加工的发展，加工塑料使用的原料和助剂，塑料加工基础以及物料的配制。希望通过本书的介绍和讲解，使读者能够掌握塑料的性能和基本的成型加工方法。

图书在版编目（CIP）数据

塑料成型加工技术 / 何亮，冯翠兰主编. —北京 ：中国纺织出版社，2019.2（2022.9 重印）

ISBN 978-7-5180-5764-1

Ⅰ. ①塑…　Ⅱ. ①何…　②冯…　Ⅲ. ①塑料成型—工艺　Ⅳ. ①TQ320.66

中国版本图书馆 CIP 数据核字(2018)第 273513 号

责任编辑：朱利锋　　责任校对：楼旭红
责任设计：胡　姣　　责任印制：王艳丽

中国纺织出版社出版发行
地址：北京市朝阳区百子湾东里 A407 号楼　邮政编码：100124
销售电话：010—67004422　传真：010—87155801
http://www.c-textilep.com
中国纺织出版社天猫旗舰店
官方微博 http://weibo.com/2119887771
佳兴达印刷（天津）有限公司印刷　各地新华书店经销
2019 年 2 月第 1 版　2022 年 9 月第 3 次印刷
开本：787×1092　1/16　印张：16
字数：370 千字　定价：67.00 元

前　言

材料、能源、信息是21世纪科学与技术的三大支柱，材料只有通过成型加工才能成为具有一定形状、尺寸、性能的制品。高分子材料成型加工技术是材料加工工程领域不可缺少的分支，与金属材料、无机非金属材料等传统材料成型加工相比，其制品性能对成型加工技术的依赖度更高。在成型加工过程中，聚合物不仅会发生物理或者相态变化，也会发生化学变化。制品中聚合物的取向、结晶、内应力、交联、降解、气泡、多组分的分散程度等内在因素均依赖于成型加工过程而发生变化，模具结构、产品形状与尺寸、加工过程中温度、压力、时间、速度、外场等外在因素对制品最终性能也有着至关重要的影响。近年来，人们发现高分子材料的性能不仅依赖于其本身的大分子结构，而且越来越多地依赖于成型加工过程及其后处理过程所形成的形态结构。

随着合成树脂、塑料制品产量的增长，质量不断提高，塑料制品的应用范围日益扩大，现已广泛应用于农业、工业、建筑、国防尖端工业、交通与航空等领域。塑料制品已经渗透到人类日常生活的各个领域中，如办公用品、家用电器、医疗器械和体育等。塑料成型加工水平的高低直接影响着塑料制品的应用，塑料成型过程采用的方法有挤出、注射、压延、中空吹塑、模压、发泡成型及热成型等。因此，学习并掌握各种塑料成型方法的工艺过程、工艺参数、成型设备等知识是非常重要的。

本书系统地讲解了塑料成型加工的发展，加工塑料使用的原料和助剂，塑料加工基础以及物料的配制。其中选取挤出成型、压延成型、注塑成型和中空成型展开讲解，包括其原理、使用设备等。并在最后简略地讲解了塑料成型加工的新技术。

本书可作为高分子材料与工程专业的本科教材使用，也适合于塑料工程及相关专业的学生使用，并可供从事塑料加工、研究开发和应用的工程技术人员参考。

由于编者水平所限，难免有错误和不足之处，衷心希望广大读者批评指正。

编　者

2018年10月

目录

CONTENTS

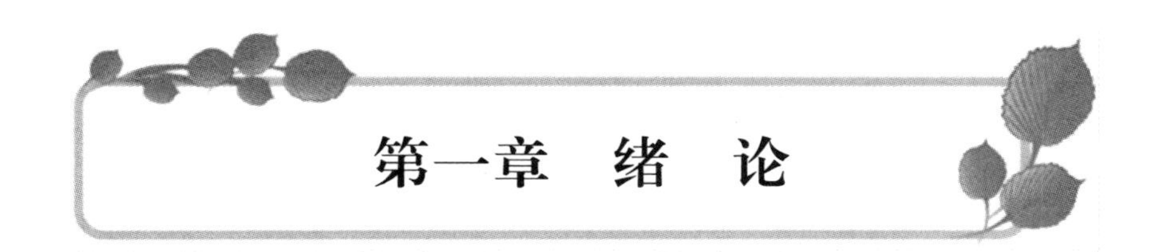

第一章　绪　论

第一节　塑料成型加工与其他学科的关系

材料、能源、信息是21世纪科学与技术的三大支柱。材料科学与工程是一级学科，下设材料学、材料加工工程、材料物理与化学三个二级学科。目前材料通常分为金属材料、无机非金属材料、有机高分子材料、复合材料和功能材料等类型，每一类材料都有自己的独特性能，相应也有自己的独特成型加工技术。

材料学科主要研究材料的组成与结构、材料制备、材料性能、材料应用等内容，而材料加工工程学科主要研究将材料成型加工为制品的方法与工艺。材料通过加工不仅能够获得具有一定形状和尺寸要求的制品，满足制品后续装配要求和使用性能要求，同时还可以进一步改变或者调控材料的微观结构，提高材料的性能。

高分子材料成型加工技术是材料加工工程领域不可缺少的分支，与金属材料、无机非金属材料等传统材料成型加工相比，其制品性能对成型加工技术的依赖度更高。在成型加工过程中，聚合物不仅会发生物理或者相态变化，也会发生化学变化。制品中聚合物的取向、结晶、内应力、多组分的分散程度、交联、气泡等内在因素均依赖于成型加工过程而发生变化，模具结构，产品形状与尺寸，加工过程中温度、压力、时间、速度、外场等外在因素对制品最终性能有着至关重要的影响。

近年来，人们发现高分子材料的性能不仅依赖于其本身的大分子结构，而且越来越多地依赖于成型加工过程及其后处理过程所形成的形态结构。例如，超高分子量聚乙烯经过凝胶挤出纺丝所形成的纤维，其拉伸强度、拉伸模量高达7 GPa和100 GPa，分别是普通高密度聚乙烯的200倍和100倍，这一性能的突出变化在很大程度上就取决于加工过程中聚乙烯大分子链的高度取向以及串晶结构的形成。再比如，通过在管材挤出口模中增加超声波，使大分子链沿着管材环向取向，可以使聚乙烯管材的爆破内压提高4倍以上。

塑料成型加工技术隶属高分子材料加工工程学科，是高分子材料加工工程学科最为活跃的研究与发展领域之一。它以高分子材料、高分子物理等为基础，研究将塑料转变为塑料制品的方法与技术，涉及传质传热、分散与混合、固体力学、聚合物熔体流变学等基本工程原理，还涉及熔体流变学、高分子物理、高分子化学等高分子科学(图 1-1-1)。

<table>
<tr><td rowspan="5">基本步骤</td><td colspan="2">固体颗粒处理</td><td rowspan="5">成型工艺</td><td>初步成型</td><td rowspan="5">后期处理</td></tr>
<tr><td colspan="2">熔化</td><td>模塑和注射</td></tr>
<tr><td colspan="2">压力输送和抽吸</td><td>拉伸成型</td></tr>
<tr><td colspan="2">混合</td><td>压延和涂膜</td></tr>
<tr><td colspan="2">脱挥发分和杂质分离</td><td>塑模涂层</td></tr>
<tr><td colspan="6">高分子材料成型加工中所涉及的高分子知识</td></tr>
<tr><td>传递现象</td><td>混合原理</td><td>固体力学</td><td>聚合物熔体流变学</td><td>高分子物理</td><td>高分子化学</td></tr>
<tr><td colspan="3">工程原理</td><td colspan="3">高分子科学</td></tr>
</table>

图 1-1-1　塑料成型加工基本框架

同时，塑料成型加工技术与塑料材料学、塑料模具设计、塑料成型机械、塑料制品设计紧密相关(图 1-1-2)。塑料成型加工技术是一门既有一定理论指导又偏重于工程技术的多学科交叉的课程。

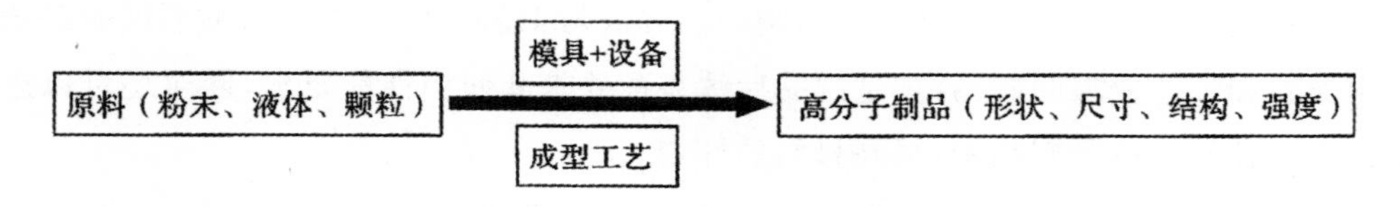

图 1-1-2　塑料成型加工的基本流程

塑料成型加工也是整个塑料工业中的一个重要环节，与树脂合成工业、助剂工业、模具工业、塑料机械工业、改性塑料工业密不可分。树脂合成工业提供各种合成树脂原料；助剂工业提供塑料用各种添加剂；模具工业提供各种成型模具；塑料机械工业提供各种塑料成型设备；改性塑料工业提供以合成树脂为主要原料，添加各种添加剂的改性塑料；塑料加工业则进行各种塑料制品的制造，六大行业相互依存、相互发展，缺一不可。

第二节　塑料成型加工的发展历史

塑料是有机高分子材料中最主要的品种，其成型加工技术代表了高分子材料最主要的成型加工技术。相比于金属材料，塑料的发展只有近百年的历史，因此，塑料成型加工技术初期是从金属材料、无机材料(玻璃、陶瓷)以及橡胶等材料的成型加工技术中移植过来的，随后经过不断创新与发展，形成了比较独立和完善的塑料成型加工技术体系。因此，可以将塑料成型加工技术的发展历史分为移植期、改进期和创新期。

一、移植期

从19世纪70年代开始，硝化纤维素和酚醛塑料的出现以及20世纪初醋酸纤维素和脲醛塑料的出现，如何将这些新型材料加工成为有用的塑料制品就成为工业界最为关心的技术问题。

此时，由于没有成型加工塑料的专业化设备，缺乏对于这些新材料基本成型原理的认识，人们自然想到了这几种塑料与已有传统材料在成型工艺上有许多相似之处，通过移植传统材料的成型加工技术和成型设备，或对传统成型加工技术、成型设备进行改进，可以实现塑料制品的成型加工，并将其应用于日用品和工业零件。

借助于铸铁在加热到熔点以上具有良好流动性并可以填充模具形成金属铸件这一铸造技术，形成了"塑料浇铸"这一成型技术；借助于橡胶在高温高压下可以转变为不溶不熔固体物这一技术，将酚醛塑料在高温下压制形成了"压缩模塑"这一成型技术；利用玻璃制品的吹瓶技术形成了塑料中空制品的"吹塑成型"技术；从造纸工业滚筒技术出发，形成了塑料的"压延成型"技术；利用金属的压力挤压铸造技术，形成了塑料的"柱塞注射"成型技术；借鉴金属的钣金加工技术，形成了塑料片材的"热成型"技术等。

由于受到成型原理不清楚、成型设备不完备、成型工艺控制技术不精确以及对于塑料成型工艺性认识不足等条件的制约，移植期成型加工出的塑料制品质量差，形状简单，生产效率低。

二、改造期

从20世纪20年代开始，大量聚合物新品种的问世（图1-2-1）使得人们对于塑料成型加工的要求更加迫切，机械工业已经能够为塑料制品生产企业提供多种专用成型设备，塑料成型加工理论已经取得重大进展，塑料制品从传统材料的代用品逐渐成为一些工业部门不可缺少的零部件。这一切都促使塑料成型加工技术从移植期向改造期转变。

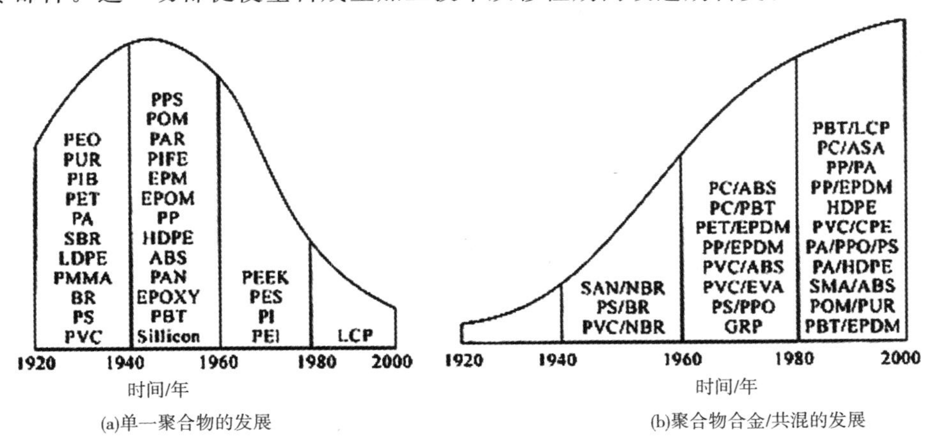

图1-2-1 塑料品种的发展历史

1936年出现的塑料专用电加热单螺杆挤出机，是塑料成型加工技术进入改造期的第一个重大成就，能够完成固体塑料的加料、压缩、熔融、排气、混合、泵送、挤出等基本操作单元。单螺杆挤出机使得热塑性塑料型材如板材、管材、棒材、片材、膜材和异型材的高效连续化挤出生产成为可能，这一方法依然是当今热塑性塑料连续化挤出的主要技术。

三、创新期

从20世纪50年代中期开始，出现了如聚碳酸酯、聚甲醛、聚苯醚、聚砜、聚酰亚胺、环氧树脂、不饱和聚酯和聚氨酯等一大批高性能塑料。而这些新塑料品种的成型工艺性又各具特色，这就要求有适合它们的成型加工技术将其高效而经济地制造为产品，加之各种尖端技术的发展对塑料制品的性能、结构复杂性和尺寸精度等提出了更高的要求，促使塑料成型加工技术快速发展。电子计算机和各种自动化控制仪表的普及，塑料成型设备的设计和制造技术不断取得的新成果。塑料成型加工理论研究的新进展，则为塑料成型加工技术的创新提供了条件。

1956年出现的往复式螺杆注射机，以及早前问世的双螺杆挤出机，使热敏性和高熔体黏度的热塑性与热固性塑料，都能采用高效的成型技术生产优质的制品。往复式螺杆注射机不仅提高了注射成型的效率，而且对于注射制品的质量也有明显的改善。双螺杆挤出机具有强制加料、自洁、高效混合、混炼、排气脱挥、自压缩泵送等一系列优点，使得塑料填充、塑料合金、塑料增强、反应挤出等一系列新材料、新技术的出现成为可能。这一时期出现的反应注射技术，使聚氨酯、环氧树脂和不饱和聚酯的液态单体或低聚物的聚合与成型能在同一生产线上一次完成；而滚塑技术的采用，使特大型塑料中空容器的成型成为可能。往复螺杆式注射、反应注射和滚塑等一批塑料独有的制品生产技术的出现，标志着塑料成型加工已从以改造各种移植技术为主的时期，转变到开发更能发挥塑料优异成型工艺性的时期。在这一时期成型加工技术的发展，也促使高效成型技术的制品生产过程从机械化和自动化，进一步向着连续化、程序化和自适应控制的方向发展。

进入创新时期的塑料成型加工技术与前一时期相比，可成型加工制品的范围和制品质量控制等方面均有重大突破。采用创新的成型技术，不仅使以往难以成型的热敏性和高熔体黏度的塑料可方便地成型为制品，而且也使以往较少采用的长纤维增强塑料、片状模塑料和团状模塑料可大量用作高效成型技术的原材料。重量超过100 kg的汽车外壳和船体、容积超过50 000 L的特大容器、幅宽大于30 m的薄膜和宽度大于2 m的板材，以及重量仅几十毫克的微型齿轮、微型轴承和厚度仅几微米的超薄薄膜，在成型加工技术进入创新期后都已经成为塑料制品家族中的成员。计算机在塑料成型加工中的推广应用，不仅可对成型设备进行程序控制以实现制品成型过程的全自动化，而且通过发挥计算机的监控、反馈和自动调节功能，可使一些塑料制品的成型过程实现自适应控制，这对提高塑料制品生产效率、降低制品的不合格率和保证同一批次制品的质量指标接近等方面，均起重要作用。

塑料成型加工技术的发展仍在延续，其近期发展趋势是：由单一技术向组合型技术发展，如注射—拉伸—吹塑成型技术和挤出—模压—热成型技术等；由常规条件下的成型技术向特殊条件下的成型技术发展，如超高压和高真空条件下的塑料成型加工技术；由基本上不改变塑料原有性能的成型技术向赋予塑料新性能的成型加工技术发展，如双轴拉伸薄膜成型、发泡成型、交联挤出、振动挤出、凝胶纺丝、电磁动态挤出和注射等。

四、我国塑料成型加工技术的发展

我国的塑料成型加工工业，在民国时期几乎是个空白，仅上海、重庆、武汉和广州等少数几个大城市有十几家小型塑料制品生产厂。这些小厂一年的总产量只有约 400 t 赛璐珞、酚醛胶木粉和电玉粉的日用塑料制品。而且所用的塑料原料和主要成型加工设备多依赖从国外进口。中华人民共和国成立后，我国的各类塑料制品生产，才从无到有或从小到大得到迅速发展。

20 世纪 50 年代，我国塑料制品的产量平均每年以 71％高速递增。但由于原来的基础薄弱。这一时期塑料制品的年产量低，制品的类别单一，应用范围也比较窄，而且是以生产酚醛和脲醛等热固性塑料制品为主。

进入 20 世纪 60 年代后，由于大批量聚氯乙烯树脂的投产，我国塑料成型加工工业由以生产热固性塑料制品为主，转变为以生产热塑性聚氯乙烯塑料制品为主。塑料制品的应用也从日常生活开始扩展到农业和一些工业部门。这一时期我国塑料制品的产量，平均每年以 18.6％的速度递增。

20 世纪 70 年代，由于从国外引进了数套大型树脂生产装置，树脂产量比 60 年代增长 4.3 倍。合成树脂产量的大幅度增长，带动了塑料制品生产工业的大发展。我国 70 年代塑料制品的总产量是 60 年代的 5 倍，年平均增长率为 14.4％。到 1979 年我国塑料制品的年产量已达百万吨，而且产品的品种、结构也发生了较大变化。

20 世纪 80 年代，改革开放政策的实施，为我国塑料成型加工工业的发展注入了新的活力。这一时期，虽然塑料制品产量的基数较大，但仍以年平均 14％的高速度递增，到 1989 年我国塑料制品的年产量已达 300×10^4 t。80 年代我国塑料制品生产发展的特点可概括为速度快、产量大、品种多和应用广。与前 10 年相比，我国塑料制品的生产不仅在产量和制品质量上均有明显提高，而且制品的品种大幅度增加，从而使塑料制品的应用扩展到国民经济的各个领域。

进入 21 世纪，由于建材、农业、包装、日用品、汽车、交通运输、纺织业等行业对塑料制品的需求量猛增，我国塑料行业进入高速发展期，塑料行业的增长速度保持在 10％左右。2012 年我国规模以上塑料制品加工业企业已达 1.34 万家，产值达 1.67 万亿元。当前我国的塑料机械、塑料制品和一些树脂生产量已经跃居世界第一，成为真正的塑料大国。塑料制品在各行各业的生产发展和技术进步中起着越来越重要的作用。

第三节　塑料成型加工技术的分类

一、按所属成型加工阶段划分

1. 一次成型技术　一次成型技术，是指将聚合物熔体加热到流动温度或熔点以上，借助于聚合物熔体的黏流态实现聚合物造型。一次成型能将塑料原材料转变成具有一定形状和尺寸要求的制品或半成品，目前生产上广泛采用的挤出、注射、压延、压制、浇铸、涂覆等均为一次成型。一次成型所用原料称为成型物料，通常为粉料、粒料、纤维增强粒料、片料、糊料、碎屑料等，这些原料基本都含有添加剂。

2. 二次成型技术　二次成型技术，是指利用一次成型半成品作为原料，借助于聚合物的高弹态实现塑料制品的再次成型或变形的技术。二次成型既能改变一次成型所得塑料半成品（如型材和坯件等）的形状和尺寸，又不会使其整体性能受到破坏。目前生产上采用的双轴拉伸成型、中空吹塑成型和热成型等均为二次成型技术。

3. 二次加工技术　在保持一次成型或二次成型产物固态不变的条件下，为改变其形状、尺寸和表观性质所进行的各种工艺操作方法称为二次加工技术，也称作“后加工技术”。大致可分为机械加工、连接加工和修饰加工三类方法。

二、按聚合物在成型加工过程中的物理化学变化划分

1. 以物理变化为主的成型加工技术　塑料的主要组分聚合物在这一类技术的成型加工过程中，主要发生相态与物理状态转变、流动与变形和机械分离之类物理变化。在这种成型加工过程中，聚合物发生物理变化是其最主要的行为，同时可能会产生少量聚合物热降解、力降解、支化和轻度交联等化学变化，但这些化学变化对成型加工过程的完成和制品性能的影响不起主要作用。热塑性塑料的一次成型、二次成型以及大部分塑料的二次加工过程都是以物理变化为主的成型加工过程。

2. 以化学变化为主的成型加工技术　属于这一类的成型加工技术，在其成型加工过程中，聚合物或其单体有明显的交联反应或聚合反应，而且这些化学反应进行的程度对制品的性能有决定性影响。如加有引发剂的甲基丙烯酸甲酯的静态浇铸成型，加有固化剂的环氧树脂的静态浇铸成型，异氰酸酯与多元醇化合物的反应注射，聚烯烃接枝不饱和单体的反应挤出，热固性树脂的树脂传递模塑（RTM）成型技术等。

3. 物理和化学变化兼有的成型加工技术　热固性塑料如酚醛或脲醛模塑粉的传递模

塑、压缩模塑、注射是这类成型加工技术的典型代表。其成型过程首先通过将聚合物从玻璃态加热到黏流态以上，通过黏流态实现充模填充，再借助于高温实现聚合物的交联固化，从而脱模取出制品。在此成型加工过程中，第一阶段聚合物在加热、加压下的流动充模过程为主要的物理变化过程，第二阶段的聚合物在更高温度下的固化过程为化学变化过程。

三、按成型加工的操作方式划分

1. 间歇式成型加工技术　这类技术的共同特点是，成型加工过程的操作不能连续进行，各个制品成型加工操作时间并不固定；有时具体的操作步骤也不完全相同。这类成型加工技术的机械化和自动化程度都比较低，手工操作多。用移动式模具的压缩模塑和传递模塑、冷压烧结成型、层压成型、静态浇铸、滚塑以及大多数二次加工技术均属此类。

2. 连续式成型加工技术　这类技术的共同特点是，其成型加工过程一旦开始，就可以不间断地一直进行下去。塑料产品长度可不受限制，因而都是管、棒、单丝、板、片、膜之类的型材。典型的连续式塑料成型加工技术有型材的挤出，薄膜和片材的压延，薄膜的流延浇铸，压延和涂覆人造革成型和薄膜的凹版轮转印刷与真空蒸镀金属等均为连续式成型加工技术。

3. 周期式成型加工技术　这一类技术在成型加工过程中，每个制品均以相同的步骤、每个步骤均以相同的时间，以周期循环的方式完成工艺操作，主要依靠成型设备预先设定的程序完成各个制品的成型加工操作，因而成型过程中只有很少的人工操作。如全自动式控制的注射和注坯吹塑，以及自动生产线上的片材热成型和蘸浸成型等。

第四节　塑料成型加工过程

塑料成型加工一般均要经过三个阶段，第一是成型准备阶段，第二是成型加工阶段，第三是成型制品的后处理阶段。依据成型物料和成型制品的不同，各个阶段的复杂程度也不同。

一、成型准备阶段

成型准备阶段一般包含成型物料的制备、成型物料的预处理。

成型物料的制备又包含塑料的着色、塑料的填充、塑料增强、塑料合金化、热固性塑料的配制、热塑性糊塑料的配制等一系列用于后续一次成型用物料的准备。双螺杆挤出造粒工艺通常用于成型物料的制备过程中，即将聚合物从主喂料口加入螺杆中，通过其他加料口再将粉料、液体原料、纤维等引入螺杆中，通过双螺杆的强制喂料作用、高的混合分散作用，将不同种类、不同形状的原料进行混合，实现对成型物料的改性。通过螺杆结构的设计以及成型工艺的调控，双螺杆挤出工艺也可以适用于热固性原料各组分的混合。

成型物料的预处理包含成型物料的干燥与预热，热塑性塑料的粉碎。

成型物料的干燥是为了除去成型物料中的水分以及低分子挥发分。首先，水分和低分子挥发分的存在，在成型加工的高温阶段会挥发成为气体，从而造成制品表面缺乏光泽、出现银丝等外观缺陷，对于透明塑料制品如聚苯乙烯、聚甲基丙烯酸甲酯、聚碳酸酯等影响特别严重；其次，水分也会在成型加工的高温阶段造成聚酯类、聚酰胺类等聚合物降解；最后，制品中的挥发分冷却凝固产生微小气泡，往往会造成制品力学性能和电性能降低。因此，不同塑料对其允许含有的水分要求不同。可以通过热风循环干燥、红外线干燥、真空干燥、沸腾床干燥和远红外干燥等一系列手段实现对成型物料的干燥。目前，挤出机和注射机料斗带有料斗干燥器，是一种十分方便和高效的除湿设备。

成型物料的预热一般针对热固性模塑料，特别适用于纤维增强热固性塑料的模压成型。预热可以提高模塑料在成型条件下的流动性，有利于降低成型压力，减小模具成型面的磨损，还有利于缩短成型时间、减小制品内应力。

热塑性塑料的粉碎是指将热塑性塑料废品、边角料、流道冷凝物等粉碎后为回收使用所做的准备工作，也包含将开炼机塑炼的片料进行粉碎以适应后续成型机的加料要求，还包含将粒料、碎片料破碎、磨细以适应于滚塑、粉末涂覆等工艺对成型物料的要求。

二、成型加工阶段

成型加工阶段是塑料制品生产过程中的主阶段，一次成型、二次成型、二次加工均属于成型加工阶段。在这一阶段中，塑料由原料变成为不同形状的制品。塑料挤出成型、注射成型、压延成型、压制成型、热成型、吹塑成型、双向拉伸成型、浇铸成型、涂覆成型等均为传统的成型加工阶段。此外，气体辅助注射成型、反应挤出、反应注射、熔芯注射成型、注射压缩成型、自增强成型、快速成型等新型成型加工技术也属于成型加工主阶段。

三、成型制品的后处理阶段

由成型加工阶段获得的制品还可能进行一些后处理操作，例如，为减少内应力所进行的热处理，为减小制品翘曲变形所进行的定型处理，为减少制品因吸湿造成的尺寸变化所进行的调湿处理等均属于制品的后处理阶段。后处理依据材料、制品形状、成型工艺不同而异，并非所有塑料制品都要进行后处理。

第五节　塑料成型加工新技术及其未来发展

经过近百年的努力，伴随着整个塑料工业的整体发展，塑料成型加工技术也取得长足的

发展，经典的挤出成型、注射成型、压延成型、模压成型、热成型、吹塑成型、铸塑成型等主要成型技术都衍生出许多新的成型加工技术，能够满足对于塑料制品结构、形状、尺寸、性能等更高的要求。

在挤出成型加工技术中，发展出了反应挤出、复合挤出、双螺杆及多螺杆挤出、排气式挤出、多级挤出、振动挤出、电磁塑化挤出等新型成型加工技术。在注射成型加工技术中，发展出了反应注射、气体辅助注射、水辅注射、流动注射、注射压缩、熔芯注射、共注射、层状注射等新型成型加工技术。在压延成型加工技术中，发展出了多层复合压延等新技术。在模压成型加工技术中，发展出了片状模塑料（SMC）连续化压制成型等新技术。在吹塑成型加工技术中，发展出了挤出—拉伸—吹塑、注射—拉伸—吹塑、双壁吹塑、模压吹塑、共挤吹塑、复合吹塑、三维吹塑等新型成型加工技术。近年来，基于增材制造的塑料制品 3D 打印等快速成型技术又将使塑料成型加工技术迈入一个新的历史时期。

与金属、无机非金属相比，塑料及其成型加工技术依然是一个年轻的行业，塑料成型加工领域的研究较多地集中在某些具体产品的制造技术及工艺条件控制方面，缺乏系统全面的科学研究基础，成型加工的理论研究十分薄弱，宏观问题考虑多，而对聚合物结构、填充体系、成型加工流变学、热力学等微观因素对制品性能的影响研究较少。随着科学技术的发展，塑料成型加工技术将以从制品设计到材料设计再到成型加工设计的整体全方位思路发展，成型加工技术对制品结构与性能的影响越来越强。

塑料成型加工是一门多学科交叉、科学与工程技术紧密结合的学科，塑料新材料的不断涌现，塑料填充、塑料增强、塑料合金等改性技术的发展以及塑料应用领域的不断拓展，促使人们对于塑料成型加工技术提出了更高的要求。塑料制品的性能不仅依赖于聚合物的大分子结构，而且在很大程度上依赖于材料成型过程及其后处理过程中形成的形态结构。塑料成型加工技术的根本任务是了解材料的特性，确定适宜的加工条件，控制形态结构制取最佳性能的产品。塑料成型加工的发展方向是，进一步研究成型过程中多尺度、多相聚合物的流变学，成型加工过程中的基本物理、化学问题，加工外场对制品的形态、结构和性能的影响规律，成型加工过程中材料的结构演变与构筑，计算机模拟和辅助设计、增材制造以及环境友好塑料成型加工等相关科学与技术问题，为发展新型成型加工技术以及提高制品性能提供理论与实践指导。

第二章 常用塑料的性能和用途

第一节 聚乙烯

一、聚乙烯概述

聚乙烯(PE)是由乙烯单体聚合而成的。以聚乙烯树脂为基材,添加少量抗氧剂、爽滑剂等塑料助剂后造粒制成的塑料称为聚乙烯塑料。PE 是聚乙烯(polyethylene)的缩写代号。

1. 聚乙烯品种 聚乙烯是一个可用多种工艺方法生产,具有多种结构和特性的系列品种,品种多达几百个。目前,应用较多的品种有:低密度聚乙烯(LDPE)、高密度聚乙烯(HDPE)、线型低密度聚乙烯(LLDPE)及一些具有特殊性能的品种,如超高分子量聚乙烯(UHMWPE)、低分子量聚乙烯(LMWPE)、高分子量高密度聚乙烯(HMWHDPE)、极低密度聚乙烯(VLDPE)、氯化聚乙烯(CPE)、交联聚乙烯(VPE)和多种乙烯共聚物等。

2. 聚乙烯合成方法及特点 聚乙烯的合成,按聚合压力的不同,可分为高压聚合法、低压聚合法和中压聚合法。在聚乙烯聚合生产中三种方法都有应用,但采用三种方法聚合的聚乙烯,其结构、密度和性能又各有特点。

高压法聚合的聚乙烯也称高压聚乙烯,是在 100～300 MPa 的高压下,用有机过氧化物为引发剂聚合而成的。其密度在 0.910～0.935 g/cm^3。若按密度分类,称其为低密度聚乙烯。

低压法聚合的聚乙烯也称低压聚乙烯,是用齐格勒催化剂(有机金属)或用金属氧化物作为催化剂,在低压条件下聚合而成的,其密度为 0.955～0.965 g/cm^3。与高压法聚合的聚乙烯相比,低压法聚合的聚乙烯不只是密度值高,其拉伸强度和撕裂强度也都高于高压法聚合的聚乙烯。由于其密度值较高,所以又称其为高密度聚乙烯。

中压法聚合的聚乙烯,采用了改进型的齐格勒催化剂,其聚合温度和压力都高于低压法聚乙烯的聚合条件。中压法聚乙烯的大分子结构为线型,其纯度和很多性能都介于高压法聚乙烯和低压法聚乙烯之间。所以,此法生产的聚乙烯被称为中密度聚乙烯,MDPE 是中密度聚乙烯的缩写代号。

3. 聚乙烯用途　聚乙烯树脂在全部树脂中的应用量最大。目前，国内聚乙烯制品的年产量约在500万吨。用聚乙烯树脂成型的塑料制品，主要有薄膜、各种形状的中空容器、管材、编织袋、周转箱、单丝、瓦楞板、电缆料、板材和鞋等。由于聚乙烯制品具有力学性能、电性能良好，化学性能稳定和成型加工性能好等特点，所以其制品广泛地应用在工业、农业、医药卫生和日常生活用品中。

二、低密度聚乙烯

1. 性能特征　低密度聚乙烯(LDPE)为乳白色蜡质半透明固体颗粒，无毒，无味，密度在0.910～0.925 g/cm^3。在聚乙烯树脂中，除超低密度聚乙烯树脂外，低密度聚乙烯是最轻的品种。与高密度聚乙烯相比，其结晶度(55%～65%)和软化点(90～100℃)较低；有良好的柔软性、延伸性、透明性、耐寒性和加工性；化学稳定性较好，可耐酸、碱和盐类水溶液；有良好的电绝缘性能和透气性；吸水性低；易燃烧，可产生石蜡气味的气体。不足之处是机械强度低于高密度聚乙烯；透湿性、耐热性、耐氧化性和抗日光老化性能差，在日光或高温作用下易老化分解而变色，性能下降，所以，低密度聚乙烯应用时要添加抗氧剂和紫外线吸收剂来改善其不足之处。另外，低密度聚乙烯制品的黏合性和印刷性很差，为了改善这方面的不足，制品表面需经电晕处理或化学腐蚀后方可应用。

2. 用途

(1)LDPE薄膜的用途可分为农业用和包装用。农业用薄膜用于育苗和各种大棚；包装用薄膜用途广泛，如用于各种机械零件、化工和医药制品、各种服装及生活日用品的包装，各种食品的包装，以及防潮和防氧化真空包装等，另外，还可用作手提袋等。

(2)挤出成型的管材和注塑成型的管件主要用于各种液体的输送管路。

(3)挤出覆合薄膜与纸、板、纤维板和铝箔，以及其他多种塑料的复合制品多用于食品和医药的防潮、防氧化包装等。

(4)挤出成型的电缆护套、塑料包覆电线，主要用于通信、电流的输送、动力电缆、信号线路及高压线路等。

(5)挤出的丝用于绳索、渔网，复合薄膜还有防电磁辐射的作用。

(6)注塑成型的瓶、桶、盖、盘、玩具等塑料制品是人们日常生活中不可缺少的用品。注塑工业用配件，既减轻了设备质量，又节省了大量的金属材料。

三、高密度聚乙烯

1. 性能特征　高密度聚乙烯(HDPE)为白色粉末或颗粒状产品，无毒，无味，结晶度为80%～90%，软化点为125～135℃，使用温度可达100℃；硬度、拉伸强度和蠕变性优于低密度聚乙烯；耐磨性、电绝缘性、韧性及耐寒性较好，但与低密度聚乙烯相比略差些；化学稳定性好，在室温条件下，不溶于任何有机溶剂，耐酸、碱和各种盐类的腐蚀；薄膜对水蒸气和空气的渗透性小，吸水性低；耐老化性能差，耐环境应力开裂性不如低密度聚乙烯，特别是热氧化作用会使其性能下降，所以树脂中须加入抗氧剂和紫外线吸收剂等来改善这方面的不足。高密度聚乙烯薄膜在受力情况下热变形温度较低，应用时要注意。

2. 用途 高密度聚乙烯树脂可采用注射、挤出、吹塑和旋转成型等方法成型塑料制品。

采用注射成型可成型出各种类型的容器、工业配件、医用品、玩具、壳体、瓶塞和护罩等制品。采用吹塑成型可成型各种中空容器、超薄型薄膜等。采用挤出成型可成型管材、拉伸条带、捆扎带、单丝、电线和电缆护套等。另外，还可成型建筑用装饰板、百叶窗、合成木材、合成纸、合成膜和成型钙塑制品等。

四、线型低密度聚乙烯

线型低密度聚乙烯（LLDPE）是乙烯与少量α-烯烃（如1-丁烯、1-己烯、1-辛烯等）在催化剂的作用下，在高压或低压条件下聚合而成的共聚物。

1. 性能特征 线型低密度聚乙烯的外观与普通低密度聚乙烯相似。密度、结晶度和熔点均比高密度聚乙烯低，结晶度为50%～55%，略高于低密度聚乙烯，但比高密度聚乙烯低很多；熔点比低密度聚乙烯略高些（一般要高出10～15℃），但温度范围很小；力学性能优于普通低密度聚乙烯，如撕裂强度、拉伸强度、冲击强度、耐环境开裂性和耐蠕变性能均比低密度聚乙烯好；电绝缘性能也优于低密度聚乙烯。用线型低密度聚乙烯成型的薄膜，既柔软又耐热，且有较高的撕裂强度和热合强度，但膜的透明度和光泽性较差。

2. 用途 线型低密度聚乙烯树脂一般多用于注射机注射成型塑料制品，经改性的线型低密度聚乙烯可采用吹塑、注射、滚塑和挤出等方法成型塑料制品。

采用挤出机可挤出成型管材、电线电缆包覆护套，挤出吹塑各种厚度薄膜及成型中空制品等。

采用注射机可注射成型各种工业配件、气密性容器盖、汽车用零部件和工业容器等。

旋转成型法加工成农药和化学品容器及槽车罐等大型容器等。也可采用流延法成型流延膜，用于复合、印刷和建筑用薄膜。

五、超高分子量聚乙烯

超高分子量聚乙烯（UHMWPE）是一种线型结构的热塑性工程塑料，其分子结构和生产方法与高密度聚乙烯基本相同，可采用低压聚合法、淤浆法和气相法合成，相对分子质量是依靠改变催化剂成分比例、添加改性剂和调整工艺参数来控制。

超高分子量聚乙烯为粉末状，密度为0.936～0.964 g/cm^3，无毒，不易吸水，不易黏附，无表面吸引力；力学性能和化学性能独特，它几乎集中了各种塑料的优点，具有普通聚乙烯

和其他工程塑料无法比拟的耐磨性、自润滑性和噪声衰减性；抗冲击、耐低温、抗低温冲击；耐高温蠕变，热稳定性好，熔点温度为 190～210℃，热变形温度为 85℃（在 0.46 MPa 下），熔体流动速率接近零；耐寒性好，脆化温度低于－140℃；拉伸强度高达 39.2 MPa；耐蚀性和耐环境开裂性能很好。

超高分子量聚乙烯，由于其相对分子质量很高，熔体流动速率极低，熔体黏度极大，流动性极差，对热剪切又极为敏感，所以，不宜用一般热塑性塑料成型设备和工艺来成型制品，一般多用热模压法、冷压烧结法成型。近年来，由于对 UHMWPE 进行了改性，达到了不降低相对分子质量而改善熔融性的目的，使熔体的流动性得到改善。另外，对设备进行改造，采用压缩比小、螺旋槽深度大、双螺杆挤出机的两螺杆同向旋转；在进料处机筒要开槽，采用强制供料方法，以达到原料初入机筒时的顺利输送；挤塑工艺温度控制在 180～200℃，螺杆工作转速控制在 10～15 r/min，以防止高剪切速率下的原料降解。现在用这种挤出工艺可生产 UHMWPE 板材、棒材、中空制品和薄膜等。

用注射机注射成型 UHMWPE 制品时，选用的单螺杆注射机的螺杆和成型模具的结构应适当改进，塑化原料的工艺条件也要进行调整，如在高压条件下喷射熔料，使其流动，有利于充模，保证制品成型尺寸的稳定性好，故注射压力要控制在 12 MPa 以上；螺杆塑化原料转速控制在 40～60 r/min，转速过高，料温易升高，这样的原料也易降解，使相对分子质量下降，最终会影响制品的性能。由于 UHMWPE 具有其他热塑性塑料无法比拟的独特性能，且价格适中，所以广泛应用在纺织、包装、运输、机械、化工、采矿、石油、农业、建筑、电气、食品、医疗、体育等各领域中。如耐腐蚀的罐衬里、容器、冷却塔体；耐磨的轴、轴套、偏心轮、齿轮、搅拌桨叶、造纸行业中的刮刀片、导流板水翼；耐磨又耐寒的冰上运动器材，如旱冰滑轮、滑雪具衬板、履带式冰雪专用汽车零部件等；电器绝缘用电镀槽、辊子，高频，超高频区间工作的绝缘子、绝缘托架、电缆导管、电缆端子、断路器等。

六、氯化聚乙烯

氯化聚乙烯（CPE 或 PEC）是由聚乙烯经氯气氯化而成，在其分子结构中含有乙烯、氯乙烯、1,2-二氯乙烯。氯化聚乙烯一般含氯量在 25%～45%（质量）。

氯化聚乙烯随聚合物相对分子质量、含氯量、分子结构和氯化工艺条件的不同，玻璃化温度和熔点可能会比原来的聚乙烯高或低，可呈现从硬质塑料到橡胶状的不同性能。氯化聚乙烯是一种具有优良的耐候性、耐寒性、耐燃性、抗冲性、耐油性、耐化学药品性和耐电气性能的材料；具有极性，只能作为低压绝缘材料用；同时还具有耐臭氧、耐热老化和耐磨耗等性能。

氯化聚乙烯可与多种塑料有良好的混合性。如与 PVC 共混生产管材、导型材和板材，可增强制品的冲击强度；与聚乙烯或 ABC 共混，可改善这两种塑料的加工性和耐阻燃性。

氯化聚乙烯可用注射成型和挤出成型法加工。但是，由于 CPE 中含有大量的氯原子，其成型加工前应在 CPE 中加入一定比例的热稳定剂、抗氧化剂和光稳定剂，以保护其组成及性能的稳定。含氯量低的 CPE 也可用旋转模塑和吹塑成型。

目前，氯化聚乙烯在塑料制品行业中主要是用来做 PVC、HDPE 和 MBS 的改性剂。在聚氯乙烯树脂中掺混一定比例的 CPE 后，可用一般 PVC 加工设备挤出成型管、板、电线绝缘包覆层、异型材、薄膜、收缩薄膜等制品；也可用来涂覆、压缩模塑、层合、黏合等；用作 PVC、PE 的改性剂，可使产品性能得到改善，使 PVC 的弹性、韧性及耐低温性能都得到改善，脆化温度可降至 -40℃；耐候性、耐热性和化学稳定性也优于其他改性剂；作为 PE 的改性剂，可使其制品的印刷性、阻燃性和柔韧性得到改善，使 PE 泡沫塑料的密度增大等。

七、交联聚乙烯

交联聚乙烯(PEX)是聚乙烯改性的一种方法，工业上常用的交联聚乙烯有辐射交联聚乙烯、过氧化物交联聚乙烯和硅烷交联聚乙烯。聚乙烯(LDPE、HDPE、LLDPE 和 MDPE 均可)通过交联可使其大分子链之间发生部分交联反应而改变其力学性能。

交联聚乙烯是一种具有网状结构的热固性塑料，交联聚乙烯制品成型后就无法再模塑成型，此时，还可用于机械加工。

交联聚乙烯无毒、无味、不吸水；耐磨性、耐溶剂性、耐应力开裂性、耐候性、防老化性和尺寸稳定性都非常好；低温柔软性、耐热性能好，可在 140℃ 以下长期使用，软化点可达 200℃；冲击强度、拉伸强度、耐蠕变性和刚性都比 HDPE 好；有很好的电绝缘性、耐低温性、化学稳定性和耐辐照性能；交联聚乙烯成型的膜薄、透明，也有较好的水蒸气透过性；交联聚乙烯经加热、吹胀(拉伸)、冷却定形后，当重新加热到结晶温度以上时，能自然恢复到原来的形状和尺寸。

交联聚乙烯可用挤出法成型制品，也可用注射、模压等方法成型制品。用挤出机可挤出成型耐热管材、软管、热收缩薄膜、套管、电线、电缆包覆层等；用注射机注射成型耐高压、高频的耐热绝缘材料、化工装置中的耐蚀性件、容器及泡沫塑料等。

八、乙烯—醋酸乙烯共聚物

乙烯—醋酸乙烯共聚物(EVA 或 E/EVA)也称为乙烯—乙酸乙烯共聚物，它是由乙烯(E)和醋酸乙烯(VA)共聚而制得的。

1. 性能特征 EVA 树脂成型的制品柔软性和弹性好，在 -50℃环境中仍有较好的可挠性，有很好的透明性和表面光泽性，无毒，化学稳定性良好，有较强的抗老化和耐臭氧性；与

其他填料掺混性好，着色性和成型加工性好。EVA 的性能与醋酸乙烯的含量、相对分子质量和熔体流动速率值（MFR）关系很大。当 MFR 一定时，随着醋酸乙烯含量的增加，其弹性、柔韧性、相容性和透明性等均有所提高，但结晶度下降；若醋酸乙烯含量降低，其性能接近聚乙烯，但其刚性、耐磨性和电绝缘性能提高。若醋酸乙烯含量固定不变，当 MFR 值增加时，则软化点下降，加工性和表面光泽得到改善，但机械强度有些下降；若 MFR 值下降，则相对分子质量增大，冲击性能和耐应力开裂性能有所提高。

2. 用途　EBA 树脂可采用注射、挤塑、吹塑、压延、滚塑真空热成型、发泡、涂覆、热封和焊接等方法成型制品。薄膜制品有包装薄膜、热收缩薄膜、农用薄膜、食品包装薄膜、层合薄膜等。工业用有家电配件、窗用密封材料、电线绝缘包皮等。日用杂品有玩具、坐垫、容器盖等。汽车配件有避震器、挡泥板及装配配件等。将 EVA 树脂按一定比例掺混到 LDPE、HDPE 中可使其改性。

第二节　聚丙烯

聚丙烯（PP）是由丙烯单体聚合而成。以聚丙烯树脂为基材的塑料为聚丙烯塑料。

聚丙烯树脂是当今五大塑料品种中发展最快的一种。由于其原料来源方便，价格比较便宜，性能优良，用途广泛。

丙烯聚合时由于使用催化剂的品种不同，则生产出的聚丙烯分子结构也就有所差异。按 CH_3 排列方式的不同（分为无序排列分布和有序排列分布），聚丙烯形成了三种不同的立体结构：等规聚丙烯（IPP）、间规聚丙烯（SPP）和无规聚丙烯（APP）。三种聚丙烯中，目前以等规聚丙烯应用量最大。

一、等规聚丙烯

1. 性能特征　聚丙烯树脂中的等规聚丙烯是构型规整的高结晶性的热塑性树脂（结晶度高达 95%）。在常用的塑料中，它是密度最小的品种之一。人们常说的聚丙烯树脂指的即是等规聚丙烯。这里介绍的也是等规聚丙烯树脂的性能。

（1）聚丙烯为乳白色蜡状物，无毒、无味、无臭，密度为 0.90～0.91 g/cm^3。

（2）聚丙烯的机械强度、刚性和耐应力开裂性均优于高密度聚乙烯；耐磨性好，硬度高，高温冲击性好（但 −5℃ 以下则急剧下降），耐反复折叠性好。

（3）耐热性能好，热变形温度为 114℃，维卡软化点大于 140℃，熔点为 164～167℃，使用温度在无负荷情况下可达 150℃，可在 130℃ 中消毒应用，连续使用温度最高为 110～120℃。

（4）化学稳定性能较好，除强氧化性酸（如发烟硫酸、硝酸）对其有腐蚀作用外，与大多数化学药品不发生化学反应；不溶于水，几乎不吸水，在水中 24 h 吸水性仅为 0.01%。但相对分子质量低的脂肪烃、芳香烃和氯化烃对它有软化或溶胀作用。

（5）电绝缘性能优良，耐电压和耐电弧性好。

（6）制品在使用中易受光、热和氧的作用而老化；在大气中 12 天就老化变脆，室内放置 4 个月就会变质。需添加紫外线吸收剂和抗氧剂来提高制品的耐候性。

（7）聚丙烯制品的透明性比高密度聚乙烯制品的好。

（8）制品耐寒性能差，低温冲击强度低，韧性不好，静电度高，染色性、印刷性和黏合性差。应用时可在原料中添加助剂或采用共混、共聚方法来改善这方面的性能。

2. 用途 聚丙烯树脂可采用挤出机和注射机进行挤出成型、注射成型塑料制品；也可采用挤出、注射后对型坯进行中空吹塑来成型制品；另外，还可采用熔接、热成型、电镀和发泡及纺丝等方法进行成型加工，必要时还可以进行二次加工。成型的聚丙烯塑料制品有：管材、板材、薄膜、扁丝、纤维，各种瓶类及中空容器，注射成型盒、杯、盘、各种工业配件等制品。

聚丙烯制品是一种质轻、无毒、价格便宜、性能优良、成型较容易和用途广泛的塑料。不同聚丙烯制品的应用如下。

（1）聚丙烯挤出吹塑薄膜，是一种生产设备简单、生产效率较高、价格便宜的制品，在食品包装和纺织品及民用生活杂品包装方面应用广泛。

（2）挤出流延成型薄膜，是一种透明度高、阻湿性好、耐热和耐寒性优良、易于热封合的薄膜，主要用于食品、纺织品及文具杂品等物品的包装，性能好于聚乙烯吹塑薄膜。

（3）聚丙烯流延薄膜能与其他种类塑料薄膜，如纸和铝箔等为基材，复合成两层或两层以上的复合膜。用于外层时，聚丙膜是一种强度好、尺寸稳定，阻隔性、耐热与耐寒性和可印刷性好的薄膜；用于内层时，是一种热封合性、耐油性和卫生性好的薄膜；用于中间层时，是一种气体阻隔性好、能替代玻璃纸的薄膜。这种复合薄膜可替代马口铁罐和玻璃罐包装食品，用于食品包装时可在 130℃温度中蒸煮杀菌。

（4）挤出片后进行拉伸的薄膜，强度高，各种性能优良，广泛在食品包装及各种工业用品包装中应用；另外，还可作为电气绝缘膜，取代纸介质、涤纶和聚碳酸酯电容器，并占领大部分 PS 电容器市场；双向拉伸薄膜可用于各种纺织品的包装。

（5）聚丙烯编织袋柔软、手感好、强度大、耐水、耐磨、抗化学腐蚀、抗虫害及微生物侵蚀、无毒无味、无环境污染，早已替代麻袋，大量用于豆、高粱、玉米等各种谷物的包装及各种建筑材料的包装。

（6）注射成型的周转箱，质轻、耐水、外形尺寸稳定，有一定的刚性和强度，在商品周转和销售包装方面应用广泛。

（7）注射成型各种工业零件，如轻负荷用小齿轮、轴套、风扇；汽车配件用仪表盘、保险杠和车厢内装饰件等；另外，还有日常生活用品盒、盆、盘和座椅等。

(8)挤出成型管材可用于各种液体的输送管路中。目前,国内生产的均聚聚丙烯(PP-H)管、嵌段共聚聚丙烯(PP-B)管和无规共聚聚丙烯(PP-R)管,用于饮用水管或其他输液管,安装简单,耐化学腐蚀,符合卫生要求,应用时间长。

二、丙烯—乙烯无规共聚物

丙烯聚合时在釜中加入少量的乙烯单体,在聚合釜中进行共聚,则制得聚合物主链中无规则地分布着丙烯和乙烯链段的共聚物,即为丙烯—乙烯无规共聚物,或称为无规共聚聚丙烯(PP-R)。

由于丙烯—乙烯无规共聚物中有1%～4%(质量分数)乙烯含量,即分子链中无规则地分布丙烯和乙烯链段,使产品的立体规整度(等规度)遭到破坏,而得到不同结晶度的共聚物。聚丙烯的结晶性随着乙烯含量的增加而逐渐降低,当乙烯含量超过30%(质量分数)时,丙烯—乙烯无规共聚物几乎成为无定形聚合物。

1. 性能特征　丙烯—乙烯无规共聚物中,乙烯含量低时透明度明显提高,随着乙烯含量的提高,其刚度和冲击强度也有所提高,加工时熔融温度范围宽,成型加工性较好。其制品冲击强度高,具有韧性、耐寒性和透明度较好等特点,但其熔点、脆化点、刚性和结晶度较低。

目前又开发出新的无规共聚聚丙烯,是在聚丙烯中加入少量的α-烯烃共聚[α-烯烃一般为乙烯,也有丁烯、戊烯和辛烯,含量为1%～4%(质量分数)]。由于茂金属催化剂的应用,而使丙烯的无规共聚变得可能和更为容易。

2. 用途　丙烯—乙烯无规共聚物成型方法与一般热塑性塑料成型方法一样,可用挤出机、注塑机成型制品,也可用吹塑、热成型、粉末成型及二次加工方法成型。目前,国内用这种原料主要生产薄膜和管材。

丙烯—乙烯无规共聚丙烯(PP-R)成型的管材,生产成型制品比较容易,原料的可回收性好,耐热性也较好,改善了均聚聚丙烯(PP-H)管的低温脆性,可在较高温度下(如60℃)使用,有较好的长期耐水压能力。这种丙烯—乙烯无规共聚丙烯管材多用在建筑工程中的冷热水管,安装方便快捷,采用热熔承插连接,性能可靠,维修方便。

丙烯—乙烯无规共聚物成型的薄膜,可采用流延成型、挤出吹塑成型。薄膜可用作普通包装薄膜、热收缩包装薄膜和复合膜。这种薄膜具有透明度高、滑爽性及热封性好、韧性好和冲击强度高等特点。主要用途是做各种物品的包装。

三、丙烯—乙烯嵌段共聚物

丙烯—乙烯嵌段共聚物(PP-B)与丙烯—乙烯无规共聚物一样同是丙烯共聚物,但由于共聚方法与工艺条件的不同,使丙烯与乙烯的共聚物分为无规共聚物和嵌段共聚物。

1. 性能特征　丙烯—乙烯嵌段共聚物的结晶度高,性能特点与等规聚丙烯相似,主要取决于乙烯含量、共聚物嵌段结构、相对分子质量及分布的变化。PP-B一般具有较高的刚性和较好的低温韧性。与丙烯—乙烯无规共聚物相比，冲击强度提高较大，脆化温度降低很多。丙烯—乙烯嵌段共聚物中乙烯含量一般在5%～20%（质量分数）。当乙烯含量为2%～3%时，其脆化温度为－35～22℃。嵌段共聚物与高密度聚乙烯比较，耐热性高，抗应力开裂性好，表面硬度高，收缩率低，耐蠕变性好。

2. 用途 丙烯—乙烯嵌段共聚物成型塑料制品方法与等规聚丙烯成型塑料制品方法相同，可采用挤出机、注射机成型制品，也可采用吹塑和纺丝等方法进行成型加工。另外，制品还可进行熔接、电镀，必要时还可进行二次加工。成型的塑料制品种类也与等规聚丙烯相同，但由于丙烯—乙烯嵌段共聚物的韧性和低温性能优于均聚聚丙烯，所以，对于那些在低温环境中应用、要求韧性好的聚丙烯制品，应优先考虑选用丙烯—乙烯嵌段共聚物原料加工制品。主要制品有：工业配件、大型容器、运输箱、吹塑瓶等中空容器、挤塑电缆、管材和板材，也可做薄膜和复合膜及粗纤维等。

第三节 聚氯乙烯

聚氯乙烯（PVC）树脂是由氯乙烯单体经均聚或与其他单体共聚而成的高聚物。聚氯乙烯塑料制品是以聚氯乙烯树脂为主要原料，再按制品的性能和应用条件要求，加入适量的辅助材料，如稳定剂、增塑剂、润滑剂、填充料、着色剂等及其他一些加工助剂，在一定的工艺温度、压力等条件下而成型的制品。

聚氯乙烯树脂按其生产聚合方法的不同，可分为悬浮法聚氯乙烯、乳液法聚氯乙烯、本体法聚氯乙烯、微悬浮法聚氯乙烯。另外，聚氯乙烯改性品种中应用较多的还有氯化聚氯乙烯、交联聚氯乙烯、高分子量聚氯乙烯及一些特殊性能的专用聚氯乙烯等，其中，悬浮法聚氯乙烯应用量最大，其产量约占聚氯乙烯树脂总产量的85%。

一、悬浮法聚氯乙烯

悬浮法聚氯乙烯树脂分紧密型和疏松型两种，目前，应用的聚氯乙烯树脂都是疏松型，即通用型。

1. 性能特征

(1)外观为白色无定形粉末，粒径在60～250 μm，表观密度为400～600 kg/m^3。制品密度硬质为1.4～1.6 g/cm^3，软质为1.2～1.4 g/cm^3。

(2)聚氯乙烯热性能。没有明显的熔点，在80～85℃开始软化，130℃左右变为黏弹态，160～180℃变为黏流态，分解温度为200～210℃，脆化温度为－60～－50℃。热稳定性较差。

(3)对光和热的稳定性差，在100℃以上或长时间阳光暴晒，会分解产生氯化氢。

(4)与其他类热塑性塑料相比，有较高的机械强度，耐磨性能超过硫化橡胶，硬度和刚性优于聚乙烯。

(5)难燃烧，离开火源能自熄。

(6)介电性能很好，对直流、交流电的绝缘能力与硬质橡胶相似，是一种介电损耗较小的绝缘材料。

(7)不溶于水、酒精、汽油，在醚、酮、氯化脂肪烃和芳香烃中能膨胀和溶解；在常温下耐不同浓度的盐酸、体积分数为90%以下的硫酸、体积分数为50%～60%的硝酸及体积分数在20%以下的烧碱溶液，对盐类相当稳定。

(8)聚氯乙烯塑料有硬质和软质类型。成型制品的树脂中，增塑剂的加入量小于10%为硬质塑料，增塑剂的加入量大于30%为软质塑料，增塑剂的加入量在10%～30%为半硬质塑料。

2. 用途　聚氯乙烯树脂与辅助料按配方要求混配后，可采用挤出、注射、吹塑、压延、模塑、滚塑、涂刮和发泡等工艺方法加工成型塑料制品，包括管、片、板、薄膜、人造革、电缆料、电线护套、异型材、丝、管件、瓶、唱片、鞋等。广泛应用于建筑、包装、电子电气、农业、汽车、化工和人们日常生活等各个领域。

二、乳液法聚氯乙烯

乳液法聚氯乙烯(PVC)也可称为聚氯乙烯或聚氯乙烯糊用树脂。

1. 性能特征　乳液法聚氯乙烯为白色、粒径为0.1～1 μm、粉末状疏松型糊用树脂。无味，无毒，在常温条件下对酸、碱和盐类稳定。可与增塑剂及其他助剂配混成糊料，塑化性能较好。在常温环境下，配混好的糊料放置24 h增稠黏度不超过20%，无沉析现象；在高切变速率下糊料黏度较低，涂装性能较好，适合用于高速涂布。

2. 用途　乳液法聚氯乙烯树脂中加入质量分数为30%～50%的增塑剂及其他一些助剂(根据制品性能的需要)，经均匀混合后调配成黏流状增塑糊，经脱除夹杂的空气后，即可用涂刮、蘸涂、搪塑、滚塑和浇注等方法成型塑料制品。

(1)采用涂刮法生产人造革和壁纸等。

(2)蘸涂法生产是用阳模浸入有一定温度的增塑糊内，经一定时间后提出，多余的糊料滴落后加热，使附在阳模上的糊层凝胶并塑化，经脱模后成制品。这种采用蘸涂法生产塑料制品可分为间歇法和连续法两种，采用间歇法可生产工业用手套、柔性管、电缆头及工具手柄等；采用连续生产法可用于纸张、织物等涂层生产。

(3)搪塑法生产是将糊料浇入模子内，倾倒模子并熔融塑化模内壁所留薄层糊，冷却降温后开模即得制品。采用这种方法生产时，如在糊料中掺入一定比例的发泡剂，则还可制成发泡制品。

另外，也可在乳液法聚氯乙烯树脂中加入一定比例的其他材料，制成烧结板和硬泡沫塑料等，也可直接用乳液为纸上光、做涂料和胶黏剂等。

乳液法聚氯乙烯树脂在塑料制品行业主要是用来制糊用树脂。如用于制作透气泡沫人造革、普通人造革、地板革、泡沫塑料、搪塑制品、玩具、手套外膜、金属面防酸外膜、工业用布、绝缘材料、喷涂乳胶、包装用材料、各种饮料瓶及各种瓶盖用垫圈；也可用来制作一些挤出制品等。

三、氯化聚氯乙烯

氯化聚氯乙烯树脂也可称为过氯乙烯，是用悬浮法聚氯乙烯经氯化改性而制得。悬浮法聚氯乙烯树脂是生产氯化聚氯乙烯树脂的主要原料。目前，多用溶液氯化法或悬浮氯化法生产氯化聚氯乙烯树脂。

氯化聚氯乙烯树脂目前还没有国家规定的质量标准。

1. 性能特征 氯化聚氯乙烯为白色粉末状树脂。相对密度为 1.48～1.58，氯的质量分数一般为 61%～68%；具有良好的黏结性、难燃性、耐化学腐蚀性和电绝缘性；制品在沸水中不变形，最高使用温度可达 105℃，熔融温度为 110℃，收缩率为 $(3\sim7)\times10^{-3}$ cm/cm；洛氏硬度(R)为 117～122；随着氯含量的增加，制品拉伸强度、弯曲强度提高，但脆性增大；一般氯化聚氯乙烯制品的拉伸强度为 52～62 MPa，断裂伸长率为 4%～65%，压缩强度为 62～152 MPa，弯曲强度为 100～117 MPa，拉伸模量为 2 482～3 280 MPa，悬臂梁冲击强度为 53～298 J/m，线胀系数为 $(68\sim76)\times10^{-6}$/℃；氯化聚氯乙烯易溶于酯类、酮类、芳香烃等多种有机溶剂。

2. 用途 氯化聚氯乙烯树脂成型塑料制品，主要是用悬浮法氯化聚氯乙烯。和普通聚氯乙烯树脂成型塑料制品方法相同，但成型过程中的原料塑化温度较高。可用挤出机挤出成型耐热、耐酸、耐碱管材和板材；电气工业阻燃性和耐热性片材、薄膜和电缆绝缘料等。注射成型管件、过滤材料、脱水机、电线槽、导体的防护壳、电开关等。溶液法氯化聚氯乙烯主要用于配制涂料、清漆和胶黏剂。也可用作聚氯乙烯的共混改性剂。

四、氯乙烯—乙烯—醋酸乙烯共聚物

氯乙烯—乙烯—醋酸乙烯共聚物是内增塑聚氯乙烯新品种，有几种名称：氯乙烯—乙烯—乙酸乙烯酯共聚物、氯乙烯—接枝乙烯—醋酸乙烯酯、乙烯—醋酸乙烯—氯乙烯接枝共聚物，分别缩写为：VC-EVA、VC-g-EVA 和 EVA-g-PVC。

按用途的不同，VC-EVA 可分为两类，一类是硬质耐冲击型聚氯乙烯，含有乙烯—醋酸乙烯共聚物(EVA)树脂为 6%～10%(质量分数)；另一类是软质增塑型聚氯乙烯，含有乙

烯—醋酸乙烯共聚物(EVA)为30%～60%(质量分数)。

1. 性能特征　氯乙烯—乙烯—醋酸乙烯共聚物成型的制品，冲击强度高，耐候性和加工性能优良，另外，塑化熔融的温度范围宽。树脂中随着乙烯—醋酸乙烯共聚物含量的增加，原料中不加增塑剂就可加工成型硬质、半硬质或软质制品；原料中EVA可以任意比例与PVC共混。共聚物中EVA的含量、性质、PVC组分的聚合度及接枝率，对共聚物的力学性能、耐候性、加工性能和热稳定性都有影响。当共聚物中含乙烯—醋酸乙烯共聚物(EVA)为50%时，氯含量约占28%，相对分子质量约为100 000，相对密度为1.16，灰分小于0.1%，水分小于0.1%，拉伸强度为13.3 MPa，伸长率为325%，脆化温度为－50℃。

2. 用途　氯乙烯—乙烯—醋酸乙烯共聚物成型塑料制品与普通聚氯乙烯树脂成型塑料制品所用设备、工艺等条件完全相同。可用挤出、注射和压延等工艺，成型要求冲击强度高、耐候性好的硬质、半硬质和软质塑料制品。如管材、板(片)材、异型材、电器外壳、机器零件、薄膜、各种容器、电线电缆包覆材料等。

氯乙烯—乙烯—醋酸乙烯共聚物是一种加工性能好、生产效率高的树脂。在PVC树脂中还可做抗冲击改性剂使用。用这种树脂成型制品时，注意其塑化温度应取低值(不高于180℃)，混炼塑化时间不宜过长(5 min左右)，否则制品的抗冲击强度会下降。

五、氯乙烯—乙丙橡胶接枝共聚物

氯乙烯—乙丙橡胶接枝共聚物(VC-g-EPR)也可称为氯乙烯—乙烯—丙烯接枝共聚物或氯乙丙树脂。

1. 性能特征　氯乙烯—乙丙橡胶接枝共聚物是一种耐冲击改性的聚氯乙烯树脂，成型的塑料制品冲击强度高，耐气候老化和耐蚀性与普通聚氯乙烯制品相当，但优于ABS制品。制品的热变形温度和弯曲弹性模量略低，但与高耐冲击性聚苯乙烯制品相当。

2. 用途　氯乙烯—乙丙橡胶接枝共聚物成型塑料制品主要是用注射法成型。主要成型注射制品有：收音机、显像管及一些电器元件的外壳、窗框、耐腐蚀管路、容器和球阀等；软质制品是电线电缆用的绝缘层等。氯乙烯—乙丙橡胶接枝共聚物也可做PVO树脂的改性剂。

六、聚氯乙烯/乙烯—醋酸乙烯共聚物共混物

聚氯乙烯/乙烯—醋酸乙烯共聚物共混物(PVC/EVA)也可称为EVA改性聚氯乙烯，它是聚氯乙烯和乙烯—醋酸乙烯共聚物及其他一些辅助料，按一定的配比经混合均匀造粒而制得的高分子材料。

1. PVC/EVA共混物性能　PVC与EVA的相容性取决于EVA中VA的含量，当VA含量为65%～70%时，EVA与PVC完全相容。当EVA中有45%VA，与PVC相混后形成网状多相结构，可提高PVC的耐冲击性，改善加工性能和热稳定性。共混后树脂制品有较

好的低温耐冲击性、耐寒性、加工性、耐化学性和手感。

2. PVC/EVA 共混物制法

(1)把 PVC 和 EVA(要求 EVA 中醋酸乙烯含量为 50%左右,相对分子质量为 10 万,粉料)及其他一些材料(稳定剂、填料、润滑剂等)按混合配方要求计量。注意 EVA 的添加量不应大于 15%。

(2)把计量准确的各种材料加入混合机中,搅拌混合均匀。

(3)在双辊开炼机上把原料混炼、塑化均匀,然后切片收卷。

(4)用切粒机把片料切成均匀粒料,即为 PVC/EVA 共混物。

3. PVC/EVA 共混物制品与成型方法 PVC/EVA 共混料成型塑料制品,可采用挤出、注射和压延方法。生产制品有耐冲击管材、管件、板材、片材、异型材及工业设备中的零件等,软质制品有耐寒薄膜、软片、电线电缆用绝缘保护层、人造革及泡沫鞋底等。

七、聚氯乙烯/丙烯腈—丁二烯—苯乙烯三元共聚物共混物

聚氯乙烯/丙烯腈—丁二烯—苯乙烯三元共聚物共混物也可称为 ABS 改性聚氯乙烯。实际上这种共混物主要是 PVC 和 ABS 树脂通过共混加工而制得的一种塑料合金,可缩写为 PVC/ABS 塑料合金。

1. PVC/ABS 塑料合金性能 PVC/ABS 塑料合金是一种兼有 PVC 和 ABS 两种树脂优点的共混材料。其制品难燃,离开火源自熄,耐化学药品,常温下有较优良的力学性能,耐热、耐冲击、易于加工。制品的表面光泽性、染色性和外观装饰性都优于 PVC 制品,不过 PVC/ABS 制品不宜在户外使用,因为这种料的耐候性不如 PVC 制品。

PVC/ABS 塑料合金有多种颜色,有瓷白色、浅黄色、象牙色、黑色及其他颜色,是不含机械杂质、表面均匀的颗粒。

2. PVC/ABS 塑料合金制法

(1)按 PVC/ABS 塑料合金成型制品应用条件的需要,设计 PVC/ABS 共混物用料组合配方。

(2)按共混物用料配方中材料配比要求把各种原料(PVC、5%~15%的 ABS、稳定剂、改性剂及其他一些助剂)计量。

(3)用高速混合机把各种计量后混在一起的材料搅拌、混合均匀。

(4)用开炼机或挤出机混炼、塑化均匀,然后切出均匀颗粒状粒料。

3. PVC/ABS 塑料合金制品成型方法 PVC/ABS 塑料合金制品可用挤出、压延和注射法成型。此种共混物多用来成型具有阻燃性和较好耐冲击性的硬质塑料制品。如挤出成型管材、片材及电线电缆用绝缘套管;注射成型电视机外壳、电话机壳、电子计算机壳和各种仪器仪表外壳、汽车构件、线路中的接插件和纺织机械中的经纬管等。

选择挤出成型设备应参考 ABS 树脂的挤出成型工艺条件：螺杆长径比为 18～20，压缩比为 2.5～3，机筒加热温度为 160～185℃，模具温度为 165～195℃。

注射成型设备中的机筒均化段部位工艺温度为 165～185℃，料筒前端温度为 170～180℃，喷嘴温度为 175～190℃，注射压力约为 50 MPa。

用 PVC/ABS 塑料合金挤出或注射成型制品生产完工后，要用 ABS 和 HDPE、HIPS 料顶净机筒内残料，以防止机筒内共混料长时间受热分解。

八、电镀级聚氯乙烯

电镀级聚氯乙烯是指成型的 PVC 塑料制品，其表面能镀金属层的聚氯乙烯树脂。电镀级聚氯乙烯成型的制品有较好的韧性和综合性能；表面镀的金属层剥离强度可达 20～30 N/25 mm。

1. 电镀级聚氯乙烯制法

(1)配方。

①注塑制品用料配方(质量份)。聚氯乙烯(SG5 型)为 100，增塑剂为 5.5，稳定剂为 7.5，润滑剂为 1，增韧剂为 15，无机填料为 12，丙烯酸酯加工助剂(ACR-201)为 6.5。

②挤出制品用料配方(质量份)。聚氯乙烯(SG5 型)为 100，稳定剂为 6.5，润滑剂为 1，增韧剂为 15，无机填料为 17，丙烯酸酯加工助剂(ACR-201)为 6.5。

(2)各种原料共混生产操作方法。

①把填料加入高速热混合机内，在 90℃温度下混合 5 min。

②分别按顺序向高速热混合机内加入 PVC、稳定剂、润滑剂，在 100℃温度下混炼 6 min 左右。

③把加工助剂丙烯酸酯(ACR-201)加入高速热混合机内，在 100℃混炼 5 min。

④把增塑剂加入高速热混合机内，在 100℃下混炼 5 min。

⑤把增韧剂加入混合机内，在 115℃下混炼 10 min。

⑥把混炼后的原料加入冷混机中冷却降温至 45℃以下。

⑦把冷却降温料加入挤出机中混炼塑化，挤出造粒。

⑧把粒料在 80℃烘箱中干燥处理 1～1.5 h。

⑨成品检验包装。

2. 电镀级聚氯乙烯成型制品工艺条件

(1)注射成型制品工艺条件。采用通用型往复螺杆式注射机，原料塑化料筒温度：进料段为 125～135℃，中间段为 150～170℃，前段为 140～150℃，喷嘴温度为 170～180℃，注射熔料温度为 200～210℃，注射压力在 6.5 MPa 左右。

(2)挤出成型制品工艺条件。采用通用型单螺杆挤出机，螺杆结构为等距不等深渐变型，压缩比为2.5，长径比为L/D=20。机筒各段工艺温度：加料段为120～130℃，塑化段为160～170℃，均化段为170～180℃。

3.电镀级聚氯乙烯制品的电镀工艺

(1)塑料制品表面电镀生产工艺顺序。制件表面清理去掉飞边、毛刺→去油污→粗化处理→碱洗→敏化→活化→化学沉铜→光亮镀铜→光亮镀镍→镀铬。

(2)电镀生产注意事项。

①用于制件粗化处理的粗化液配比是：Cr_2O_3的质量分数为20%～35%，H_2SO_4的质量分数为35%，H_2O的质量分数为30%～50%。

②注塑件粗化处理时，粗化液温度为60～65℃，处理时间为35 min左右；挤出件粗化处理用粗化液，温度为70～75℃。

③碱洗液应采用中等浓度，同时要添加一种增强制品表面润滑和界面萃取作用的有机溶剂清洗，较适合的碱洗液温度为40～45℃，碱洗时间为35 min左右。

第四节 聚苯乙烯

一、聚苯乙烯简介

聚苯乙烯(PS)树脂是苯乙烯系列中产量最大的品种，它以苯和乙烯为原料，用本体聚合法或悬浮聚合法制成。

1.性能特征 聚苯乙烯是一种无色透明、无味、无臭而光泽的粒状固体。其制品酷似玻璃，质坚性脆，敲击时有清脆的金属声，易裂；熔融温度为150～180℃，热变形温度为70～100℃，长时间使用温度为60～80℃，热分解温度为300℃；易燃烧，燃烧时冒黑烟，同时散发出特殊臭味；制品刚度和表面硬度大，吸水率低，在潮湿环境中应能保持其力学性能和尺寸稳定性；光学性仅次于丙烯酸类树脂；电性能优良，体积电阻率和表面电阻率都很高；耐辐射性能也好；有良好的加工性和着色性，价格也比较便宜；可溶于芳香烃、氯代烃、脂肪族酮和酯等，可耐某些矿物油、有机酸、碱、盐、低级醇及水溶液的作用。不足之处：制品质脆易裂，冲击强度较低，耐磨性差，易燃，不耐沸水。

为了改善聚苯乙烯树脂的不足之处，通过共聚、掺混、复合及填充等方法，又开发出以苯乙烯为单体的高性能的树脂及塑料。如高冲击聚苯乙烯(HIPS)、苯乙烯—丙烯腈共聚物(SAN)、甲基丙烯酸甲酯—丁二烯—苯乙烯共聚物(MBS)、丙烯腈—丁二烯—苯乙烯共聚物(ABS)等，使聚苯乙烯树脂的冲击强度、耐热性、耐候性和耐应力开裂性均有所提高。

2.用途 聚苯乙烯熔体流动性好，成型加工性能好，易着色，尺寸稳定性好。可采用注

射、挤塑、吹塑、发泡、热成型、焊接、粘接、涂覆和机加工等方法成型。用于仪表、仪器、电器、电视、玩具、日用品、家电、文具、包装和泡沫缓冲材料等。

二、高抗冲聚苯乙烯

高抗冲聚苯乙烯(HIPS)也可称为高冲击聚苯乙烯、橡胶接枝共聚型聚苯乙烯。

1. 性能特征　高抗冲聚苯乙烯为白色不透明珠状或粒状树脂,其制品有较高的韧性和抗冲击性,冲击强度为通用级聚苯乙烯的7倍以上;着色性、化学性能、电性能和加工性与通用级聚苯乙烯相同,但其拉伸强度、硬度、透光性及热稳定性与通用级聚苯乙烯相比略有下降;通过控制树脂的相对分子质量和添加剂的用量,可得到不同品级的HIPS,熔体流动速率也得到调节,能够得到流动性较好的树脂品级;树脂中加入橡胶,使HIPS的冲击强度得到提高,以橡胶含量多少和树脂性能的差别,将其分为中抗冲级、高抗冲级和超高抗冲级三种级别增韧聚苯乙烯。

2. 用途　高抗冲聚苯乙烯树脂有良好的加工性能,可采用注射和挤出法加工成型多种塑料制品,还可用机械进行二次加工。如采用注射机注射成型电视机、收录机的外壳和零件;冰箱内衬材料和家用电器中的配套用零部件;仪表、汽车、医疗设备和电器等设备中应用零部件;也可用作家具、玩具和生活日用品及包装材料等。

三、丙烯腈—丁二烯—苯乙烯共聚物

丙烯腈—丁二烯—苯乙烯(ABS)共聚物,通常称为ABS树脂。这种树脂实际是上述三种聚合物的掺混物,即在共聚反应过程中形成的聚丁二烯(PB)、苯乙烯—丙烯腈二元共聚物(AS),以及在聚丁二烯骨架上接枝苯乙烯—丙烯腈支链的接枝共聚物(B-AS)的掺混物。

1. 性能特征　ABS树脂为浅黄色粒状或珠状树脂,其制品具有坚韧、质硬、刚性好、无毒、无味、吸水率低、低温抗冲击极好等性能;尺寸稳定性、电性能、耐磨性、抗化学药品性、染色性和成型加工及机械加工性都较好。树脂的熔融温度为217～237℃,热分解温度为250℃以上;树脂耐水、无机盐、碱和酸类,不溶于大部分醇类和烃类溶剂,但容易溶于醛、酮、酯和某些氯代烃;热变形温度较低,不透明,可燃,耐候性差。

2. 成型方法　ABS树脂具有较好的成型加工性能,可采用注射、挤塑、压延、吹塑、真空和发泡等多种方法成型加工。由于树脂吸湿性小,一般情况下原料不需进行干燥处理。注射成型时,熔料温度为200～240℃,注射压力为50～100 MPa,成型模具温度为40～80℃。注射成型时机筒温度由进料口至模具端分别为170～180℃、180～220℃、180～220℃,口模处为180～210℃;螺杆长径比为20∶1,压缩比为2.5～3。制品可焊接,也可粘接,还可进行切削加工。

3. 用途　ABS制品具有综合性能好、价格较低和易成型加工等优点，已成为目前应用量较大的塑料品种。广泛应用在电子电器、家用电器、办公用设备、仪器仪表、机械和汽车等工业设备配件中，如电视机、收录机、洗衣机、电冰箱、电话机、计算机、吸尘器、电风扇和空调器的外壳及一些零部件；在仪器仪表和轻纺工业中，用来制作仪表盘、仪表箱、纱锭、照相机、钟表、乐器等；建筑工业中用于排水、排气管道、管件、门窗框架、百叶窗和安全帽等；汽车工业中用于车内外的一些组合件、散热器格栅、灯罩、仪表面板和控制板等。

四、甲基丙烯酸甲酯—丁二烯—苯乙烯共聚物

甲基丙烯酸甲酯—丁二烯—苯乙烯(MBS)共聚物是一种聚苯乙烯和ABS树脂的改性产品，为浅黄色透明粒料。与聚苯乙烯树脂比较，其强度和耐热性有些提高；有较好的耐寒性。在-40℃下还有优良的韧性；使用温度可达80℃。与ABS树脂相比，透明度很好，透光率可达85%；耐无机酸、碱、去污液和油脂等性能良好；但不耐酮类、芳烃、脂肪烃和氯代烃等。相对密度为1.07～1.11。热变形温度为84℃。

甲基丙烯酸甲酯—丁二烯—苯乙烯共聚物可用注射、挤塑、吹塑和压塑等方法成型板、管、膜和片材塑料制品；注射温度210～240℃、模具温度低于80℃；挤塑温度140～180℃、模具温度210℃左右。MBS与PVC相容性好，常用来做PVC硬质制品的改性剂，可改善制品的冲击强度，使制品的耐冲击性能提高6倍以上；改善耐老化性和加工性。通常，透明的PVC制品都采用MBS做改性剂，如制作玩具、矿灯罩、仪表零件等。又由于它符合FDA标准，所以可用作食品、医药包装材料。

第五节　聚酰胺

聚酰胺(PA)是一种主链上有酰胺基团(—HNCO—)重复结构单元的热塑性高分子化合物，通常被称为尼龙。

聚酰胺是一种应用量较大，用途广泛的工程塑料。聚酰胺的品种比较多，主要是根据合成单体的碳原子数来分类命名，品种有PA6、PA9、PA11、PA12、PA13、PA66、PA610、PA612、PA1010等。其中PA6、PA66、PA610和PA1010等牌号应用较多。

1. 性能特征　聚酰胺为淡黄色至琥珀色透明固体，无毒，无味。多数聚酰胺能在火源中缓慢燃烧，离开火源后能自熄，燃烧时起泡，发出一种羊毛焦味；有较高的吸水率，使制品强度降低，尺寸稳定性受到影响；有优良的力学性能，良好的冲击强度和拉伸强度，耐摩擦性好，耐磨耗；由于制品的热稳定性比较差，一般只能在80～100℃使用；耐多种化学药品，不受弱酸、弱碱、醇、酯、烃、润滑油、汽油和油脂影响；在常温下能溶于乙二醇、冰醋酸和氯乙醇等；电性能比较差，只适合做工频绝缘材料。

2. 用途　聚酰胺可用注射、挤塑、挤出吹塑、浇注、模压、旋转成型、发泡、涂覆及焊接、粘接等方法成型制品。主要制品有机械、仪器仪表、汽车、纺织机械等设备上的配件，如轴承、齿轮、油管、油箱、化工工程制品、电子电器制品、凸轮、涡轮、泵和阀门用零件、垫圈、电缆包覆、汽车用零件、风扇叶片、医用品及食品包装用薄膜等。

聚酰胺类树脂生产前一定要进行干燥处理。一般多用真空法干燥，温度为 95～105℃，真空度应大于 95 kPa，料层厚度为 40～50 mm，干燥时间为 12～16 h，含水分应小于0.06%。如果用热风循环法干燥，温度应控制在 80～90℃，这样的处理干燥法时间应更长些。干燥后的原料应立即投入生产。

第六节　聚碳酸酯(双酚 A 型)

聚碳酸酯(PC)是在大分子主链中含有碳酸酯链节的高分子化合物的总称。聚碳酸酯的生产方法有酯交换法和光气化法。目前应用量最大、用途较广的是双酚 A 型芳香族聚碳酸酯和工程塑料玻璃纤维增强聚碳酸酯。

1. 性能特征　聚碳酸酯为透明、白色或微黄色聚合物，无定形，无味，无毒；制品刚硬，耐冲击，有良好的韧性，吸水率较低；力学性能优良，但耐疲劳强度低，容易开裂；耐热性和耐寒性较好，应用温度范围为 −60～120℃，热变形温度为 135℃左右，在 220～230℃时呈熔融态，分解温度高于 310℃；熔融黏度大，流动性差，成型加工难度较大，但着色性好；有较好的电绝缘性，不易燃，有自熄性；耐酸、盐类和油、脂肪烃及醇，不耐氯烃、碱、胺、酮等介质，易溶于二氯甲烷、二氯乙烷等氯代烃类溶剂中。

2. 成型方法与用途　聚碳酸酯是一种综合性能优良的工程塑料，其原料干燥后可采用挤出、注射、吹塑和真空成型等方法制作制品。其制品广泛应用在机械、电子电器工业、交通运输和纺织工业、医疗和生活日用品中。

(1)机械方面，各种工作负荷不大的齿轮、齿条、凸轮、蜗杆、螺钉、螺母、管件、叶轮、阀门用零件、照相器材用零件及钟表用零件等。

(2)电子电器工业中，作电子计算机、电视机、收音机、音响设备和家用电器等的绝缘接插件、线圈框架、垫片、仪表外壳、手电钻外壳、吹风机、灯具和控制器等。

(3)生活日用品，太阳眼镜、打火机、烟具、洗澡盆、头盔、灯片、餐具、信号灯体及啤酒瓶等。

(4)军工方面，飞机、汽车和船用风挡玻璃，反坦克地雷、枪械握把、潜望镜等。

(5)其他方面，如纺织工业用各种纬纱管、纱管、毛纺管等，建筑业和农业中用作高冲击强度的玻璃窗和玻璃暖房具，具有很高的安全性和装饰性。

聚碳酸酯吸湿性差，但在高温下对水很敏感，即使在原料中有微量水存在，也会使聚碳酸酯剧烈分解，黏度下降，放出二氧化碳等气体，各种性能严重恶化，塑料变色，成型的制品带银丝、气泡、强度下降或出现破裂等现象。含水量越高，对制品质量影响越严重。所以，原料投产前必须进行干燥处理。

原料干燥处理后的含水量应小于0.02%，同时注意应立即把干燥后的原料投入料斗中生产。如果存放时间超过30 min，则要把干燥后的原料存放在高温（100℃以上）防吸潮的储槽中。

第七节　聚甲醛

聚甲醛（POM）是一种没有侧链、主链上含有许多重复醛基（$-\overset{\overset{\displaystyle O}{\|}}{C}-H$）、高密度、高结晶型聚合物。按其原料、合成方法及分子结构的不同，可分为均聚甲醛和共聚甲醛。均聚甲醛是三聚甲醛或甲醛的均聚物，共聚甲醛是三聚甲醛、少量二氧戊环开环聚合而得的。

1. 性能特征　聚甲醛树脂为浮白色，不透明，易着色，其制品表面光滑，有光泽；有良好的综合性能，其强度、刚性、耐冲击性能和耐蠕变性等都很好，耐疲劳性在热塑性塑料中最佳，耐磨性和电性能优良，吸水性低；制品形状尺寸稳定，但成型时收缩较大；有良好的耐农药性和耐油性，但耐强酸、强碱、酚类和有机卤化物性差；使用温度为−40～100℃，可在85℃水中、105℃空气中、有机溶剂、无机盐溶液和润滑剂中长期使用。

均聚甲醛除有上述性能外，其密度、结晶度、机械强度高。共聚甲醛短期强度、模量、伸长率、热变形温度、抗蠕变性、耐热老化、耐热水性都优于均聚甲醛，成型温度范围也较宽。

2. 成型方法与用途　聚甲醛树脂可用一般热塑性塑料成型方法加工，如注射、挤出、吹塑和喷涂等，但应用较多的还是注射法成型制品。树脂成型制品前应在90～100℃的烘箱中干燥处理3～4 h，处理后的树脂含水量应不大于0.1%。先把树脂挤出造粒，然后在粒料中加入一定比例的填充料、稳定剂及甲醛吸收剂，混合搅拌均匀后再挤出造粒，则此料即可注射成型制品。

聚甲醛制品是较理想的工程塑料，注射成型的制品可代替铜、铝、铸锌和钢等金属，广泛应用在农业机械、汽车、电子电器、仪表、建筑、轻工各行业中。如在汽车方面，可制作排水阀门、散热器箱盖、水泵中叶轮、加热器风扇、轴承架、制动器和方向盘上用零件等；在机械设备中，用来制作轻负荷齿轮、联轴节、泵体外壳和泵用零件、机床导轨及机床用零件等；在电器方面，用来制作电话、无线电、录音机、录像机、电视机、电子计算机和传真机中零件等；在日常生活中，用于制作水箱、水龙头、窗框、水管接头、水表壳体和燃气表中零件等；由于聚甲醛无毒性、不污染环境，还可大量应用在食品机械设备中，如传动齿轮、轴承及支架等。

第八节　聚对苯二甲酸乙二醇酯

聚对苯二甲酸乙二醇酯(PET)是饱和二元醇通过缩聚反应而成的线型高分子聚合物。聚对苯二甲酸乙二醇酯和聚对苯二甲酸丁二醇酯(PBT)通称为热塑性聚酯。

1. 性能特征　聚对苯二甲酸乙二醇酯未干燥前呈透明状态,干燥后为乳白色,密度为1.30～1.38 g/cm³,无定形玻璃态熔点为250～265℃。制品长期使用温度为120℃,吸水率低(约为0.13%),制品成型收缩率大(为0.7%～1%),燃点高(着火点为480℃);制品在热塑性制品中最强韧,而且在较宽的温度范围内有较好的力学性能,其薄膜的拉伸强度与铝膜相当,是PE膜的9倍,但撕裂强度不如PE膜;透明率90%;电绝缘性能优良,在高温高频下,电性能仍然较好;耐化学性良好,在较高温度下也能耐高浓度的氢氟酸、磷酸和醋酸等,不耐碱,在热水中煮沸易水解。

2. 成型方法与用途　PET树脂的结晶化温度高,成型加工难度较大。一般可用挤出成片,然后经纵横向拉伸成型薄膜,也可用挤出或注射后成型吹塑容器类制品,薄膜还可真空镀铝、铜或银金属层。

PET树脂主要用途是用作纤维,其次用作薄膜和工程塑料。纤维主要用于纺织工业;薄膜用作电气绝缘材料,如电容器、电缆间绝缘,电动机、变压器、印刷电路和电线电缆的包扎材料;用作片基和基带,如电影片基、X射线片基、录音录像带基;各种复合膜是工业、食品、医疗器械、电器零件的包装材料;另外,薄膜还可用于真空镀铝、铜或银,制成金属化薄膜,用作金银线、微型电容器薄膜及各种装饰品等。

挤出—吹塑和注射—吹塑成型包装容器,聚酯瓶具有透明、质轻、强度高,耐化学药品腐蚀、气密性好等优点。用于装含有二氧化碳气体的各种饮料瓶,也可用于装各种酒、醋、食用油及化妆用品等。

BET是一种吸湿性聚合物,水分过高(应小于50 μg/g)时会发生水解反应,使PET黏度下降,导致制品力学性能和透明度下降。原料投产前要在120～130℃温度下干燥处理,干燥时间5～8 h。干燥后的原料要存放在120℃保温箱或料斗内。注意存放时间不得超过2 h,否则要重新对原料进行干燥处理。

第九节　聚对苯二甲酸丁二醇酯

1. 性能特征　聚对苯二甲酸丁二醇酯(PBT)是一种结晶型热塑性塑料。相对密度为1.31～1.55。熔点为225℃左右,吸水率在热塑性塑料中是最低者之一,仅为0.07%;强韧性和抗疲劳性优良,冲击强度高,摩擦因数小,有自润滑性;耐热、耐气候性好,不易燃烧,但能慢燃；电性能优良，体积电阻率为10^{16} Ω·cm，高于一般工程塑料。耐电弧性为190 s，在塑料中也为最高；耐化学性能好，除强氧化性酸如浓硝酸、浓硫酸及碱性物质对其产生分解作用外，对有机溶剂、汽油、机油、一般清洁剂等稳定；尺寸稳定，但对缺口冲击敏感。

2. 成型方法与用途 PBT的成型方法与用途和PET相似，但主要用增强PBT树脂注射成型制品。由于它的熔体流动性好(仅次于尼龙)、结晶速度快，所以适合快速注射成型形状复杂制品。但生产时要注意：原料投产前要在120℃热风烘箱中干燥4 h以上，使其含水量小于0.03%。机筒塑化温度为230～260℃、注射压力为60～120 MPa，模具温度为50～80℃，生产成型周期为60～90 s。

制品多是电子、电气、汽车和机械等设备中的零部件，是一种阻燃、增强机件。如用在电子电气方面，要求阻燃、耐热、绝缘、耐电弧、耐化学药品，应用中结构尺寸稳定的零部件：如线圈骨架，各种开关、接插件、继电器、电容器外壳。汽车配件中的齿轮、凸轮、电刷杆、发动机外壳等及其他工业中的仪器外壳、电动工具外壳、照相机外壳和农业、纺织机械用零件等。

聚对苯二甲酸丁二醇酯的吸水率很低(仅为0.07%)，但投产前也一定要对其进行干燥处理。处理方法是：把PBT料在120℃热风循环烘箱中干燥处理7～8 h，使料中的含水量低于0.03%才能投产。为防止干燥处理后原料再吸湿，存放料箱或加料斗要有90℃左右的保温装置。如果干燥后的原料在普通料箱中存放，时间不能超过2 h，否则应用时一定要再进行干燥处理。

第十节　聚　砜

聚砜(PSU)也叫双酚A聚砜，它是由双酚A和二氯二苯基亚砜在二甲基亚砜中缩聚制成，是一种高性能热塑性工程塑料。

1. 性能特征 聚砜为略带琥珀色透明的非结晶型聚合物。有优异的力学性能，强度高，抗冲击性好，耐磨，尺寸稳定，抗蠕变性能好，成型收缩率小，可作精密零件，但容易发生应力开裂；热稳定性好，可在−100～150℃温度范围内使用，短期使用温度可达190℃；制品无毒、耐辐射、耐燃、有自熄性；介电性能好，即使在水和潮湿空气中，也会保持很高的介电性能；化学稳定性好，除浓硫酸和浓硝酸外，对其他酸、碱、醇、脂族烃等化学药品稳定，但在酯和酮类中会发生溶胀，且有部分溶解，易溶于二氯甲烷和二氯乙烷；耐候性和耐紫外线性能差。

2. 成型方法与用途 聚砜可采用注射、挤塑、模压、吹塑、涂覆、热成型及电焊、焊接等方法加工成型。

制品主要有机械工业配件，如齿轮、叶轮、泵体、洗衣机配件等；电器、电子工业中的继电器、线圈骨架、仪表盘、接触器、变压器中绝缘件、电视机零配件等；汽车工业中的分速盖、电池盖、点火零件、感应器等；化工工业中的耐酸喷嘴、阀门、管道、容器等；家用电器和医疗器

械配件等。

聚砜料投产前要在120～140℃热风循环烘箱内干燥处理4 h以上，要求聚砜含水率小于0.05%。

第十一节　聚苯醚

聚苯醚(PPO)也叫聚亚苯基氧化物，是一种耐高温的热塑性塑料。

1. 性能特征　聚苯醚无毒、透明、密度小；综合性能好，有较高的强度，耐应力松弛，耐蠕变性好，尺寸稳定性、耐热性好，热变形温度最高可达190℃，可在-90～150℃温度范围内长期使用，玻璃化温度为211℃，熔点为268℃，在330℃时出现分解现象；质轻，阻燃性良好，能自熄，耐光差；熔体流动性差，成型困难(一般多用PPO共混物或合金，即改性MPPO)；耐稀酸、稀碱及盐溶液，不耐强氧化性酸，链烃、酮、酯类使制品在应力下开裂；溶于芳烃或氯化链烃中。

2. 成型方法与用途　聚苯醚可采用注射、挤塑和模压成型，也可发泡、吹塑、熔接成型。主要制品有电子、电器、汽车、机械、家电、化工及医疗器械配件，如插座、绕线架、仪器仪表外壳、配件、弱电动机器配件、连接器、无声齿轮、钟表测量仪、井泵、热水表、复印机、打字机、叶片、喷水器、阀件、外科手术器具和消毒器械等。

由于聚苯醚熔体流动性差、加工成型困难，所以应用较多的还是改性聚苯醚(一种是PPO与聚苯乙烯和弹性体改性剂的共混物；另一种是PPO的苯乙烯接枝共聚改性物)。

第十二节　聚苯硫醚

聚苯硫醚(PPS)也叫聚亚苯基硫醚或聚亚苯基硫。

1. 性能特征　聚苯硫醚是一种综合性能优异的热塑性结晶树脂。热性能非常好，熔点为280～290℃，分解温度大于600℃，可在240℃温度以下长期使用，热稳定性优于目前所有的工程塑料；力学性能好，刚性极强，表面硬度高，耐蠕变和耐疲劳性优异，且耐磨性突出；耐腐蚀性、耐化学药品性优良，仅次于聚四氟乙烯；制品尺寸稳定性好，成型收缩率低，吸水性小；阻燃性好；电性能优异，即使在高温、高湿和高频条件下变化也不大。不足之处：脆性较大，延伸率低，韧性差，熔接强度不好，着色性不理想，比通用工程塑料价格高出约2倍。

2. 成型方法与用途　低分子量的PPS树脂，由于无法直接塑化，所以只能用于喷涂。高分子量的PPS树脂，可用注射、挤出和模压法成型制品。PPS树脂应用范围广泛，可制造成各种耐高温、耐腐蚀制品；电气工业零件，也可用于制造防静电和电磁屏蔽等产品，如化工和机械设备中的耐酸、碱用管件、阀、泵体和叶轮等；运输机械中的轴承、配电盘、电刷支架和排气装置等；电器设备中的发动机电刷、叶片、高电压外壳及插座和变压器中的一些零配件等。

第十三节　聚甲基丙烯酸甲酯

聚甲基丙烯酸甲酯(PMMA)是聚丙烯酸类聚合物中的一种，相对分子质量在50万～100万，俗称有机玻璃。

1.性能特征　聚甲基丙烯酸甲酯的光学性能优良，透光率可达92%，无色，几乎不吸收可见光；着色性好，在热作用下几乎不褪色，不变色；耐腐蚀，耐候性好，电性能好，耐酸、碱、无机盐、有机盐和油脂类，在室外长期暴露时，其透明度和色泽变化很小，有良好的耐电弧性，不漏电，表面电阻大。不足之处是制品表面硬度小，易划伤，热膨胀系数大，吸水性高，因温度和湿度引起的尺寸伸缩量大；缺口冲击强度低，易产生应力开裂；电绝缘性高，易带电；制品可燃，无火焰，无毒。

2.成型方法与用途　成形方法由于聚甲基丙烯酸甲酯制品有一定的强度，并且透明度好，所以多用在要求透明、防震和防爆方面。如汽车、船舰上的玻璃窗、挡风玻璃、仪表盘、仪器罩及灯罩等；军工上用于光学透镜、防爆、消声玻璃、防弹玻璃、防毒面具视镜、激光防护镜等；飞机用的透明舱盖、高速飞机用挡风玻璃等；电器方面用磁带盒、光学显像盘和电绝缘零件等。

聚甲基丙烯酸甲酯易吸湿，原料投产前要进行干燥处理。处理方法是把原料置于80℃左右的温度中，料层厚30 mm，烘干2 h以上，最终使料中含水量小于0.05%。

第十四节　丙烯腈—苯乙烯共聚物

1.性能特征　丙烯腈—苯乙烯共聚物又称SAN或AS树脂。它是一种非结晶态无色透明的颗粒状热塑性树脂，相对密度1.07，成品收缩率为0.2%～0.5%，无毒。是一种坚固而有刚性的材料，具有良好的尺寸稳定性、耐候性、耐热性、耐油性、抗振动和化学稳定性；力学性能好于聚苯乙烯，透明度和聚苯乙烯相同；能耐汽油、煤油和芳香烃等非极性物质的侵蚀，耐水、酸、碱、洗涤剂和卤代烃类溶剂等，但能为有机溶剂所溶胀，且溶于酮类。

2.成型方法与用途　SAN树脂多用于掺混生产ABS、ASA和AES树脂等。用于注塑制品，主要应用于仪表和汽车工业，成型机械零部件、油箱、车灯罩、仪表罩、仪表透镜、各种开关按钮等；蓄电池外壳、电视机、收录机旋钮和标尺；电池盒、接线盒、电话及其他家用电器零部件；空调机、照相机零件、电扇叶片等；笔杆、文教用品、渔具、玩具等；盘、杯、餐具、化妆品和其他物品的包装材料及卫生用品、一次性打火机等生活日用品。

SAN注射成型制品用料，投产前须在70～80℃热风循环烘箱中干燥处理2 h左右。

第三章　助　剂

塑料加工行业用助剂是指某些聚合物（树脂）在加工成型制品过程中所添加的各种辅助材料（化学品）。这些辅助材料是按塑料加工的需要而配制的，并按一定的比例掺混在聚合物中，为塑料制品的成型加工服务。如某些助剂的加入可以改善聚合物的加工性能，而另一种助剂的加入可以改进聚合物制品的性能或扩大它们的应用范围，延长制品的工作寿命及降低制品的生产成本等。这样看来，助剂是聚合物成型塑料制品生产中不可缺少的一种材料。更准确一点讲，如果没有各种助剂的加入配合，就无法进行塑料制品的生产。

第一节　助剂的功能与分类

塑料在成型加工时应用的助剂种类比较多，一般是按助剂的功能作用分类，如有稳定剂、加工助剂和能够改变或改善塑料各种性能的功能性助剂等。具体的分类方式如下。

（1）稳定剂是一种能够保持塑料性能稳定的助剂。制品原料中加入稳定剂，能够防止或延缓树脂在储存、加工及其制品在使用中的老化降解。稳定剂按其功能作用的不同，又可分为抗氧剂、光稳定剂、热稳定剂和防霉剂等类型。

（2）加工助剂是一种能够改变或改善树脂加工性能的助剂。如能促进树脂加快熔融塑化、改善熔料的流动性、防止或减少熔料粘在设备工作面上和降低熔料间的摩擦等。加工助剂按其作用的不同，可分为润滑剂、脱模剂和加工改性剂等。

（3）功能性助剂是指能够改善或改变塑料制品原有性能的助剂。按其功能作用的不同可分为：改善制品物理性能用助剂，如能够提高制品拉伸强度、硬度、刚度及使制品尺寸稳定、热变形小或改善冲击强度的交联剂、填充剂、增强剂、偶联剂、抗冲击改性剂和成模剂等。

能够使制品柔软或体轻的助剂，如增塑剂，能使制品柔软，发泡剂能使制品成泡沫结构。另外，还有能使制品消除静电的抗静电剂，使制品不易燃烧的阻燃剂及使制品有一定色泽的着色剂，不易粘连的防粘连剂等。

第二节 助剂的选用

由于助剂的种类和品牌型号较多，每种助剂都各有应用特点和最佳性能范围，还有些助剂具有双重或多重作用，与其他助剂配合使用，会有协同或对抗作用等各种效果。助剂的选择应用是否合理对制品要求的性能改变程度及生产制品成本的高低影响很大，因此选择助剂时应注意下列几点：选择的助剂一定要与主原料（塑料树脂）有较好的相容性；助剂要能适应主原料熔融塑化及成型制品工艺条件的要求；助剂所具有的特殊性能在应用时要有一定的持久性；多种助剂配合使用时，要注意助剂间的协同作用和对抗作用对制品性能的影响；按制品工作中需要的特殊性能，选择最能改变原料使其达到最佳性能的助剂；选择的助剂应注意其对制品生产成本的影响，应是料源丰富、售价最低。

一、增塑剂

增塑剂多数是高沸点的液态酯类。聚氯乙烯树脂的原料配方中加入一定比例的增塑剂，可以改变它的基本性质，使聚氯乙烯制品增加柔软性，降低熔融黏度，改善熔态料的流动性，降低玻璃化温度等。聚氯乙烯性质的变化程度与增塑剂的性能、加入量的大小和聚氯乙烯树脂的性质有关。如果只从增塑剂加入量的多少来看塑料制品性质的变化，则增塑剂加入树脂中的组分越多，塑料制品越柔软。如果增塑剂加入量低于10%（质量分数，如无特殊说明，后文均指质量分数），则PVC树脂成型的制品为硬质；如果增塑剂加入量大于30%，则PVC树脂成型的制品为软质；如果增塑剂加入量占PVC树脂量的10%～30%，则成型的制品为半硬质塑料。另外，还有能够改变聚氯乙烯树脂性质中专项功能的增塑剂，如能够改善PVC树脂耐热功能的增塑剂、耐寒功能增塑剂、耐油增塑剂、阻燃增塑剂和无毒增塑剂等。

1. 增塑剂的应用选择条件

（1）增塑剂应与树脂相容性能好，在生产成型塑料制品的过程中挥发性低、不迁移、不渗出，能够延长塑料制品的使用寿命。

（2）加入增塑剂的PVC树脂熔点温度降低，使树脂加工成型比较容易。

（3）选用原料来源广、价格低、增塑效率高的增塑剂。常用增塑剂的增塑效率值见表3-2-1。

表3-2-1 常用增塑剂的增塑效率值

增塑剂名称	DOP	DIOP	DAP	DNP	DOS	DOA	DNOP	DBP	TTP	TXP	DBS	ED3	氯化石蜡
增塑效率值	1.00	1.03	0.97	1.17	0.93	0.94	1.17	0.85	1.25	1.31	0.78	0.91	1.53

(4)注意增塑剂对 PVC 树脂绝缘性的影响，当用于导线和电缆护套等塑料制品时，原料中不采用能使制品绝缘性下降的增塑剂。

2. 常用增塑剂的性能

(1)邻苯二甲酸二丁酯(DBP)。无色透明液体，有毒，能溶于多数有机溶剂，着火点为202℃。在聚氯乙烯制品中应用，可使制品有较好的柔软性。

(2)邻苯二甲酸二辛酯(DOP)。无色油状液体，有一种特殊气味，着火点为 241℃，能溶于大多数有机溶剂。它是聚氯乙烯制品的主增塑剂，具有良好的综合性能：混合性能、低温柔软性、电绝缘性能、耐热性、耐候性均较好，而且增塑效率高，可用于食品包装树脂。

(3)邻苯二甲酸二异辛酯(DIOP)。无色而黏稠的液体，能溶于大多数有机溶剂和烃类，着火点为 249℃。性能与 DOP 接近，可替代 DOP，毒性低，价廉，但电性能、增塑效率和低温性能比 DOP 略差。

(4)己二酸二辛酯(DOA)。无色、无味液体，无毒，沸点为 210℃(655 Pa)，着火点为235℃，不溶于水，溶于多数有机溶剂。它是聚氯乙烯制品中的一种耐寒增塑剂，制品在低温环境中仍具有良好的柔软性，同时，还具有光稳定性和耐水性，可用于食品包装材料，但挥发性和电绝缘性不足。

(5)癸二酸二正丁酯(DBS)。无色液体，无毒，着火点为 218℃，空气中爆炸极限为0.44%(体积分数，243℃时的下限)，水中溶解度为 0.40 g/L(20℃)。能与多数树脂相容，有很好的溶剂效果，可做耐寒主增塑剂。应用时常与邻苯二甲酸酯类并用，以降低其挥发性及容易被水、肥皂水和洗涤溶液抽出的可能性。

(6)癸二酸二辛酯(DOS)。无色油状液体，着火点为 263℃，能溶于醇、苯、醚等有机溶剂，但不溶于水。它是电缆料常用的一种低温性能好、挥发性小的耐寒增塑剂，也可在高温环境中应用，耐候性和电绝缘性很好，但易被烃类溶剂抽出，容易迁移。

(7)磷酸三甲苯酯(TCP)。无色，略有酚气味，有毒，在 420℃时分解，闪点为 230℃，溶于苯、醚和醇类。与聚氯乙烯相容性优良，可做 PVC 的主增塑剂，有很好的阻燃性、耐磨性、耐候性和电性能，挥发性小，耐水和油的抽出，但低温性能差。

(8)磷酸三苯酯(TPP)。白色针状晶体，熔点为 49.2℃，有毒，难溶于水。它是一种阻燃性辅助增塑剂，有较好的力学性能，柔性和强韧性好，挥发性低，但耐光性差，不适合浅色制品应用。

(9)环氧硬脂酸丁酯(BES 或 BEO)。淡黄色透明液体，温度低于 10℃时，有少量凝聚物析出，闪点高于 190℃，溶于氯仿等有机溶剂。与聚氯乙烯相容性好，既是增塑剂又是稳定剂，耐热性、耐候性很好，耐寒性也好，但挥发性大，用量在 5%左右。

(10)石油磺酸苯酯(M-50)。淡黄色油状透明液体，闪点为 200～220℃(开皿)。在聚氯乙烯制品中应用，具有介电性能、力学性能和耐候性能好，挥发性能低等特性。但耐寒性能差，相容性中等，用时多与邻苯二甲酸酯并用，一般为15%左右。

(11)氯化石蜡(43%)。金黄色或琥珀色黏稠液体，无毒、无味、不燃、不爆、挥发性极微，能溶于大多数有机溶剂，不溶于水和乙醇，温度高于120℃时能分解出氯化氢气体，铁、锌等金属氧化物能促进其分解。可做聚氯乙烯辅助增塑剂，取代部分主增塑剂，降低制品成本，降低燃烧性。

3. 常用增塑剂应用比较

常用增塑剂的特点与应用见表3-2-2。

表3-2-2　常用增塑剂的特点与应用

增塑剂名称	简称	优点	缺点	主要用途
邻苯二甲酸二丁酯	DBP	塑化效率高，可加工性及相容性良好，柔软性好，价格低	挥发性高，加热损耗大，影响制品使用寿命	通用型增塑剂，可用作主增塑剂
邻苯二甲酸二庚酯	DHP	可加工性良好，价格便宜	挥发性高	通用型增塑剂，可用作主增塑剂
邻苯二甲酸二辛酯	DOP	相容性好，挥发性和吸水性小，电绝缘性好，毒性小	耐寒性差	通用型增塑剂，可用作主增塑剂
邻苯二甲酸二正辛酯	DNOP	对光、热的稳定性及耐寒性良好，增塑糊黏度稳定	—	可用作主增塑剂，用于农膜、电线、增塑糊原料中
邻苯二甲酸二壬酯	DNP	低挥发性、电绝缘性良好	耐寒性、增速效率较差，制品发硬	可用作主增塑剂，用于电线、板材原料
邻苯二甲酸二异癸酯	DIDP	低挥发性、电绝缘性良好	—	可做主增塑剂，用于高级人造革、电线
邻苯二甲酸二(十三酯)	DTDP	低挥发性、耐久性良好	相容性、加工性较差	可做主增剂，用于耐热电线
邻苯二甲酸丁苄酯	DBP	耐久性、可加工性良好，耐污染	耐寒性较差	用于板、人造革、电线原料
邻苯二甲酸二环己酯	DCHP	耐久性、光热稳定性良好	柔软性、耐寒性差	用于包装制品成型原料
对苯二甲酸二辛酯	DOTP	低挥发性、低温性、增塑糊黏度稳定性良好	—	可做主增塑剂

续表

增塑剂名称	简称	优点	缺点	主要用途
癸二酸二丁酯	DBS	性能与DOS、DBP接近，塑化效率比DOS好，挥发性大于DOS，耐寒性良好、无毒	相容性、耐油性差	用于食品包装制品的原料，为辅助增塑剂
癸二酸二辛酯	DOS	耐寒性良好、挥发性低	相容性、耐油性差	辅助增塑剂
己二酸二辛脂	DOA	耐寒性良好	相容性、耐油性差	用于耐寒辅助增塑剂
己二酸丙二醇聚酯		保护性好、电性能好、挥发性低	相容性、塑化效率差	耐久性制品
癸二酸丙二醇聚酯			塑化效率高	
柠檬酸三丁酯	TBC	无毒、耐光性及耐寒性良好、有耐菌性	售价高	食品包装用增塑剂
乙酰柠檬酸三丁酯	ATBC	无毒、低吸湿性、耐水性良	售价高	食品包装用增塑剂
硬脂酸丁酯	BS	有润滑性	相容性差	辅助增塑剂
油酸丁酯	BO	耐寒性、耐水性良好	相容性、耐候性、耐油性差	耐寒性辅助增塑剂
油酸四氢糠醇酯	THFO	可增强塑化效果	相容性差	增塑糊、纤维素类增塑剂
乙酰蓖麻酸甲酯	MAR	无毒、耐寒性良好	相容性较差	辅助增塑剂、丙烯酸树脂
偏苯三酸三(2-乙基己酯)	TOTM	耐热性良好、迁移性小、电绝缘性良好	耐寒性差	耐热电线
烷基磺酸苯酯	T-50(M-50)	性能较全面、价廉	相容性、耐寒性较差	通用型辅助增塑剂
磷酸三甲酚酯	TCP	阻燃性好、相溶性良好、抗菌性强、耐磨性良好、吸水性差、电绝缘性好	耐寒性差、有毒、价格高	电线清漆、纤维素
磷酸三苯酯	TPP	阻燃性及相容性良好	耐寒性较差、有毒	电线、合成橡胶纤维素
磷酸三辛酯	TOP	阻燃性、挥发性、耐菌性及耐寒性良好	有毒	
磷酸二苯一辛酯	DPOP	阻燃性、耐候性及相容性良好	耐寒性较差、有毒	
氯化石蜡		阻燃性、电绝缘性及耐油性良好，价廉	塑化效率低、耐寒性差、相容性差	做辅助增塑剂
环氧大豆油(ESO)、环氧油酸丁酯(EBSt)、环氧硬脂酸辛酯(EOSt)、环氧化四氢苯二甲酸二辛酯(EP-S)		可吸收PVC分解放出的HCl，光、热稳定性良好	相容性较差	做耐寒、耐候性辅助增塑剂

4. 改善聚氯乙烯性能的增塑剂

(1)耐寒性增塑剂。是指能够使PVC制品在低温环境下有较好柔软性的增塑剂。有癸二酸二辛酯、己二酸二辛酯、磷酸三辛酯等。

(2)耐热性增塑剂。是指能提高PVC制品的使用温度,在成型加工过程中和高温条件下不易分解的增塑剂。有苯二甲酸双十三醇酯、偏苯三酸酯等。

(3)耐热耐光性增塑剂。是指能够抑制PVC制品在高温、光照下分解和变色老化用的增塑剂,有环氧硬脂酸丁酯、环氧硬脂酸辛酯和环氧大豆油等。

(4)阻燃性增塑剂。加入增塑剂的软质PVC制品多数易燃,能阻止易燃的增塑剂有磷酸三甲酚酯和含氯量为52%的氯化石蜡等。

(5)无毒性增塑剂。食品包装和医用PVC制品应注意增塑剂或其他助剂的毒性影响。这种制品用聚氯乙烯树脂应采用无毒性增塑剂,如苯二甲酸酯、环氧大豆油、环氧四氢苯二甲酸酯等。

(6)耐菌性增塑剂。增塑剂或其他助剂会影响PVC制品的耐菌性,在PVC树脂中加入磷酸酯较好,氯化石蜡、苯二甲酸酯也可用。

5. 增塑剂用量对聚氯乙烯制品性能的影响

(1)加入增塑剂的PVC树脂在塑化过程中所需温度较低,制品成型比较容易。

(2)PVC树脂与增塑剂的相互混溶,使原料膨胀润湿。

(3)在一定限度内,树脂中增塑剂用量增加,则其制品强度下降、伸长率增加。

(4)增塑剂影响塑料制品的绝缘性:加入量越大,制品的电绝缘性越差。

(5)温度会影响增塑剂的增塑作用:温度升高,熔体流动性大,塑化效率提高。

(6)树脂中增塑剂量增加,制品原料的密度下降,耐寒性提高,吸水性增加。

(7)树脂中的增塑剂在成型制品加工过程中有损耗,热损耗大的增塑剂在塑化成型过程中损耗也大。

二、稳定剂

在聚氯乙烯(PVC)树脂中加入稳定剂主要是为了防止或缓解该树脂在高温塑化加工过程中分解,以及其制品在使用过程中,环境中的光和氧对其作用,使其产生化学变化,从而改变制品的性能,降低制品的使用寿命。另外,树脂在加工前加入这种稳定剂,也会减少PVC树脂加工成型制品的难度。

稳定剂按功能分类,可分为热稳定剂、抗氧剂和光稳定剂。

1. 热稳定剂 热稳定剂是聚氯乙烯这种热敏性树脂成型加工中不可缺少的一种助剂。在塑化成型前的PVC树脂中加入一定比例的热稳定剂,主要是为了防止PVC树脂在高温成型制品的加工过程中分解。

常用热稳定剂的性能与应用如下。

(1)三盐基硫酸铅(3PbO)。耐热性、电绝缘性优良,对光稳定不变色,但相容性、分散性差,有毒。适合于聚氯乙烯不透明制品,如管、板和人造革等软制品,用量为0.5%~5%。

(2)二盐基亚磷酸铅(2PbO)。有优良的热稳定性及耐候性,但相容性、分散性差,有毒。适合于聚氯乙烯不透明制品,如电缆线、管和板的成型。与三盐基硫酸铅和二盐基硬脂酸铅并用有协同作用,用量为1%~5%。

(3)二盐基硬脂酸铅。不溶于水,有毒。适合于聚氯乙烯的电缆、薄膜、人造革和管材制品用助剂,有热稳定和光稳定性。一般用量不大于3%。

(4)硬脂酸铅(PbSt)。熔点为95~120℃,易受硫化物污染,有毒。适合于不透明的软、硬聚氯乙烯制品,用量不大于2%。

(5)硬脂酸钡(BaSt)。熔点为205℃左右,不溶于水,有毒。适合于软质透明聚氯乙烯板、人造革和硬质板、管等制品用助剂,用量为0.5%~2%。

(6)硬脂酸镉(CdSt)。熔点为100℃左右,不溶于水,有毒。适合于软质透明聚氯乙烯制品,是制品的热和光稳定助剂。一般用量为0.2%~1.5%。

(7)硬脂酸钙(CaSt)。熔点为125~150℃,不溶于水,有毒。适合作聚氯乙烯制品的热稳定剂及加工润滑剂,用量一般不超过2.5%。

(8)硬脂酸锌(ZnSt)。熔点为120~130℃,不溶于水,无毒,粉尘的空气混合物有爆炸危险。不宜单独使用,多与其他皂盐配合,用于软质聚氯乙烯制品助剂,一般用量不大于1%,有热稳定和光稳定助剂作用。

(9)二月桂酸二丁基锡(DBTL)。凝固点为16~23℃,有毒。与钡、镉盐并用,适合作软质、透明聚氯乙烯制品用助剂,也可与马来酸系和硫醇系有机锡并用,作硬质聚氯乙烯制品助剂。用量一般在0.3%~1%。

(10)钙锌液体稳定剂。低毒,适合做聚氯乙烯制品用热稳定剂。

2.抗氧剂　塑料树脂中加入抗氧剂,是为了防止树脂在加工高温塑化或成型制品后,受空气中氧的影响(氧化降解),而使塑料制品的强度、外观和性能发生变化,从而缩短塑料制品的使用寿命。

常用抗氧剂的性能与用途如下。

(1)四[β-3,5-二叔丁基-4-羟基苯基)丙酸]季戊四醇酯,也称为抗氧剂1010。白色流动性粉末,熔点为120~125℃,毒性较低,是一种较好的抗氧剂。它在聚丙烯树脂中应用较多,是一种热稳定性高、非常适合于高温条件下使用的助剂,能延长制品使用寿命,也可用于其他大多数树脂中。一般用量不大于0.5%。

(2)β-(3,5-二叔丁基-4-羟基苯基)丙酸十八酯,也称为抗氧剂1076。白色或微黄色结晶粉末,熔点为50~55℃,无毒,不溶于水,可溶于苯、丙酮、乙烷和酯类等溶剂。可作为聚乙烯、聚丙烯、聚苯乙烯、聚氯乙烯、聚酰胺、ABS和丙烯酸等树脂的抗氧剂，具有抗氧性好、挥发性小、耐洗涤等特性。一般用量不大于0.5%，可作食品包装材料成型用助剂。

(3)1,1,3-三(2-甲基-4-羟基-5-叔丁基苯基)丁烷，也称为抗氧剂CA。白色结晶粉末，熔点为180～188℃，毒性低，溶于丙酮、乙醇、甲苯和醋酸乙酯。适合作聚丙烯、聚乙烯、聚氯乙烯、ABS和聚酰胺树脂中的抗氧助剂，并可用于与铜接触的电线、电缆。一般用量不超过0.5%。

(4)2,6-二叔丁基-4甲基苯酚，也称为抗氧剂264。白色或浅黄色结晶粉末或片状物，熔点为70℃左右，沸点为260℃左右，无毒。用于多种树脂中，不溶于水，能较好地抑制氧化、热分解和铜的影响，所以用途广泛。更适用于食品包装成型用树脂(聚氯乙烯、聚丙烯、聚乙烯、聚酯、聚苯乙烯和ABS)中。一般用量为0.01%～0.5%。

(5)*N*,*N*-二-*β*-苯基-对苯二胺，也称为抗氧剂DNP。浅灰色粉末，熔点为230℃左右，易溶于苯胺及硝基苯中，不溶于水。适用于聚乙烯、聚丙烯、抗冲击聚苯乙烯和ABS树脂，除具有抗氧效能外，还有较好的热稳定作用和抑制铜、锰金属的影响。一般用量应不超过2%。

(6)硫代二丙酸二月桂酯，也称为抗氧剂DLTP。白色结晶粉末，熔点为40℃左右，毒性低，不溶于水，能溶于苯、四氯化碳、丙酮。用作聚乙烯、聚丙烯、ABS和聚氯乙烯树脂的辅助抗氧剂，可改善制品的耐热性和抗氧性。一般用量为0.05%～1.5%。

(7)亚磷酸三壬基苯酯，也称抗氧剂TNP。浅黄色黏稠液体，凝固点低于−5℃，沸点大于105℃，无味，无毒，不溶于水，溶于丙酮、乙醇、苯和四氯化碳。适合于聚氯乙烯、聚乙烯、聚丙烯、抗冲击聚苯乙烯和ABS、聚酯等树脂，高温中抗氧化性能高。使用量不应超过1.5%。

(8)亚磷酸三苯酯，也称为抗氧剂(TPP)。浅黄色透明液体，凝固点为19～24℃，沸点为220℃，溶于醇、苯、丙酮。适合作聚氯乙烯、聚苯乙烯、聚丙烯和ABS树脂的辅助抗氧剂，使用量应不超过3%。

(9)2-硫醇基苯并咪唑，也称为抗氧剂MB。淡黄色粉末，熔点高于285℃，溶于乙醇、丙酮、醋酸乙酯，不溶于水和苯。适合作聚乙烯、聚酰胺和聚丙烯树脂的抗氧剂。本品不污染，不着色，可用于白色或艳色制品。用量不应超过0.5%。

3. 光稳定剂 能够使塑料制品延缓在光作用下改变性能的助剂，称为光稳定剂。

常用光稳定剂的性能与用途如下。

(1)2-羟基-4-正辛氧基二苯甲酮，也称为UV-531。浅黄色粉末，熔点约为48℃，溶于丙酮、苯和乙醇，不溶于水，毒性很小。与树脂相容性好、挥发性小，可做各种塑料的光稳定剂，用量应不超过1%。

(2)2-(3′,5′-二特丁基-2′-羟基苯基)5-氯苯并三唑，也称为UV-327。淡黄色粉末，熔点为155℃左右，毒性较低，耐高温，化学稳定性好，耐洗涤性好。适合于烯烃类树脂和环氧树

脂。用量为1%～3%。

(3)双(3,5-二特丁基-4羟基苄基)磷酸单乙酯镍,也称为UV-2002。淡黄色粉末,熔点约为190℃,属于有机镍铬合物中含磷的镍螯合型光稳定剂。适合于常用塑料树脂成型薄膜,同时还有一定的抗氧和阻燃效果,用量不大于1%。

(4)双[2,2′-硫代双-4(11,3,3-四甲基丁基苯酚)镍],也称为AM101。猝灭型光稳定剂,绿色粉末,有毒。适合应用于聚烯烃树脂中,成型薄膜,能改善加工性能,但不能用于白色和透明制品中。

(5)4-苯甲酸基-2,2,6,6-四甲基哌啶,也称为UV-744。粉末状,熔点约为93%,低毒,耐水解,不着色。适合用于聚烯烃树脂中,能阻断氧化反应的继续,发挥光稳定作用。

4.稳定剂的选择

(1)应不受热、光、辐射、氧和紫外线等条件影响。

(2)与聚氯乙烯树脂容易混合,在加工和成型中无渗出现象。

(3)与HCl作用后不影响塑料制品性能。

(4)稳定性能好,耐久性好,不与其他化学助剂发生化学反应。

(5)不影响聚氯乙烯制品的质量,制品的透明度、绝缘性能和防水性能不受影响。

(6)稳定剂应是无色、无毒,有较好的透明度、价格低和需用量较小。

(7)最好选用液体稳定剂。如果采用固体稳定剂,要首先制成浆料,在研磨机上研磨细化颗粒,要求颗粒细度越小越好,以使其分散均匀,从而得到较好的应用效果。

三、抗冲改性助剂

塑料树脂中加入抗冲改性助剂是为了提高塑料制品的抗冲击性能。常用抗冲改性助剂有氯化聚乙烯(CPE)、ACR抗冲改性剂和MBS、EVA抗冲加工助剂。

(1)丙烯酸酯类共聚物(ACR)。是一种能够促进硬质PVC原料塑化和提高其制品抗冲击性能的助剂。ACR加入PVC树脂中,是一种很好的传热介质,由此促进了PVC的凝胶塑化,提高了树脂塑化质量;ACR是由MMA(甲基丙烯酸甲酯)与多种丙烯酸酯及其他活性单体接枝共聚而成,具有核—壳结构,ACR的核是弹性体,它吸收冲击能量,从而提高了制品的抗冲击性能。如目前常用的ACR-201,是由甲基丙烯酸甲酯(MMA)与丙烯酸乙酯(EA)共聚制成,对原料促进塑化效果显著;ACR-30是由MMA、EA和丙烯酸丁酯(BA)共聚制成,它除了能促进原料塑化外,还有一定的抗冲改性性能;ACR-401由MMA、BA、甲基丙烯酸丁酯(BMA)和甲基丙烯酸乙酯(EMA)组成,是一种具有综合性能的抗冲改性剂和加工助剂。

(2)氯化聚乙烯(CPE)。是聚乙烯氯化的产物(含氯量质量分数为34%～38%),与PVC树脂相容性好,加入树脂中共混后,不仅具有较好的耐低温冲击韧性,而且还能保持

PVC 的物理化学性能，也提高了制品的耐候性及耐油性。一般按 4%～12%CPE 与 PVC 共混。

(3)甲基丙烯酯甲酯—丁二烯—苯乙烯共聚物(MBS)。也是一种抗冲改性助剂。它的结构及抗冲机理与 ACR 的核—壳机理类似，其性能是由三种组合料的含量大小来决定，在透明聚氯乙烯制品的生产中，是一种比较好的改性加工助剂。

(4)乙烯—醋酸乙烯酯共聚物(EVA)。是一种弹性体，它的性能与醋酸乙烯酯(VA)的含量及熔体流动速率(MFR)指数有关。与 PVC 有较好相容性，是一种具有橡胶类弹性体的共聚物，所以它也是一种抗冲击性加工助剂。注意：应用时，在 MFR 一定条件下，VA 含量越高，弹性效果越好，与 PVC 的相容性增加，EVA 中的 VA 含量应大于 40%。

四、润滑剂

润滑剂是一种能够改善原料塑化后呈熔态时的流动性，防止熔料发黏、成型后顺利脱模、使熔料不粘设备、制品成型后外表光洁的助剂。这种助剂的作用，主要是降低或减少熔料与设备及熔料分子间的摩擦(起润滑作用)，从而改善原料的加工性，节省动力消耗，也防止因摩擦过热而使熔料分解。

(1)润滑剂的选择。

①能在树脂中均匀分散，与树脂和其他助剂有较好的相容性。

②能降低树脂熔态时的黏度，降低熔体与成型模具(或其他金属零件)及熔料间的摩擦力，改善熔料的流动性，成型容易，制品表面光滑，质量较好。

③对树脂的塑化性能、耐热性和耐候性无影响。

④对塑料制品成型后的质量和性能无影响。

(2)常用润滑剂的性能与用途。

①硬脂酸钙。白色细粉末，熔点在 150℃左右，无毒，不溶于水，在空气中有吸水性。多在聚氯乙烯树脂中做润滑剂，也具有稳定剂效能。

②硬脂酸锌。白色细粉末，熔点 120℃左右，无毒，不溶于水，遇强酸分解为硬脂酸和相应的锌盐。是聚苯乙烯、ABS 树脂用润滑剂和脱模剂。

③硬脂酸。白色片状物，熔点为 70℃，在 90～100℃环境中慢慢挥发，无毒，能溶于乙醇、丙酮、丁苯和甲苯。主要用于聚氯乙烯树脂，用量为 0.3%～0.5%，用量大会喷霜。

④硬脂酸酰胺。无色片状结晶物，熔点 100℃左右，沸点 250℃。主要用于 PVC、PS 树脂，也可作聚烯烃的爽滑剂和薄膜的抗粘连剂。在 PVC 压延薄膜制品中应用，用量为 0.3%～0.8%。

⑤石蜡。白色固体，熔点在 60℃左右，不溶于水和甲醇。在聚氯乙烯树脂的加工成型中应用普遍，起外部润滑和脱模剂作用。

⑥聚乙烯蜡。白色粉末或片状物，软化温度为107℃，无毒。适用于聚氯乙烯树脂的压延和挤塑成型制品的加工，用量不超过1%。能改善聚乙烯、聚丙烯、ABS和PVC树脂熔料的流动性。

五、发泡剂

发泡剂是一种能够使塑料制品具有泡孔结构而在树脂中加入的助剂。

常用发泡剂的性能与应用如下。

(1)偶氮二甲酰胺。也称发泡剂AC，橘黄色结晶粉末，分解温度约200℃，发气量为200～300 mL/g，超过120℃会放出大量气体，在密闭容器中有可能会爆炸，无毒。应用较广，价格便宜，适用于聚乙烯、聚氯乙烯、聚丙烯的压延制品，人造革和模型发泡的制品。

(2)N,N'-二亚硝基五亚乙基四胺。也称发泡剂H，浅黄色结晶粉末，分解温度为200℃左右，发气量为260～270 mL/g；在树脂中或加入分解助剂时，高于130℃即能分解；易燃，严禁与酸或明火接触。多用于聚氯乙烯制品发泡。在PVC树脂中应用，一般不超过15%。

(3)对甲苯磺酰肼。也称发泡剂TSH，白色粉末，超过100℃分解，发气量为120 mL/g，可燃，无毒。能适合多种树脂发泡，泡孔结构细密均匀；使用此种发泡剂不需加发泡助剂，不能与发泡剂H并用；注意混炼时温度不许超过80℃。

六、阻燃剂

在塑料树脂中添加一种能够阻止聚合物燃烧或能够抑制火焰传播速度的助剂，这种助剂被称为阻燃剂。

常用阻燃剂的性能与用途如下。

(1)三氧化二锑。也称氧化锑，白色粉末，应用广泛；对五官有刺激作用，与皮肤接触能引起皮炎。它适用于聚乙烯、聚丙烯、聚苯乙烯和热固性塑料。与磷酸酯、含氮、含溴化合物并用，有较好的协同作用，阻燃效果会更好。

(2)氢氧化铝[$Al(OH)_3$或$Al_2O_3 \cdot 3H_2O$]。白色粉末，脱水反应时能吸收大量热，降低温度，这样可以防止塑料起火和阻止火焰的蔓延。适用于多种塑料树脂。

(3)十溴二苯醚。白色粉末，为添加型阻燃剂。适用于多种塑料，阻燃效果好，热稳定性也好。

(4)四溴邻苯二甲酸酐。淡黄色粉末，适用于聚酯、聚苯乙烯、聚烯烃和ABS树脂，既是添加型阻燃剂，还兼具抗静电效果。

(5)四溴双酚A。是一种淡黄色或白色粉末，低毒。适用于环氧树脂和聚碳酸酯，阻燃效果很好，也可用于聚苯乙烯、ABS和酚醛等塑料中，可作为添加型阻燃剂。

七、抗静电剂

抗静电剂的作用，就是在塑料成型用树脂中加入这种助剂后，其制品的表面能够防止或消除产生的静电。

常用抗静电剂性能与用途如下。

(1)抗静电剂 TM(化学名称为三羟乙基甲基季铵甲基硫酸盐)。浅黄色黏稠油状物，易溶于水，适用于聚酯、聚酰胺树脂制品，用量不超过 2%。

(2)抗静电剂 SN(化学名称十八烷基二甲基羟乙基季铵硝酸盐)。棕红色油状黏稠物，180℃以上分解，溶于水、丙酮、乙酸等溶剂。多用于聚氯乙烯、聚酯和聚乙烯制品用树脂内，成型制品后能增加制品表面的导电性，消除静电的积累。用量不超过 2%。

(3)ECH 抗静电剂。烷基酰胺类非离子型表面活性剂，为淡黄色蜡状固体，熔点为40～44℃。主要用于软质、半硬质聚氯乙烯薄膜或片材用树脂，为内加型抗静电剂，用量为 3.5%左右。

八、防雾剂

防雾剂是一种能够阻止薄膜在潮湿的环境中表面凝结一层细微水珠的助剂。

常用防雾剂如下。

(1)甘油单油酸酯。内加型白色蜡状防雾剂。用于聚氯乙烯和聚烯烃薄膜中，用量为 0.5%～1.5%。

(2)山梨糖醇酐单硬脂酸酯。内加型防雾剂，为黄色粒状，熔点 60℃。用于聚氯乙烯薄膜，用量为 1.5%～1.8%。

(3)聚环氧乙烷(20)甘油单硬脂酸酯。浅黄色液体，适用于聚氯乙烯和聚烯烃树脂中，也有抗静电效能，较适用于食品包装膜，用量为 0.5%～1.5%。

九、填充剂

在成型塑料制品的树脂中加入一定比例的填充料是为了降低塑料制品的生产成本或改善塑料制品的一些性能，这种填充料即称之为填充剂。它可改善制品的性能，如提高刚性，降低收缩率，改善着色效果，改善耐热性、耐磨性、耐蚀性和电绝缘性及自熄性等。但也会给制品带来一些不足，如降低了熔料的流动性，给熔料成型增加难度；降低了制品的韧性，影响了制品的透明度等。

常用填充料性能与用途如下。

(1)碳酸钙($CaCO_3$)。白色粉末，粒径为 1.0～1.61 μm(轻质碳酸钙为 320～400 目，重质碳酸钙为 600～800 目，白度不小于 90 度)，不溶于水，遇酸分解放出 CO_2，无毒。主要应用于聚氯乙烯树脂中，成型板、管、人造革和电线绝缘保护层。碳酸钙可分为轻质(粒度直径小)和重质两种,是PVC树脂成型塑料制品应用最多的一种填充料。

(2)白炭黑(SiO_2)。白色粉末,粒径为0.7~1.0 μm。用于聚乙烯树脂中,可防止制品粘连,提高透明度;在PVC树脂中加入一些白炭黑,可改善熔融料的流动性和耐热性,提高制品的抗张强度和硬度。

(3)二氧化钛(TiO_2)。在聚烯烃和聚酯制品中应用,可改善制品的耐热性、刚性和耐候性。

十、着色剂

着色剂分为染料和颜料两大类。在塑料制品中主要用颜料来做树脂的着色剂。颜料又可分为无机颜料和有机颜料两种。

无机颜料在塑料制品中应用量最大;有机颜料是染料中派生出的一个分支,与无机颜料比较,有着色力强、色调鲜艳、透明度和粒度细小等优点,在塑料制品中的应用逐渐增加。

(1)常用无机颜料的性能与用途。

①二氧化钛(或叫钛白)(TiO_2)。白色粉末,着色力和遮盖力最佳,耐热、耐水,不易变色,可用于所有塑料制品的树脂中,不透明。锐钛型钛白粉用于室内制品,金红石型钛白粉用于室外制品。由于钛白价格较高,多与其他白色颜料(氧化锌、锌钡白)混合应用。

②锌钡白。白色粉末,价廉,遮盖力和着色力比氧化锌强,但不如钛白粉,日晒会泛黄。适合应用在聚烯烃、ABS、聚苯乙烯、聚碳酸酯和尼龙树脂制品中。

③氧化锌(ZnO)。白色粉末,无毒,价廉,耐光性、耐热性、耐水性、耐碱性和耐溶剂性好,但耐酸性差,着色力低。适用于聚苯乙烯、ABS、酚醛和PVC树脂制品中。

④镉黄(CdS)。淡黄色至橘黄色粉末,化学性能好,色泽艳丽,着色力和遮盖力比铬黄差。多用于户外使用的塑料制品中。

⑤铬黄($PbCrO_4$)。是一种色泽艳丽,着色力和遮盖力都较好的产品,有毒;可分为柠檬黄、淡铬黄、中铬黄、深铬黄和橘铬黄五种。适用于PVC、聚苯乙烯、丙烯酸及热固性塑料制品。

⑥铁红(Fe_2O_3)、镉红($CdSe \cdot mCdS$)。多种塑料应用红色着色剂,这两种颜料的着色力、耐光性、耐热性、耐碱性都较好。铁红无毒,不鲜艳,不适合在电缆料中应用,但价廉。镉红的色泽鲜艳,有毒,价高,不适合透明制品。

(2)常用有机颜料的性能与用途。

①立索尔宝红(罗滨红)BK。紫红色粉末,溶于热水,耐热150℃,着色力和透明度都较好。是多种塑料制品的红色着色剂,不宜做浅色或拼色应用,透明塑料制品应用时,用量为树脂的0.08%。

②酞菁绿G。深绿色粉末,耐热温度为200℃,耐热性、耐光性、耐酸碱性和耐溶剂性好,适合用于各种塑料制品,用量为0.005%,但透明度较差。

③酞菁蓝。深蓝色粉末，耐热温度为200℃，着色力强，遮盖力高，耐热性、耐光性、耐酸碱性、耐溶剂性都较好。用于大多数塑料制品中，也可用于蓝色透明制品，能单独使用，也可拼色。用量为0.02%。

④联苯胺黄G。淡黄色粉末，熔点317℃，不溶于水，可着色为鲜艳的黄色，耐热性、耐光性和耐溶剂性好。适合于多种塑料，但不适合用于硬聚氯乙烯、聚丙烯、尼龙、聚甲醛和聚碳酸酯等树脂中。

⑤永固黄HR。红光黄色粉末，耐溶剂、耐热性好，透明度较好，可耐热200℃，无迁移性，遮盖力强，色泽艳丽。可用于各种塑料制品，用量为0.06%。

⑥永固黄CR。黄色粉末，多用于塑料薄膜制品。

⑦永固橙G。橙色粉末，耐热140～150℃，着色力强，耐光性、耐热性、耐酸碱性较好，透明度差，迁移大。

⑧还原艳橙GR。橙红色粉末，色泽艳丽。用于聚乙烯、聚丙烯制品。耐晒、耐溶剂、耐迁移、耐酸碱性能好。

⑨喹吖啶酮紫和塑料紫RL。紫红色粉末，是塑料制品用紫色着色剂，可应用于各种塑料，具有耐热、耐光和耐溶剂等性能。

十一、交联剂

交联剂是一种能够使聚合物产生交联的塑料添加剂。在热塑性塑料中，交联也是使某种聚合物改性的一种手段，控制适当的交联度，在聚氯乙烯、聚乙烯和聚丙烯中应用，可以提高此种聚合物的耐热性、耐油性、耐磨性及某些力学性能，达到扩大塑料制品使用范围的目的。

常用交联剂性能与用途如下。

(1)2,5-二甲基-2,5-双(叔丁过氧基)己烷(AD)。淡黄色液体或白色粉末，凝固点为4℃，闪点55℃，热分解温度为179℃，低毒。用于聚乙烯、氯化聚乙烯、乙烯—醋酸乙烯共聚物。制品的抗张强度和硬度高。

(2)过氧化二异丙苯(DCP)。白色粉末或糊状物，熔点39℃，热分解温度171℃。用于聚乙烯、聚丙烯和不饱和聚酯中，优点是交联效率高，挥发性低，制品的透明度和耐热性好，但有残存臭味。

(3)过氧化苯甲酰(BPO)。白色晶体或糊状物，熔点103℃，不溶于水，热分解温度为133℃。主要用于不饱和聚酯的薄壁形制品中。

十二、偶联剂

偶联剂是一种能够增强聚合物与各种填充剂及增强材料之间的结合力，并改变这种复

合材料的某些性能的有机化合物。它是一种具有两性结构的物质。其分子中的一部分基团可与无机物表面的化学基团反应，形成强固的化学键合；另一部分基团则有亲和有机物的性质，可与有机物分子反应或物理缠绕，把两种性质不相同的材料牢固结合在一起。

常用偶联剂性能与用途如下。

(1)γ-(甲基丙烯酰氧基)丙基三甲氧基硅烷。无色透明液体，沸点 255℃，闪点 138℃，不溶于水，溶于多数有机溶剂。用于聚酯、聚乙烯、聚丙烯、聚苯乙烯、聚氯乙烯、ABS 和聚甲基丙烯酸甲酯等树脂中。

(2)γ-胺基丙基三乙氧基硅烷。无色或微黄色液体，沸点 217℃，闪点 104℃，不溶于水。在聚氯乙烯树脂中广泛应用，也适用于聚酰胺、聚丙烯、聚碳酸酯和三聚氰胺等树脂。

(3)γ-(缩水甘油醚)丙基三甲氧基硅烷。无色或微黄色液体，沸点 290℃，闪点 135℃，不溶于水。适用于聚氯乙烯、聚苯乙烯、聚丙烯、聚碳酸酯、聚酰胺和聚酯等树脂，能改善黏合性，提高制品的力学性能。

(4)三异硬脂酰基钛酸异丙酯。比较适用于聚丙烯、聚乙烯、聚氯乙烯、聚氨酯和环氧树脂等塑料的填充体系，对碳酸钙、水合氧化铝等不含游离水的干燥填充剂特别有效。

十三、食品包装用塑料制品中助剂含量

用于食品包装的塑料薄膜、容器在成型前的树脂中加入各种助剂的用量，卫生标准 GB 9685—2016 规定了允许的最大量如下(没有提到的助剂可按正常生产用量需要)。

(1)增塑剂的最大使用量(%)如下。己二酸二辛酯(DOA)为 35；邻苯二甲酸二正丁酯(DBP)为 10；邻苯二甲酸(2-乙基己酯，DOP)为 40；邻苯二甲酸二异辛酯(D10P)为 40；癸二酸二辛酯(DOS)为 5；丁基邻苯二甲酰基乙醇酸丁酯(BPPG)为 40；磷酸二苯异辛酯(DPOP)为 40；硬脂酸丁酯(BS)为 5。

(2)稳定剂的最大使用量(%)如下。硬脂酸钙(CaSt)为 5；硬脂酸镁(MgSt)为 1；硬脂酸锌(ZnSt)为 3；亚磷酸—苯二异辛酯为 2；双硬脂酸铝为 3。

(3)抗氧化剂的最大使用量(%)如下。2，6-二特丁基-4-甲基苯酚(264)为 0.1；1，1，3-三(2-甲基 4-羟基-5-特丁基苯基)丁烷(抗氧剂 CA)为 0.25；四[β-(3，5-二特丁基-4-羟基苯基)丙酸]季戊四醇酯(抗氧剂 1010)为 0.5；特丁基羟基茴香醚(BHA)为 0.1。

(4)着色剂的最大使用量(%)如下。二氧化钛(TiO_2)为 10；颜料黄(157)为0.25；颜料蓝(15)为 0.25。

(5)发泡剂的最大使用量(%)如下。偶氮二甲酰胺(发泡剂 AC)为 2。

(6)抗冲击剂。丙烯酸酯类共聚物(ACR)的最大使用量为 5%。

(7)光敏催化剂。二茂铁类衍生物(PC-2)的最大使用量为 0.25%。

第四章 塑料成型加工基础

第一节 概 述

塑料成型加工技术就是在保持或改进材料原有性能的基础下，将组成和物理形态各不相同的成型物料转变成为制品。成型物料通常为颗粒料、粉料和液体物料，而成型出的制品却为具有一定形状、尺寸和性能要求的固体。由于改性塑料的技术发展，成型物料已经由单一的聚合物变为多种聚合物共混（塑料合金）、聚合物与无机填料共混（填充塑料）、聚合物与增加纤维共混（增强塑料）等复杂形式。

成型过程中物料表现出形状、结构和性能等多方面的变化，这些变化可能是物理变化、化学变化，也可能是兼有物理变化和化学变化的复杂过程。因此，塑料成型加工过程不仅会涉及塑料材料学、塑料模具和塑料成型加工设备等专业知识，也会涉及高分子物理学、高分子化学、热力学、传递工程等多个学科的基础理论。只有掌握这些相关的理论知识，才能对各种成型加工技术所依据的原理，成型加工过程中所发生的各种变化的本质，物料组成及工艺因素对制品性能影响的规律性等有较为深刻的了解。

对于绝大多数的塑料成型加工技术，由于成型物料在配制和成型时的均一化主要依靠混合与分散实现，成型过程的造型主要依赖流动与变形来实现，成型过程中的熔融与冷却凝固主要依赖加热与冷却定型来实现。因此，本章着重介绍在塑料成型加工技术中所涉及的塑料混合与分散、塑料成型加工流变学与塑料成型加工热力学有关的基础理论知识。

第二节 塑料成型加工的热力学

如前所述，塑料的大多数成型加工过程都有加热和冷却的需要，加热和冷却就是向系统输入和从系统中取出热量的过程。向塑料成型物料或坯件输入和从其中取出热量，不仅与热量传递方式有关，而且也与塑料，特别是与其主要组分聚合物所固有的热物理性能和热力学性质有关。因此，包括聚合物热物理性能、热力学和传热学在内的热学知识，就成为塑料成型加工的又一重要基础理论。

一、聚合物的热物理性能

塑料成型加工过程的传热分析和加热与冷却所需热量的计算，都需要聚合物或塑料的热物理性能数据。在聚合物四个重要的热物理性能中，热扩散系数 α 是密度 ρ、比热容 c_P 和导热系数 λ 的函数，通常是通过实验测得一种材料的密度、比热容和导热系数后，再用计算的方法求得这种材料的热扩散系数。

1. 密度　材料的密度取决于单位容积所占有的质量，而比容则定义为单位质量材料所占有的容积，因而密度和比容二者互为倒数。在塑料的成型加工中，有时为简化分析和计算而将聚合物固体和熔体视为不可压缩，并忽略温度和加热速率与冷却速率对其密度的影响。但当成型加工过程涉及的温度变化范围较宽和外加压力很高时，就不能忽视聚合物的可压缩性和温度与加热速率等对密度的影响。几种聚合物的比容与温度的关系如图 4-2-1 所示，由图可以看出，各种聚合物的比容均随温度的升高而增大，而且在玻璃化温度或熔点处出现转折。

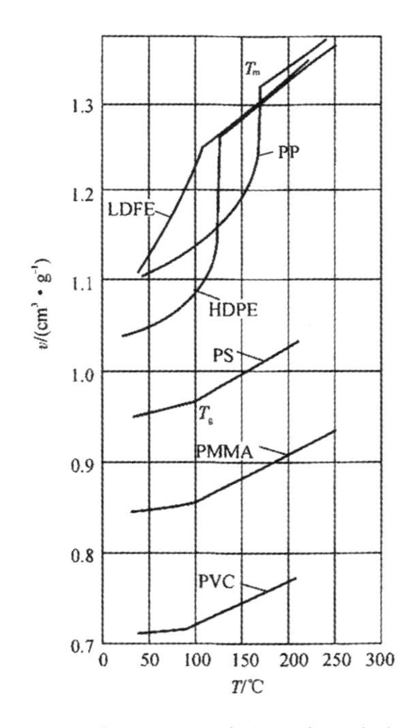

图 4-2-1　聚合物的比容与温度的关系图

T_g—玻璃化温度　T_m—熔化温度

2. 比热容　比热容定义为单位质量物质温度升高 1℃ 所需要的热量。由于向物系供给的热量，既可能引起内能的改变，也可能引起焓的改变。当所取的物质量为一个单位时，比热容可分别在定容和定压下定义为

$$c_V = (\partial E/\partial T)_V \tag{4-2-1}$$

$$c_P = (\partial H/\partial T)_p \tag{4-2-2}$$

在以上二式中，c_V和c_P分别为定容比热容和定压比热容；E为内能；H为焓；T为温度。加热晶态聚合物时，供给的热量不仅消耗于温度的升高，而且也消耗于相态的转变，即在加热到其熔化温度时，在温度基本保持不变的情况下，供给大量的热才能使晶态聚合物完全熔化。几种晶态聚合物和非晶态聚合物的比热容与温度的关系如图 4-2-2 所示。图中低密度聚乙烯、高密度聚乙烯和聚丙烯三种晶态聚合物，在加热到一定温度时比热容出现突变，显然是由于在熔点附近这三种聚合物吸收大量熔化潜热所引起的。

3. 导热系数 导热系数是表征物质热传导能力的重要热物理参数。不同聚合物的导热系数因其固有的热传导能力不同而存在差异，同一种聚合物也会因结构、密度、温度、压力和湿度的不同而使其导热系数出现变化。有机聚合物的导热系数在各类工程材料中属偏低的一类，因而包括塑料在内的高分子材料多为热的不良导体。聚合物在升温到其物理状态和相态转变点时，导热系数会出现明显的变化。晶态聚合物的导热系数一般比非晶态的大，而且随温度的升高导热系数变小；非晶态聚合物则相反，随温度的升高导热系数略有增大，这两类聚合物的导热系数与温度的关系如图 4-2-3 所示。

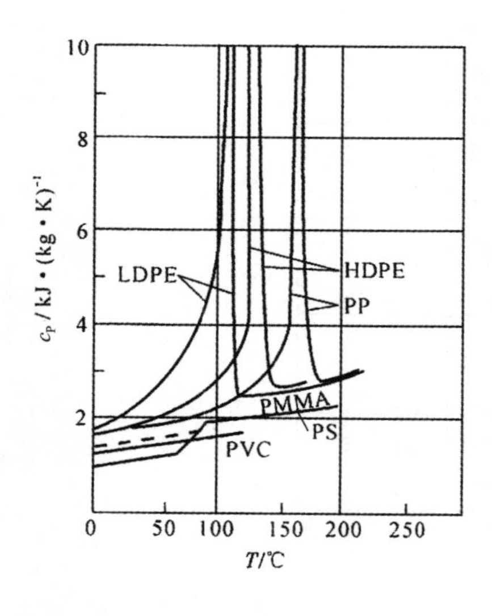

图 4-2-2 比热容与温度的关系

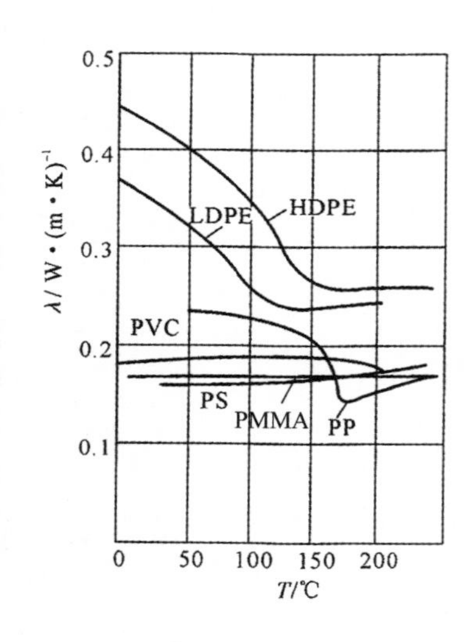

图 4-2-3 导热系数与温度的关系

4. 热扩散系数 热扩散系数也称导温系数，是表征温度在被加热物体中达到均一状态快慢的热物理参数。热扩散系数与其他三个热物理参数的关系为

$$\alpha = \lambda/(c_P\rho) \tag{4-2-3}$$

式中：α为热扩散系数；λ为导热系数；c_P为定压比热容；ρ为密度。

二、成型加工的热力学基础

热力学第一定律表明了能量不灭和能量相互转换的关系，是塑料成型加工过程热工计算的基础，而聚合物固体和熔体在温度和压力作用下的行为，与其热力学性质有密切关系。

1. 热力学的一般关系式　作为热工计算基础的热力学一般关系式，可根据热力学第一定律写为

$$dE = dQ - dW \tag{4-2-4}$$

式中：E 为内能，是物系的性质，为一状态函数；Q 为从物系移走或加进的热量、为一途径函数；W 为物系对外界所做的功或外界作用于物系的功，也为途径函数。

通常规定，由外界输入物系的热量和物系对外界所做的功为“正”值；反之，则为“负”值。由于式(4-2-4)中的物系总是以单位质量为基准，所以在计算物系交换的热量和所做的功时也就以单位质量为基准。此外，式(4-2-4)中尚有功和热的单位不一致问题，为此必须引入热功当量 J，引入 J 之后式(4-2-4)可改写为

$$dE = dQ - (1/J)dW \tag{4-2-5}$$

若物系对外界所做之功和外界对物系所做之功仅是物系膨胀或收缩所产生的机械功，对可逆过程有

$$dW = p dv \tag{4-2-6}$$

式中：p 为压强；v 为物系的比容。

内能是物系的重要状态函数，不能直接测得，但内能与物系的焓 H 有 $H = E + pv$ 的函数关系，这一函数关系的微分式为

$$dH = dE + p dv + v dp \tag{4-2-7}$$

联立式(4-2-4)、式(4-2-6)和式(4-2-7)即可得到

$$dH = dQ + v dp \tag{4-2-8}$$

将定义定压比热容的式(4-2-2)代入式(4-2-8)，对等压过程又有 $v dp = 0$，因而式(4-2-8)可改写为

$$dQ = dH = c_P dT \tag{4-2-9}$$

从上式可知，在等压条件下加进物系或从物系移走的热量，等于物系焓的改变量。若定压比热容为已知，即可用式(4-2-9)求出热和焓的改变量。将定义定容比热容的式(4-2-1)和式(4-2-6)代入式(4-2-4)，对等容过程又有 $p dv = 0$，故有

$$dQ = dE = c_V dT \tag{4-2-10}$$

从上式可知，在等容条件下加进物系或从物系移走的热量，等于物系内能的改变量。若定容比热容为已知，即可用式(4-2-10)求出热和内能的改变量。

在用以上的热力学关系式进行热计算时，应当注意晶态聚合物在加热和冷却时与非晶态聚合物有不同的热行为。晶态聚合物从固态转变到熔融态或从熔融态转变到固态，总伴随有潜热的吸收或释放，而且潜热的多少取决于结晶度的大小。例如，将低密度聚乙烯加热到成型温度 126℃时，每千克需要供给的总热量约为 636.4 kJ，其中 129.8 kJ 为熔化潜热，约占总热量的 20%，显然这 129.8 kJ 的熔化潜热并未直接用于低密度聚乙烯温度的升高，而是用于晶格能的破坏。

2. 聚合物的膨胀与收缩 在热塑性塑料的重要成型技术中，热塑性聚合物大多因受热从玻璃态或晶态转变到黏流态，黏流态的熔体流动造型后，又因冷却而恢复到玻璃态或晶态。在这样的成型过程中，聚合物不仅有相态和物理状态的转变，而且还经常伴随有体积的膨胀与收缩。聚合物在塑料成型过程中表现出的膨胀与收缩等热力学性质，不仅影响制品尺寸精度的控制，而且对成型过程的控制（如调整脱模力）也有不可忽视的影响。聚合物的膨胀与收缩特性，通常用膨胀系数(β)和压缩系数(κ)来表征，二者的定义是

$$\beta=\frac{1}{v}(\partial v/\partial T)_{p}=-\frac{1}{\rho}(\partial\rho/\partial T)_{p} \tag{4-2-11}$$

$$\kappa=\frac{1}{v}(\partial v/\partial p)_{T}=\frac{1}{\rho}(\partial\rho/\partial p)_{T} \tag{4-2-12}$$

在定压下绘制如图 4-2-4 所示的比容—温度关系曲线，可得曲线的斜率$(\partial v/\partial T)_p$值，而 v 是给定压力下和对应温度范围内的比容值。将 v 和$(\partial v/\partial T)_p$的值代入式(4-2-11)中，即可计算得到膨胀系数值。用同样的绘图法可由式(4-2-12)求得压缩系数值。

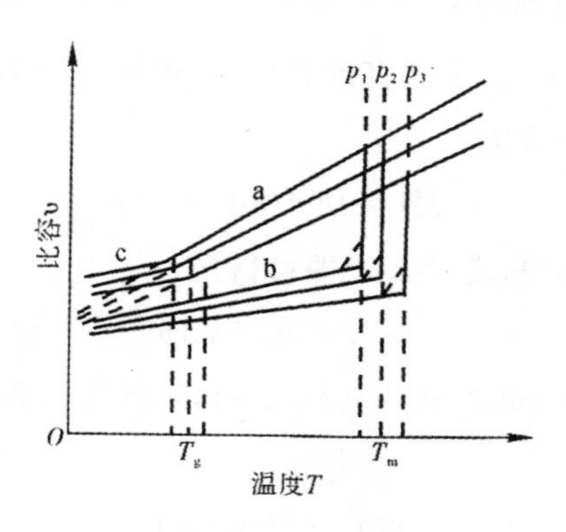

T_g—玻璃化温度　T_m—熔化温度

图 4-2-4　聚合物熔态(a)、晶态(b)和玻璃态(c)时的比容与压力($p_1<p_2<p_3$)和温度的关系

若同时考虑温度和压力所引起的体积变化，热塑性聚合物在给定温度(T)和给定压力(p)时的比容(v)可按下式计算，即

$$v=v_0[1+\beta(T-T_0)+\kappa(p-p_0)] \tag{4-2-13}$$

式中：v_0为选作标准温度 T_0和标准压力 p_0条件下的标准比容。应当指出，热塑性聚合

物的比容具有松弛特性，加热和冷却速率对其非平衡值有明显影响；而压缩系数通常随温度的升高而增大，随压力的提高而减小。

3. 聚合物的状态方程式　范德瓦耳斯状态方程式（$pV=nRT$），仅适用于气体物质，很少用于液体和固体物质的温度（T）、压力（p）和体积（V）三者关系的分析计算。斯潘塞（Spencer）和吉尔摩（Gilmore）的研究表明，聚合物的温度、压力和体积三者间的关系，可用如下经过修正的范德瓦耳斯状态方程式表示

$$(p+\pi)(v-\omega)=R'T \tag{4-2-14}$$

式中：p 为外界压力（10^4 Pa）；π 为内压力（10^4 Pa）；v 为聚合物比容（cm^3/g）；ω 为绝对零度时的比容（cm^3/g）；R' 为修正的气体常数[$N \cdot cm^3/(cm^2 \cdot g \cdot K)$]；$T$ 为绝对温度（K）。修正的范德瓦耳斯方程式适用于非晶态聚合物，也可近似地用于一些晶态聚合物。聚合物的 π、ω 和 R' 值仅与聚合物的性质有关，而与实验条件无关。

三、成型加工过程中的热量传递

热力学第二定律表明，热量总是自动地由高温区转移到低温区。因此，只要有温差存在，就必定有热量传递过程进行。热量传递通常简称换热，换热过程一般通过传导、对流和辐射三种基本方式实现。在实际的塑料成型加工过程中，这三种基本换热方式很少单独出现，而往往是相互伴随同时发生，只不过在不同的过程中可能以其中的一种方式或两种方式为主。鉴于传导换热在塑料成型加工中最为普遍，以下着重讨论这种换热方式的基本规律，对于对流换热和辐射换热仅介绍一些基本概念。

1. 传导换热　存在温差的固体各部分之间在无相对运动的情况下，热量由高温处转移到低温处的过程称为传导换热，或简称为导热。不同的固体物之间的传导换热，只有在这些物体紧密接触时才有可能发生。流体仅在其内部无宏观相对运动的条件下，才可能进行单纯的传导换热。研究传导换热的基本规律，有助于确定导热体内的温度分布和了解提高传热速率的途径，以便于对塑料成型加工过程实施有效的热控制。

（1）温度场与温度梯度。温差是传导换热的前提。只要有温差存在，热量就会自动地从高温处传导到低温处，而且传递热量的多少和传递方向，都与温度分布有非常密切的关系。通常将某一瞬间空间各点的温度分布称为“温度场”，温度场是空间坐标和时间的函数。如果温度场不随时间变化就称为稳定温度场，具有稳定温度场的导热称为稳态导热；如果温度场随时间而变化就称为非稳定温度场，而具有非稳定温度场的导热称为非稳态导热。稳态导热比较简单，也容易分析，非稳态导热情况要复杂得多。虽然在塑料成型加工中的导热多属于非稳态的情况，但在定性分析传导换热过程时，常将其有条件地当作稳态导热处理。

任一瞬间温度场中具有相同温度各点的几何轨迹称为等温面，在同一个等温面上不存在温差也就不会有热量传递，热量传递只能发生在不同温度的等温面间。图4-2-5是温度分别为 T 和 $T+\Delta T$ 两等温面与一平面相交后在平面上形成的二等温线，O 是温度为 T 等温面上的任一点，n 为通过 O 点温度为 T 等温面的法线方向，x 为法线方向以外的任一方向，q 为热流方向。就单位距离温度变化而言有$(\Delta T/\Delta n)>(\Delta T/\Delta x)$，即两等温面间的最大温度改变是在等温面的法线方向上。两等温面间的温差 ΔT 与此二面法线方向上的距离 Δn 比值的极限称为温度梯度，即

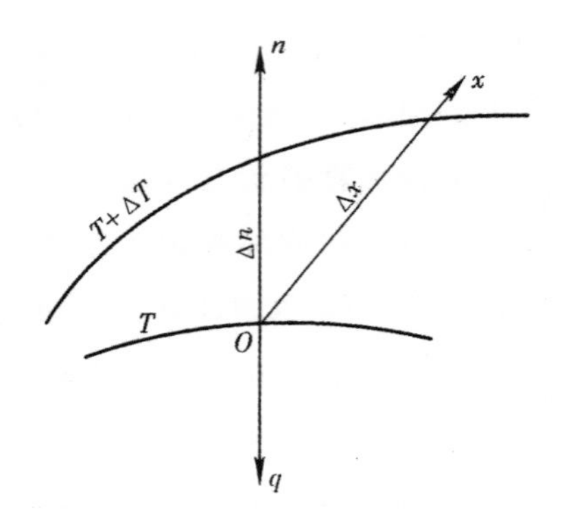

图 4-2-5　温度梯度定义示意图

$$\lim_{\Delta n\to 0}\left(\frac{\Delta T}{\Delta n}\right)=\frac{\partial T}{\partial n} \tag{4-2-15}$$

用偏微分 $\frac{\partial T}{\partial n}$ 表示温度梯度，是因为对于等温面只考虑其沿法线方向上的温差。温度梯度是一个向量，其方向为从低温指向高温，即指向温度升高的方向。负的温度梯度称为温度降度，由于热传递的方向(图 4-2-5 中 q 的方向)总是从高温指向低温，即与温度降度的方向一致。在稳定温度场中，温度梯度与时间无关；而在不稳定温度场中，温度梯度始终与时间保持密切联系。

(2)傅里叶定律。法国物理学家傅里叶在研究固体热传导现象时发现，对于均匀而各向同性的固体物质，导热量与温度梯度有线性关系。这就是著名的傅里叶定律，其数学表达式为

$$q=-\lambda\left(\frac{\partial T}{\partial n}\right) \tag{4-2-16}$$

式中：q 为热流密度，即单位时间内通过单位面积等温面所传导的热量；λ 为导热系数。式中的负号表示热流方向与温度梯度的方向相反。通过面积为 F 的整个等温面的热流量 $Q=qF$，故有

$$Q=-\lambda\left(\frac{\partial T}{\partial n}\right)F \tag{4-2-17}$$

导热系数的定义式可由傅里叶定律的数学表达式导出，由式(4-2-16)可得

$$\lambda=-q/\left(\frac{\partial T}{\partial n}\right) \tag{4-2-18}$$

由此可见，导热系数在数值上等于单位温度降度作用下通过等温面的热流密度。在已知导热系数后，对简单的导热过程可用傅里叶定律方程式直接积分求解。下面将要讨论的无限大平壁和圆筒壁的稳态热传导，就是用傅里叶定律对简单导热过程求解的实例。

(3)通过平壁的稳态热传导。图 4-2-6 所示为置于直角坐标系中的厚度均匀单层平壁，壁的厚度为 δ，其方向与 x 轴一致。现假定：平壁的长度和宽度均远大于厚度，即这一平壁为无限大；沿长度和宽度方向的端面进、出平壁的热量与由厚度方向两侧面进、出平壁的热量相比可以忽略不计，而且壁内各点的温度不随时间变化，即平壁的导热为一维稳态热传导；平壁两侧面上的温度各处相等，分别为 T_1 和 T_2，且 $T_1 > T_2$；平壁的导热系数 λ 不随温度变化。在上述假设条件下，可以认为平壁内的等温面是平行于两侧面的平面。

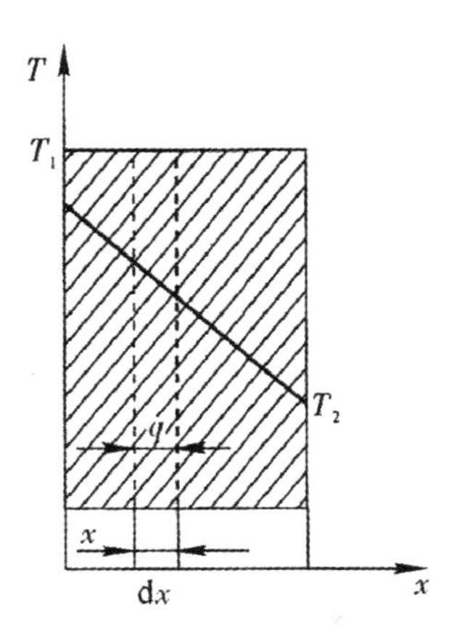

图 4-2-6　单层平壁的热传导

为求得平壁内的温度分布和通过平壁的热流量，在距温度为 T_1 侧面的 x 处分出一厚为 $\mathrm{d}x$ 的薄层，通过这一薄层的热流密度可用式(4-2-16)表达的傅里叶定律确定，因而有

$$q = -\lambda\left(\frac{\mathrm{d}T}{\mathrm{d}x}\right) \tag{4-2-19}$$

式中的温度梯度不用偏微分表示，是因为平壁内各等温面的温度在所给条件下仅与 x 值有关。将式(4-2-19)分离变量后积分得到

$$\int_0^x q\mathrm{d}x = -\int_{T_1}^{T} \lambda \mathrm{d}T \tag{4-2-20}$$

由于是稳态热传导，热流密度 q 在导热过程中始终为常数，故式(4-2-20)的积分结果为

$$T = T_1 - (q/\lambda)x \tag{4-2-21}$$

式(4-2-21)表明，平壁内厚度方向的温度分布为直线。当 $x=\delta$ 时，$T=T_2$，因此通过平壁的热流密度和热流量与两侧面温度的关系为

$$q = \frac{T_1 - T_2}{\delta/\gamma} = \frac{\Delta T}{\delta/\gamma} = \frac{\Delta T}{R} \tag{4-2-22}$$

$$Q = \frac{T_1 - T_2}{\delta/\gamma}F = \frac{\Delta T}{R}F \tag{4-2-23}$$

式中：F 为平壁侧面的面积。

式(4-2-23)中的 $R=\delta/\lambda$，称为热阻，当温差一定时，热阻越大通过平壁的热流密度就

越小。

若平壁是由几种不同材料的平板紧贴在一起构成的，这种平壁就称为多层平壁。图 4-2-7所示为由三层平板构成的多层平壁，各层板的厚度分别为 δ_1、δ_2 和 δ_3，其导热系数分别为 λ_1、λ_2 和 λ_3，两外侧表面的温度均匀，分别为 T_1 和 T_4，且 $T_1>T_4$，其他假设条件与前述之单层平壁相同。

在多层平壁的情况下，热流依次通过壁的各层平板，与电流依次通过串联的电阻器十分类似。因此，像串联电阻器的总电阻等于各电阻器的电阻之和一样，多层平壁的总热阻也等于各层平板热阻之和，即

$$\sum R = R_1 + R_2 + R_3 = \frac{\delta_1}{\lambda_1} + \frac{\delta_2}{\lambda_2} + \frac{\delta_3}{\lambda_3} \tag{4-2-24}$$

因而有

$$q = \frac{\Delta T}{\sum R} = \frac{T_1 - T_4}{\frac{\delta_1}{\lambda_1} + \frac{\delta_2}{\lambda_2} + \frac{\delta_3}{\lambda_3}} \tag{4-2-25}$$

式中：$\Delta T = T_1 - T_4$，为推动多层平壁热传导的总温差。

在已知多层平壁的热流密度后，可用式(4-2-21)分别计算壁内各平板接触面处的温度 T_2 和 T_3。

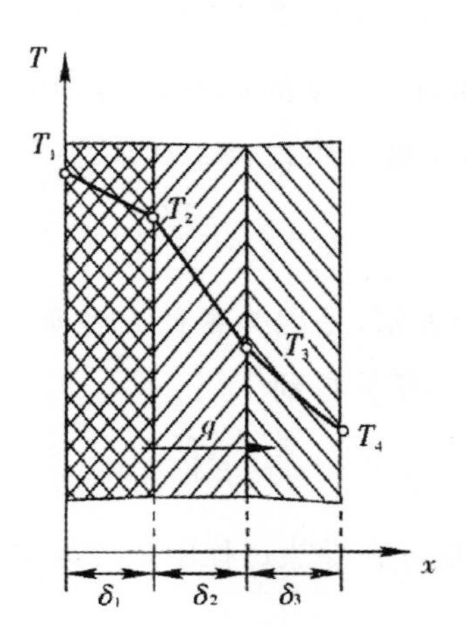

图 4-2-7 多层平壁的热传导

2. 对流换热 热对流是指流体(气体和液体)中，借助温度不同的各部分之间相互混合的宏观运动引起的热量传递过程，是一种比热容传导更复杂的热量传递方式。塑料成型加工中常见的对流换热多为流体先将热量传递给固体壁，或由固体壁先将热量传递给与之接触的流体，然后发生流体内部温度不同的各部分之间相互混合。已知当流体流动时，即使为湍流，紧邻固体壁处也必有一滞流边界层。图 4-2-8 所示为低温流体流过高温壁面时流体中的温度分布。

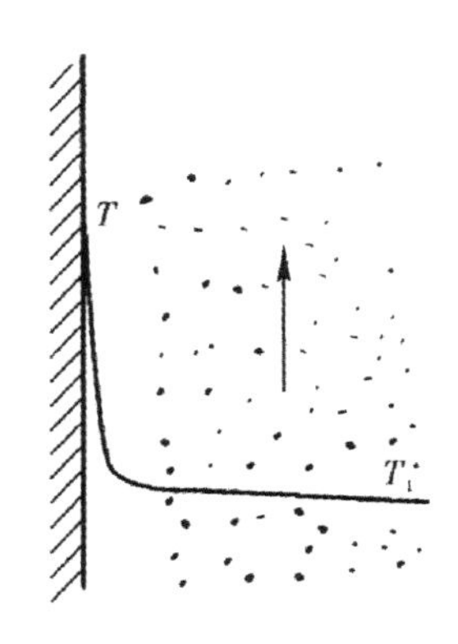

图 4-2-8　邻近壁面处流体温度的分布

当高温固体壁向低温流体传递热量时（如加热料筒向筒内熔体传热），由于流体的对流经常有温度较低的流体与边界层接触，这时高温固体壁先将其热量传递给不动的滞流边界层的外缘，然后这一部分热量再以传导的方式穿过边界层而进入低温流体。由此可以看出，这种对流换热的热量传递过程仍是一种复合换热，其中包含了滞流边界层的传导换热和边界层以外流体中的纯对流换热。

对上述的复杂对流换热过程，通常采用牛顿提出的对流换热定律（又称牛顿冷却公式）作为热工计算的基础。依此定律，壁面温度为 T_W 的固体壁将热量传递给温度为 T_1 且与之接触的流体时，传递的热量 Q_c 与壁面面积和流体的温差均成正比，以数学式表示则有

$$Q_c = \alpha_c F(T_w - T_1) = (T_w - T_1)/(1/\alpha_c F) = (T_w - T_1)/R_c \tag{4-2-26}$$

也可改写为

$$q_c = Q_c/F = (T_w - T_1)/(1/\alpha_c) - (T_w - T_1)/R'_c \tag{4-2-27}$$

以上二式中，F 为固体壁面的面积；q_c 为热流密度；α_c 为对流换热系数，其定义为当壁面和流体间的温差为 1℃ 时通过单位面积壁面所传递的热量，常用的单位是 $W/(m^2 \cdot K)$；$R_c = 1/\alpha_c F$，为换热壁面的热阻，单位是℃/W；$R'_c(1/\alpha_c)$ 为单位面积壁面的热阻，单位是 $(m^2 \cdot K)/W$。

应用式(4-2-26)和式(4-2-27)进行对流换热的热流量或热流密度计算的关键，在于首先要得到换热系数 α_c，而 α_c 与流体的类型、性质、运动状况、对流方式、传热壁的形状、位置和大小，以及传热壁的温度和流体的温度和压力等多方面的因素有关。因此，对流换热系数不是材料的热性能参数，而是反映影响对流换热各方面因素综合情况的一个经验常数，只能用实验的方法针对特定的换热条件测得。

3. 辐射换热　物体的温度只要高于绝对零度，就会以电磁波的形式向空间发射辐射能。按对其他物体产生效应的不同，可将电磁波分成许多波段，其中波长在 0.1～100 μm 的波

段，投射到物体上之后能为物体吸收并转变成热量。一般物体在通常温度下向空间发射的电磁波，绝大部分的能量就集中在这一波段，所以将这一波长范围内的电磁波称为热射线，并将其传播过程称作热辐射。

热辐射与热传导和热对流相比，有如下三个明显的特点。

(1)辐射能可在真空中传播，无须通过中间介质。

(2)在热辐射过程中，不仅有能量的转移，而且有能量形式的转化。辐射换热的基本过程是，物体的一部分内能首先转化为电磁波形式的辐射能发射到周围空间，当此电磁波投射到另一物体上而被吸收时，电磁波形式的辐射能重新转化为物质的内能。

(3)一物体在发射辐射能时，也在不断地吸收其他物体投射到该物体表面上的辐射能，故两物体间的辐射换热实际上是双向辐射能传递之差。若两物体的温度相等，表明二者发射出的和吸收入的辐射能相等，是处在一种动态的平衡之中。

当热射线投向一物体时，可能部分地被吸收，部分地被反射，还有一部分能穿透过去。若用 q 表示单位时间投射到一物体表面上的辐射能，其中被吸收的部分为 q_A，被反射的部分为 q_R，穿透过去的部分为 q_D，根据能量守恒定律则有 $q=q_A+q_R+q_D$，将此式两边同除以 q 后即得

$$q_A/q+q_R/q+q_D/q=1 \tag{4-2-28}$$

上式中左边的三个分数项分别表示吸收、反射和透过的辐射能在投射来的总能量中所占的比例，分别称为吸收率、反射率和透过率。三者常分别用 A,R 和 D 表示，显然 $A+R+D=1$。

能全部透过热射线的物体($D=1$)称为透热体，能全部反射热射线的物体($R=1$)称为绝对白体或镜体，能全部吸收热射线的物体($A=1$)称为绝对黑体。只能部分吸收热射线的物体($A<1$)称为灰体，灰体能以相等的吸收率吸收各种波长的热射线，大多数工程材料对辐射换热而言可视作灰体。

塑料成型加工过程中常见的辐射换热，多数情况下为可视作灰体的两固体物间的相互辐射，如热成型过程中用红外线灯加热塑料片材就是这种情况。两固体物依靠辐射而进行换热时，从一物体表面发射出的辐射能，只有一部分到达另一物体表面，而到达的这一部分又由于部分地被反射和透射而不能全部被吸收。同理，从另一物体表面反射回来的辐射能，亦只有一部分回到原物体的表面，而回来的这一部分又发生部分的吸收和部分的反射，这种过程将反复地继续进行下去。因此，在计算两固体间相互辐射时，必须同时考虑两物体表面的吸收率、反射率和物体的形状、大小以及二者之间的距离、相对位置和介质的类型。不难看出，热辐射换热的计算远比热容传导和热对流复杂。

第三节　塑料成型加工流变学

塑料因其主要组分是有机聚合物，在加热和加压条件下容易流动与变形而具有良好的成型工艺性。热固性聚合物在流变过程中，因为不可避免地伴随有明显的化学变化，对其流变行为的描述与分析会复杂化；加之当今热塑性塑料制品在产量和用途的广泛性上都远远超过热固性塑料制品，所以聚合物成型流变学的主要研究对象是热塑性聚合物。几乎所有的塑料成型技术，都是依靠外力作用下聚合物的流动与变形实现从塑料原材料或坯件到制品的转变。重要的一次成型技术，如挤出、注射、压延、压缩模塑、传递模塑、浇铸和涂覆等，都是借助聚合物流体的流动实现造型过程。聚合物流体，可以是处于流动温度或熔点之上的聚合物熔体，也可以是在不高的温度下仍能保持良好流动性的聚合物溶液或分散体。这几种流体形式的热塑性聚合物，在塑料的成型中都有应用。但聚合物熔体在挤出、注射、压延和传递模塑等重要成型技术中占有特别重要的地位。因此，有关热塑性聚合物流变行为的讨论将以熔体为主要对象。在实际成型条件下，即使是热塑性聚合物，其流变行为也十分复杂，例如，低密度聚乙烯熔体在高剪切应力作用下，不仅有切变黏性流动，而且流动过程中还常伴随有弹性效应和热效应，有时还会发生一定程度的热氧化降解与交联之类的化学反应。这些流变之外的物理效应和化学反应，无疑会对热塑性聚合物的流变行为产生多方面的影响；加之聚合物流变学理论目前尚不十分完善，一些流变参数间的定性关系多属经验性的，若干定量分析方法还必须附加许多假定条件；这些都使由流变理论分析和计算得出的结果与真实情况并不完全相符。但聚合物流变学已有的研究成果，对塑料成型方法的选择、成型工艺条件的确定和制品质量的改进等仍具有重要的指导作用。鉴于高弹态、玻璃态和晶态聚合物的变形行为，以及影响聚合物流体切黏度的因素和切黏度的测定方法，在高分子物理学中均有较详尽的讨论，故以下着重介绍聚合物流体的基本流变特性、熔体在简单几何形状管道内的流动规律和流动过程中的弹性表现。

一、熔体的流动特性

1. 流体流动的基本类型

(1)层流和紊流。液体在管道内流动时，可以表现为层流和紊流两种形式。层流也被称为黏性流动或者流线流动，其特征是流体的质点沿着平行于流道轴线方向运动，与边壁等距离的液层以同一速度向前移动，不存在层间质点运动，所有质点的运动均相互平行，但不同层间存在明显的速度梯度，靠近管壁处流速最小，管子中心流速最高，如图 4-3-1(a)所示。紊流又称为湍流，其流体的质点除了向前运动外，还存在层间不规则的相互运动，质点的流线呈现紊乱状态，如图 4-3-1(b)所示。

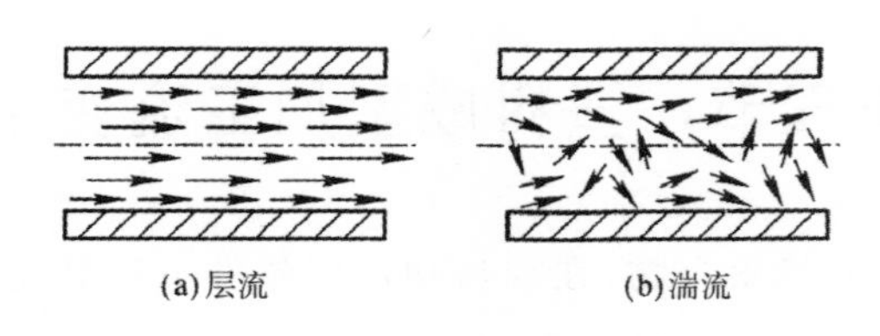

图 4-3-1　液体质点在管道中的流线

英国物理学家雷诺(Reynolds)首先给出了流体的流动状态由层流转变为湍流的条件为

$$Re=Dv\rho/\eta>Re_c \tag{4-3-1}$$

式中：Re 称为雷诺准数，为一无量纲的数群；D 为管道直径；ρ 为流体的密度；v 为流体的流速；η 为流体的切黏度；Re_c称为临界雷诺数，其值与流道的断面形状和流道壁的表面光洁度等有关，对于光滑的金属圆管，Re_c＝2 000～2 300。

由于 Re 与流体的流速成正比而与其黏度成反比，所以流体的流速越小、黏度越大，就越不容易呈现湍流状态。大多数聚合物流体，特别是聚合物熔体，在成型时的流动都有很高的黏度，加之成型条件下的流速都不允许过高，故其流动时的 Re 值总是远小于 Re_c，聚合物熔体在成型条件下的 Re 值很少大于 10。因此，聚合物流体在成型过程中的流动，一般均呈现层流流动状态。由于聚合物熔体的黏度大，流速低，在加工过程中剪切速率一般小于 $10^4 s^{-1}$，形成层流。聚合物熔体或浓溶液在挤出机、注射机等截面管道、喷丝板孔道中的流动大都属于这种流动。

(2)稳态流动和非稳态流动。稳态流动，是指流体的流动状况不随时间而变化的流动，其主要特征是引起流动的力与流体的黏性阻力相平衡，即流体的温度、压力、流动速度、速度分布和剪切应变等都不随时间而变化。反之，流体的流动状况随时间而变化者就称为非稳态流动。聚合物熔体是一黏弹性流体，在受到恒定外力作用时，同时有黏性形变和弹性形变发生。在弹性形变达到平衡之前，总形变速率由大到小变化，呈非稳态流动；而在弹性变形达到平衡后，就只有黏性形变随时间延长而均衡地发展，流动即进入稳定状态。对聚合物流体流变性的研究，一般都假定是在稳态条件下进行的。塑料熔体在注射充模过程中，模腔中的流动速率、温度和压力等各种影响流动的因素都随时间而变化，因此塑料熔体属于不稳定流动。

(3)等温流动和非等温流动。等温流动，是指在流体各处的温度保持不变情况下的流动。在等温流动的情况下，流体与外界可以进行热量传递，但传入和传出的热量应保持相等。在塑料成型的实际条件下，聚合物流体的流动一般均呈现非等温状态。这一方面是由于几乎所有成型工艺要求将流道各区域控制在不同的温度；另一方面是由于黏性流动过程中有能量耗散的生热效应和应力下降引起的流体体积膨胀产生的吸热效应存在。这些都使在流道径向上和轴向上均存在一定的温度差，故等温流动实际上只是一种理想状态下的流

动。虽然聚合物流体在各种成型装置流道中的流动不可能达到理想的等温条件，但实践证明，在流道的有限长度范围内和在一定的时间区间内，将聚合物流体在成型条件下的流动当作等温流动来处理并不会引起过大的偏差，却可以使流动过程的流变分析大为简化。

(4)剪切流动和拉伸流动。流体流动时，即使其流动状态为层状稳态流动，流体内各处质点的速度并不完全相同，质点速度的变化方式称为速度分布。按照流体内质点速度分布与流动方向的关系，可将聚合物流体的流动分为两类：一类是质点速度仅沿流动方向发生变化的，如图 4-3-2(a)所示，称为拉伸流动；另一类是质点速度仅沿与流动方向垂直的方向发生变化的，如图 4-3-2(b)所示，称为剪切流动。剪切流动可能由管道运动壁的表面对流体进行剪切摩擦而产生，即所谓的拖曳流动；也可能因压力梯度作用而产生，即所谓的压力流动。聚合物成型时在管道内的流动多属于压力梯度引起的剪切流动，因此这种形式的剪切流动是下面讨论的重点。

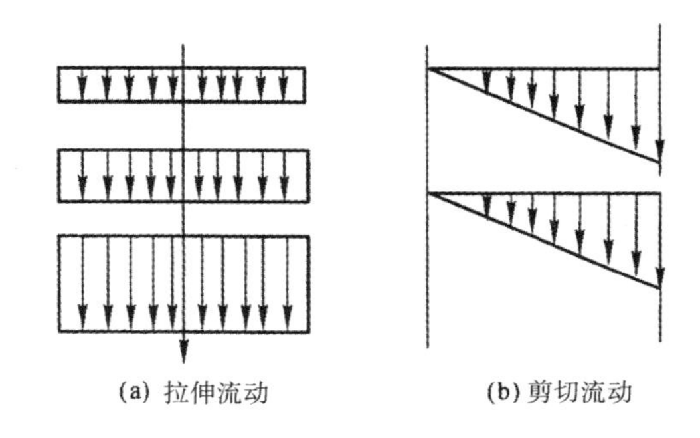

图 4-3-2　拉伸流动和剪切流动的速度分布(长箭头所示为液体流动方向)

(5)一维流动、二维流动和三维流动。当流体在流道内流动时，由于外力作用方式和流道几何形状的不同，流体内质点的速度分布仍可具有不同的特征，其中较为简单的一种称为一维流动，较复杂的称为二维流动，最复杂的称为三维流动。在一维流动中，流体内质点的速度仅在一个方向上变化，即在流道截面上任何一点的速度只需用一个垂直于流动方向的坐标表示。例如，聚合物流体在等截面圆管内作层状流动时，其速度分布仅是圆管半径的函数，是一种典型的一维流动。在二维流动中，流道截面上各点的速度需要用两个垂直于流动方向的坐标表示。流体在矩形截面通道中流动时，其流速在通道的高度和宽度两个方向上均发生变化，是典型的二维流动。流体在锥形或其他截面呈逐渐缩小形状通道中的流动，其质点的速度不仅沿通道截面纵横两个方向变化，而且也沿主流动方向变化，即流体的流速要用三个相互垂直的坐标表示，因而称为三维流动。二维流动和三维流动的规律在数学处理上比较复杂，一维流动则要简单得多。有的二维流动，如平行板狭缝通道和间隙很小的圆环通道中的流动，虽然都是二维流动，但按一维流动作近似处理时不会引起大的误差，故一维流动是以下讨论的重点。

2. 聚合物流体的非牛顿特性 大多数低分子物质的流体以切变方式流动时，其剪切应力与剪切速率间存在线性关系，通常将符合这种关系的流体称为牛顿型流体。聚合物熔体、浓溶液和分散体(糊料)的流动行为远比低分子物流体的流动复杂，除极少数几种外，绝大多数聚合物流体在塑料成型条件下的流动行为与牛顿型流体不符。凡流体以切变方式流动但其剪切应力与剪切速率之间呈非线性关系者，均称为非牛顿型流体。非牛顿型流体按其剪切应力与剪切速率之间呈现非线性关系的不同特征，又可分为黏性系统、有时间依赖性系统和黏弹性系统三大类，在这三类中与塑料成型密切相关的是黏性系统。黏性系统流体受剪切应力作用而流动时，其剪切速率只依赖于所施剪切应力的大小，而与剪切应力作用的时间长短无关。

(1)剪切应力和剪切速率。在塑料的成型过程中，聚合物熔体、浓溶液与糊料主要以切变方式流动，因此在聚合物成型流变学中，主要通过考察剪切应力和剪切速率之间的关系来研究其流变性。

为了研究以切变方式流动流体的性质，可将这种流体的流动看作许多层彼此相邻的薄液层沿外力作用的方向进行相对滑移。图 4-3-3 所示为流体层流模型，图中，F 为外部作用于整个流体的恒定剪切力；A 为向两端延伸的液层面积；F_1 为流体流动时所产生的摩擦阻力。在达到稳态流动后，F 与 F_1 两力大小相等而方向相反，即 $F=-F_1$。单位面积上受到的剪切力称为剪切应力，通常以 τ 表示，其单位是 Pa，因而有 $\tau=F/A=-(F_1/A)$。

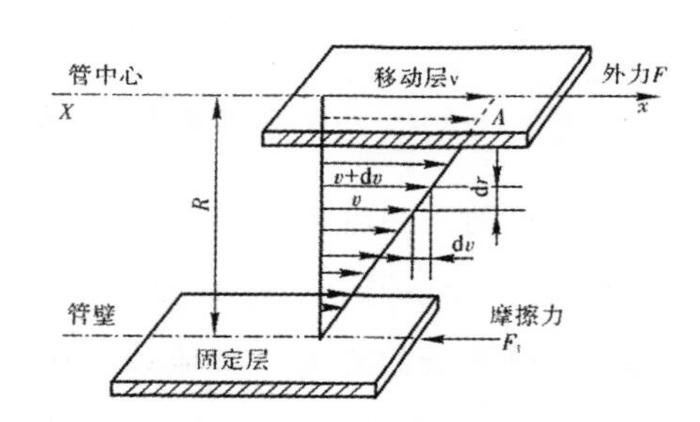

图 4-3-3 剪切流动的层流模型

在恒定剪切应力作用下，流体的剪切应变表现为液层以均匀的速度 v 沿剪切力作用的方向移动；但液层间存在的黏性阻力(即内摩擦力)和流道壁对液层移动的阻力(即外摩擦力)，使相邻液层之间在前进方向上出现速度差。流道中心的阻力最小，故中心处液层的移动速度最大；流道壁附近的液层因同时受到流体的内摩擦和壁面外摩擦的双重作用，因而移动速度最小。若假定紧靠流道壁的液层对壁面无滑移，则这一液层的流动速度应当为零。当径向距离为 $\mathrm{d}r$ 的两液层移动速度分别为 v 和 $v+\mathrm{d}v$ 时，$\mathrm{d}v/\mathrm{d}r$ 就是速度梯度。但由于液层的移动速度 v 等于液层沿剪切力作用方向(即图 4-3-3 中 x 轴正向)的移动距离 $\mathrm{d}x$ 与相应的移动时间 $\mathrm{d}t$ 之比，即 $v=\mathrm{d}x/\mathrm{d}t$，故速度梯度可表示为

$$\mathrm{d}v/\mathrm{d}r=\mathrm{d}(\mathrm{d}x/\mathrm{d}t)/\mathrm{d}r=\mathrm{d}(\mathrm{d}x/\mathrm{d}r)/\mathrm{d}t \tag{4-3-2}$$

式中：dx/dr 表示径向距离为 dr 的两液层在 dt 时间内的相对移动距离，这就是剪切力作用下流体所产生的剪切应变 γ，即 $\gamma=dx/dr$。考虑到流体在流道内的流动速度 v 随半径 r 的增大而减小，式(4-3-2)又可改写为

$$\dot{\gamma}=\frac{dr}{dt}=-\frac{dv}{dr} \tag{4-3-3}$$

式中：$\dot{\gamma}$ 为单位时间内流体所产生的剪切应变，通常称为剪切速率，其单位为 s^{-1}。由于剪切速率与速度梯度二者在数值上相等，在进行流动分析时，常用前者代替后者。对于牛顿型流体，剪切应力与剪切速率间的关系可用下式表示（该式称为牛顿型流体的流变方程）：

$$\tau=\mu\left(\frac{dv}{dr}\right)=\mu\left(\frac{dr}{dt}\right)=\mu\dot{\gamma} \tag{4-3-4}$$

式中：比例常数 μ 称为牛顿黏度或绝对黏度，其单位为 Pa・s，是牛顿型流体本身所固有的性质，其值大小表征牛顿型流体抵抗外力引起流动变形的能力。

(2)非牛顿型流体黏性流动的流变学分类。非牛顿型流体的黏性系统，通过测定其剪切应力 τ 和剪切速率 $\dot{\gamma}$，即可确定这一系统中各种流体黏性流动时 τ 函数关系的性质。若将测得的一系列 τ 值和 $\dot{\gamma}$ 值标在直角坐标系上，就可以得到不同类型流体黏性流动时的 τ 随 $\dot{\gamma}$ 变化的关系曲线。用这种方法得到的 $\tau-\dot{\gamma}$ 关系曲线常称为流动曲线或流变曲线。根据 $\tau-\dot{\gamma}$ 函数关系性质的不同（即流变曲线形状的不同），可将黏性系统的流体分为宾哈流体、假塑性流体和膨胀性流体等几种类型。上述三种非牛顿型流体的流动曲线连同牛顿型流体的流动曲线同示于图 4-3-4 之中。

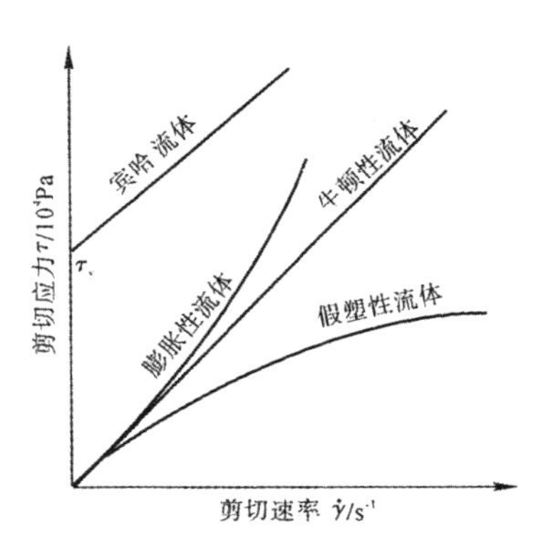

图 4-3-4　不同类型流体的流动曲线

①宾哈流体。这种非牛顿型流体与牛顿型流体相比，相同之处是二者的 τ 与 $\dot{\gamma}$ 之间均呈线性关系，即二者的流动曲线均为直线；不同之处是宾哈流体仅当剪应力大于某个最低值 τ_y 之后才开始流动，即与牛顿型流体的流动曲线为一通过坐标原点的直线不同，宾哈流体的流动曲线为一在 τ 坐标轴上有一截距的直线（图 4-3-4）。使宾哈流体流动所必需之最低剪

切应力 τ_y，通常称为剪切屈服应力。宾哈流体的流变方程可表示为

$$\tau-\tau_y=\eta_p\dot{\gamma}\text{（其中 }\tau>\tau_y\text{）} \tag{4-3-5}$$

式中：η_p 称为宾哈黏度或塑性黏度。如果能够使宾哈流体在流动变形之后解除外力，因流动而产生的形变完全不能恢复而作为永久变形保存下来，即这种流动变形具有典型塑性形变的特征，故又常将宾哈流体称为塑性流体。在塑料成型的物料中，几乎所有的聚合物浓溶液和凝胶性糊塑料的流变行为都与宾哈流体相近。

②假塑性流体。这种非牛顿型流体的流动曲线不是直线，而是一条非线性曲线，剪切速率的增加快于剪切应力的增加，而且不存在屈服应力。曾提出过多种描述假塑性流体流变行为的经验方程式，其中最为简单而准确的是如下的幂律函数方程式：

$$\tau=K\left(\frac{\mathrm{d}v}{\mathrm{d}r}\right)^n=K\dot{\gamma}^n\text{（其中 }n<1\text{）} \tag{4-3-6}$$

式中：K 与 n 均为常数，K 称为流体的稠度，流体的黏稠性越大，K 值就越高；n 称为流体的流动行为指数，是判断这种流体与牛顿型流体流动行为差别大小的参数，n 值小于 1 且离整数 1 越远就表明该流体的非牛顿性越强。表 4-3-1 给出了 6 种热塑性聚合物不同剪切速率和温度条件下的 n 值。为了将方程式（4-3-6）与方程式（4-3-4）做比较，可将方程式（4-3-6）改写为

$$\tau=K\left(\frac{\mathrm{d}v}{\mathrm{d}r}\right)^{n-1}\frac{\mathrm{d}v}{\mathrm{d}r}=K\dot{\gamma}^{n-1}\dot{\gamma} \tag{4-3-7}$$

若取 $\eta_a=K\dot{\gamma}^{n-1}$，式（4-3-6）又可写为

$$\tau=\eta_a\dot{\gamma} \tag{4-3-8}$$

由此可知，在给定温度和压力的条件下，如果 η_a 为常量，则式（4-3-8）与式（4-3-4）相同，即同为牛顿型流体的流变方程，而 η_a 就是牛顿型流体的绝对黏度 μ。如果 η_a 不为常量且与剪切速率有关，这种流体就是非牛顿型流体，η_a 即是该非牛顿型流体的表观黏度，其单位与牛顿黏度相同。

表 4-3-1　6 种热塑性聚合物熔体在不同剪切速率下的 n 值

剪切速率 /s^{-1}	PMMA 230℃	POM 200℃	PA66 285℃	EPR 230℃	LDPE 170℃	未增塑 PVC 150℃
10^{-1}	—	—	—	0.93	0.70	—
1	1.00	1.00	—	0.66	0.44	—
10	0.82	1.00	0.96	0.46	0.32	0.62
10^2	0.46	0.80	0.91	0.34	0.26	0.55
10^3	0.22	0.42	0.71	0.19	—	0.47
10^4	0.18	0.18	0.40	0.15	—	—
10^5	—	—	0.28	—	—	—

描述假塑性流体流动行为的幂律函数还有下面的另一种表达式：

$$\dot{\gamma}=\frac{\mathrm{d}v}{\mathrm{d}r}=k\tau^{m} \tag{4-3-9}$$

式中：k 与 m 也是常数，k 称为流动度或流动常数，k 值越小表明流体越黏稠，亦即流动越困难；m 与 n 的意义相同，但其值大于 1，也是表示流体非牛顿行为程度的指数。比较式(4-3-9)和式(4-3-6)可以得到 m 与 n 和 k 与 K 的关系，分别为

$$m=1/n \tag{4-3-10}$$

$$(1/k)^{n}=K \tag{4-3-11}$$

应当指出的是，幂律方程中的 n 和 m 为常量仅是一种理想的情况，对实际的假塑性流体来说，n 和 m 均不为常量。但当剪切速率变化范围不大时，即只取假塑性流体流变曲线上一个不长的线段时，n 和 m 即可近似地视为常量而不会引起大的分析误差。绝大多数聚合物熔体和溶液在较高剪切速率成型条件下的流动行为都接近于假塑性流体。

③膨胀性流体。这种非牛顿型流体的流动行为与假塑性流体的流动行为相类似，其流动行为也可用式(4-3-6)和式(4-3-9)描述。但两式中的 $n>1$ 而 $m<1$。因此，膨胀性流体的流动曲线与假塑性流体的流动曲线之不同之处，是其黏度随剪切速率或剪切应力的增大而升高(图 4-3-4)。一些固体粒子含量高的悬浮液是膨胀性流体的代表，在较高剪切速率下的聚氯乙烯增塑糊的流动行为也与这种流体的流动行为相近。

将聚合物非牛顿型流体划分为上述的三个类别的目的，只在于简化实际流动情况，以便更好地认识和研究聚合物流体的流动行为。事实上，在塑料的成型过程中常可发现同一种聚合物的熔体、溶液或分散体，在不同成型技术中或同一成型技术的不同成型条件下，分别表现出宾哈流体、假塑性流体和膨胀性流体的流动行为。

3. 熔体流动的普适切变流动曲线　在塑料成型条件下大多数聚合物流体的流变行为接近假塑性流体，前面关于这种非牛顿型聚合物流体流变行为的讨论仅局限于剪切速率范围较小的情况，而在宽广的剪切速率范围内聚合物流体的 $\tau-\dot{\gamma}$ 关系与前述之情况并不相同。在宽广剪切速率范围内由实验得到的聚合物流体的典型流动曲线如图 4-3-5 所示。

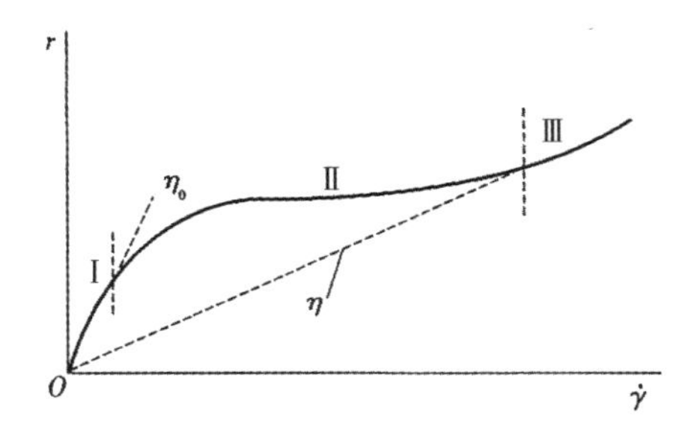

图4-3-5　宽剪切速率范围聚合物流体的流动曲线

由图 4-3-5 可以看出，在很低的剪切速率内，剪切应力随剪切速率的增大而快速地直线上升；当剪切速率增大到一定值后，剪切应力随剪切速率增大而上升的速率变小，这时 $\tau-\dot{\gamma}$ 不再显示直线关系；但当剪切速率增大到很高值的范围时，剪切应力又随剪切速率的增大而直线上升。因此，按 τ 与 $\dot{\gamma}$ 关系性质的不同，可将聚合物流体在宽广剪切速率范围内测得的流动曲线划分为三个流动区。

第一流动区，也称第一牛顿区或低剪切牛顿区，聚合物流体在此区的流动行为与牛顿型流体相近，有恒定的黏度，而且黏度值在三个区中为最大。这一流动区的黏度，通常用在低剪切速率下测得的多个黏度向剪切速率为零外推而得到的极限值表征，这个极限值常称为零切黏度或第一牛顿黏度，多以符号 η_0 表示。不同聚合物流体呈现第一牛顿区的剪切速率范围并不相同，故其零切黏度也有差异。糊塑料的刮涂与蘸浸操作大多在第一牛顿区所对应的剪切速率范围内进行。

第二流动区，也称假塑性区或非牛顿区，聚合物流体在这一区的剪切速率范围内的流动与假塑性流体的流变行为相近，因而可用描述假塑性流体流变行为的幂律方程来分析聚合物流体在这一流动区的流变行为。由假塑性流体的表观黏度 $\eta_a=K\dot{\gamma}^{n-1}$，且 $n<1$ 可知，聚合物流体在这一流动区的表观黏度应随剪切速率的增大而减小，这种现象常称为“切力变稀”或“剪切稀化”。由于塑料的主要成型技术多在这一流动区所对应的剪切速率范围内进行成型操作（表 4-3-2），因而聚合物的熔体、浓溶液和部分悬浮体的“切力变稀”特性对塑料成型具有特别重要的意义。虽然这一流动区的 $\tau-\dot{\gamma}$ 关系不是直线，但在剪切速率变化不大的区段内仍可将流动曲线当作直线处理。例如，对聚氯乙烯熔体来说，在值变化1.5～2个数量级的范围内，或相当于 τ 值变化 1 个数量级的范围内，将其流动曲线当作直线处理引起的误差就很小。

表 4-3-2　塑料重要成型技术的剪切速率范围

成型技术	浇铸	压制	压延	涂覆	挤出	注射
剪切速率/s^{-1}	1～10	1～10	10～10^2	10^2～10^3	10^2～10^3	10^3～10^5

第三流动区，也称第二牛顿区或高剪切牛顿区，在这一剪切速率很高的流动区大多数聚合物流体的黏度再次表现出不依赖剪切速率变化而为恒定值的特性。在三个流动区中，聚合物流体在这一区具有最小黏度值，这一黏度值常称为第二牛顿黏度或极限黏度，可以看作是剪切速率接近无穷大时所测得的黏度极限值，极限黏度常以符号 η_∞ 表示。由于在很高的剪切速率下聚合物容易出现力降解，塑料成型极少在这一流动区所对应的剪切速率范围内进行。

4. 热固性塑料的流变特性　用于成型的热固性塑料原材料的主要组分多是相对分子质量不太高的线型聚合物，但这种热固性线型聚合物与作为热塑性塑料主要组分的线型聚合

物不同，其分子链上都带有多个可反应的基团（如羟甲基、酚羟基、异氰酸酯基和环氧基等）或活性点（如不饱和聚合物中的双键等）。这些活性基团和活性点的存在，使热固性聚合物具有多方面不同于热塑性聚合物的流变特性。

成型时的加热不仅可使热固性聚合物实现熔融、流动、变形以及取得制品所需形状等物理作用，而且还能使其分子在足够高的温度下发生交联反应并最终完成制品的固化。热固性聚合物一旦完成交联固化反应之后，可以认为其黏度已变为无穷大，这使热固性聚合物失去了再次熔融、流动和借助加热而改变形状的能力。由此不难看出，热固性聚合物在成型过程中的黏度变化规律与热塑性聚合物有本质上的不同。在恒定加热温度下，热固性塑料和热塑性塑料黏度如图 4-3-6所示。

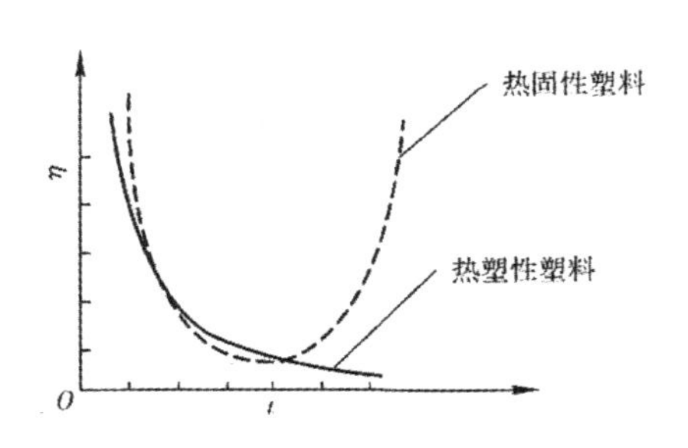

图 4-3-6　热固性塑料与热塑性塑料黏度随时间的变化

热固性聚合物的黏度除对温度有强烈的依赖性外，也受剪切速率的影响。剪切作用可增加活性基团或活性点间的碰撞机会，有利于降低反应活化能，故可增大交联反应的速度，使熔体的黏度随之增大。加之，大多数交联反应都明显放热，反应热引起的系统温度升高也对交联固化过程有加速作用，这又导致黏度更迅速增大。由以上简单分析可以看出，热固性聚合物熔体的切黏度（η）可以用温度（T）、剪切速率（$\dot{\gamma}$）和交联反应进行的程度（α）等参量的函数表示，即 $\eta=f(T,\dot{\gamma},\alpha)$。但这只是一个定性的表达式，由于热固性聚合物在成型过程中化学反应的复杂性，以及由于化学反应会引起一系列复杂的物理和化学变化，使得用黏度、温度、剪切速率和交联程度等参数的定量关系来描述热固性聚合物熔体流变行为变得非常困难，所以至今对这些参数间的关系只有定性的了解。热固性聚合物熔体的流动总伴随着交联反应，而交联反应又必然导致熔体黏度的不断增大，因此有人提出热固性聚合物在一定温度下的流度随受热时间的延长而减小的关系可用下面的经验式表示：

$$\varphi=1/\eta=A'e^{-at} \tag{4-3-12}$$

式中：φ 为流度，是黏度的倒数；A' 和 a 均为经验常数；t 为受热时间。

由式（4-3-12）可以看出，流度随受热时间的延长而减小，即热固性聚合物在完全熔融后其熔体的流动性或流动速度均随受热时间延长而降低，这种情况可从图 4-3-7 所示的注射用酚醛塑料粉的流动性（Q）与加热时间（t）的关系得到证实。显然，加热初期，热固性聚合物黏度的急剧减小或流动性的明显增大，是在交联反应尚未发生之前加热使聚合物分子活动性迅速增大的结果。在流动性达到最大值后的一段长时间内，由于交联反应的速度还很低，因而体系的流动性随时间的变化不大。此后，当交联反应以较高的速度进行时，随交联固化程度的增大，体系黏度急剧增大而流动性迅速降低。

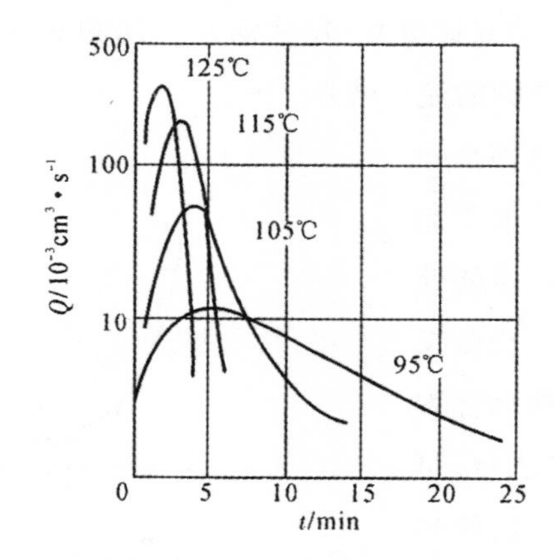

图 4-3-7 酚醛注射料在不同温度下的流动性与加热时间的关系曲线

成型时的加热温度对热固性聚合物熔体流动性的影响，可以用固化时间来表征。由于聚合物分子上官能团的化学反应规律与低分子官能团间的化学反应规律相似，因而热固性聚合物熔体流动性降低到某一指定值所需固化时间与温度的关系可表示为

$$H = A'' e^{-bt} \tag{4-3-13}$$

式中：H 为固化时间；T 为成型时的加热温度；A''和 b 为用实验测得的常数。

由式(4-3-13)可以看出，随加热温度的升高，流动性降低到指定值所需的固化时间相应缩短，这显然是由于交联反应速度随温度升高而增大的结果。因此，塑料成型过程中，热固性聚合物熔体的流动性及在高流动性状态的保持时间，均可通过调整加热温度来控制，图 4-3-8所示为一种酚醛注射料在不同温度下的黏度与加热时间的关系曲线。

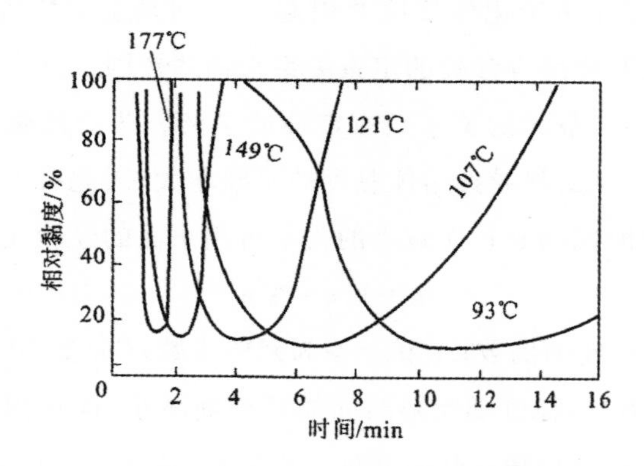

图 4-3-8 酚醛注射料在不同温度下的黏度—时间曲线

温度对热固性聚合物熔体流动性影响的这一特性，正是一些成型技术中将热固性塑料的塑化和塑化料取得模腔形状后的定型采用不同加热温度的原因。例如，热固性塑料注射时，料筒的加热应控制在使物料塑化后能达到最低黏度而不会发生明显交联反应的温度，而

模具的加热温度则应保证成型物在最短的时间内固化定型。

对热固性聚合物，由于时间和温度对熔体的流动性都有重要影响，成型时的固化速率与温度和时间的关系可用如下经验式表示：

$$v_c = Ae^{at+bT} \tag{4-3-14}$$

式中：v_c 为固化速率；A、a 和 b 均为经验常数；t 为时间；T 为温度。

式(4-3-14)虽然给出了固化速率与温度及时间关系的数学表达式，但由于热固性塑料的导热性很差，以及熔体流动过程中存在的压力梯度和温度梯度，这些都使熔体的黏度和固化速率均随时间和位置而改变，从而确定式(4-3-14)中的三个经验常数非常困难。因此，对成型过程中热固性聚合物熔体流动行为的分析，目前还主要依靠经验方法，如不同温度下凝胶时间的测定。

二、熔体在管道中的流动分析

塑料的重要成型技术，如挤出、注射和传递模塑等，均依靠聚合物熔体在成型设备和成型模具的管道或模腔中的流动而实现物料的输送与造型。因此，通过对聚合物熔体在流道中流动规律的分析，能够为测定熔体的流变性能和处理成型过程中的工艺与工程问题提供依据。由于熔体流动时存在内部黏滞阻力和管道壁的摩擦阻力，这将使流动过程中出现明显的压力降和速度分布的变化；管道的截面形状和尺寸若有改变，也会引起熔体中的压力、流速分布和体积流率(单位时间内的体积流量)的变化；所有这些变化，对成型设备需提供的功率和生产效率及聚合物的成型工艺性等都会产生不可忽视的影响。聚合物熔体在简单几何形状管道中的流动分析目前已有比较满意的方法，但复杂几何形状管道中的流动分析，目前还主要依靠一些经验的或半经验的方法，一般都是以等截面的圆形和狭缝形等简单几何形状管道的分析计算为基础，经过适当的修正而用于实践之中。因此，以下着重讨论的是等截面圆形和狭缝形两种管道中的熔体流动。为了简化分析计算，假定所讨论的聚合物熔体是牛顿型流体或服从幂律函数关系的“幂律流体”，这两种流体在正常情况下进行等温的稳态层流，并假定熔体为不可压缩、流动时液层在管道壁面上无滑移、管道为无限长。尽管聚合物熔体在实际成型过程中的流动并不完全符合上述的各种假设条件，但实践证明，引进这些假设对流动过程的分析与计算结果不会引起过大的偏差。

1. 等截面圆形管道中的流动　具有等截面的圆形管道，是许多成型设备和成型模具中常见的一种流道形式，如注射机的喷孔、模具中的浇道和浇口以及挤出棒材和单丝的口模通道等。与其他几何形状的通道相比，等截面圆形通道具有形状简单、易于制造加工、熔体在其中受压力梯度作用仅产生一维剪切流动等优点。

(1)剪切应力计算。如果聚合物熔体在半径为 R 的等截面圆管中的流动符合上述假设条件，取距离管中心为 r、长为 L 的流体圆柱单元(图 4-3-9)。

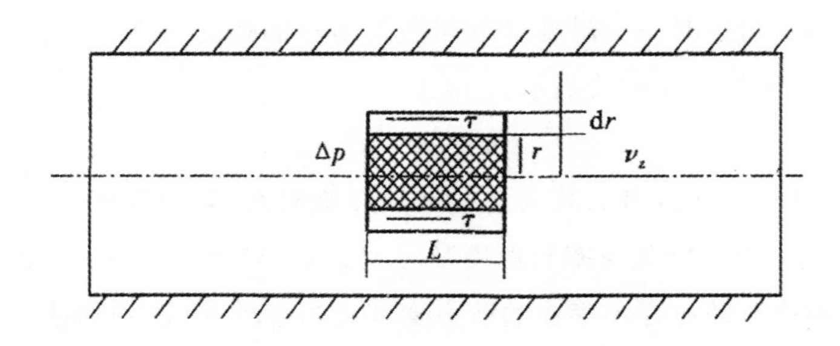

图 4-3-9　流体在等截面圆管中流动

当其在压力梯度($\Delta p/L$)的推动下移动时，将受到相邻液层阻止其移动的摩擦力作用，在达到稳态层流后，作用在圆柱单元上的推动力和阻力必处于平衡状态，其推动力为压力降与圆柱体横截面积(πr^2)的乘积，而其阻力则等于剪切应力(τ)与圆柱体表面积($2\pi rL$)的乘积，因此等式 $\Delta p(\pi r^2)=\tau(2\pi rL)$ 成立，由此等式可得到

$$\tau_r = r\Delta p/(2L) \tag{4-3-15}$$

对于紧靠管壁的液层有 $r=R$，因此管壁处的剪应力为

$$\tau_R = R\Delta p/(2L) \tag{4-3-16}$$

由式(4-3-15)和式(4-3-16)可以看出，任一液层的剪切力(τ_r)与其到圆管中心轴线的距离(r)和管长方向上的压力梯度($\Delta p/L$)均成正比，在管道中心处($r=0$)的剪切应力为零，而在管壁处($r=R$)的剪切应力达到最大值，剪切应力在圆管径上的分布如图 4-3-10所示。

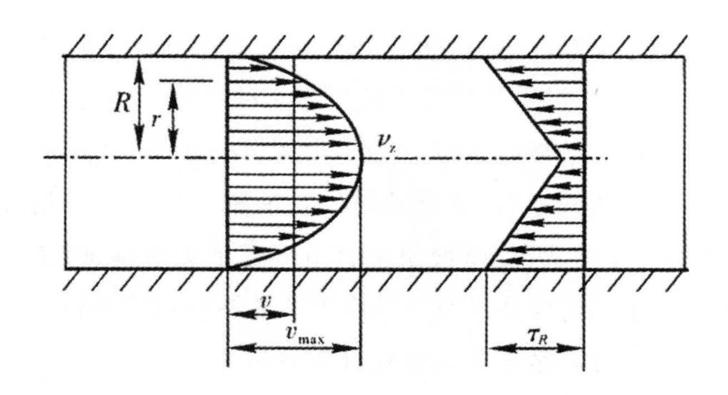

图 4-3-10　流体在等截面圆管中流动时的速度和应力分布

由于以上剪切应力的计算并未指明流体的性质，可见管道内液层的剪切应力与流体的性质无关，因而式(4-3-15)和式(4-3-16)对牛顿型流体和非牛顿型流体均适用。如前所述，在不同的剪切速率范围内，聚合物熔体可以呈现牛顿型流体的流动行为，也可以呈现假塑性幂律流体的流动特性，故以下分别分析这两种流体在等截面圆管中的流动。

(2)牛顿型流体在等截面圆管中的流动。牛顿型流体的剪切应力与剪切速率符合式(4-3-4)所表达的关系，将式(4-3-4)与式(4-3-15)联立即可得到

$$\dot{\gamma}_{r}=r\Delta p/(2\mu L) \tag{4-3-17}$$

由上式可以看出，牛顿型流体的剪切速率也与液层的半径成正比，在管道中心处为零，在管壁处达到最大值 $\dot{\gamma}_{R}$，有

$$\dot{\gamma}_{R}=R\Delta p/(2\mu L) \tag{4-3-18}$$

将式(4-3-18)与式(4-3-3)联立，经过积分即可求得牛顿流体流动时沿圆管半径方向的速度分布为

$$v_r=\int_0^v \mathrm{d}v=-\frac{\Delta p}{2\mu L}\int_R^r r\,\mathrm{d}r=\frac{\Delta p}{4\mu L}(R^2-r^2) \tag{4-3-19}$$

由式(4-3-19)可以看出，牛顿型流体在压力梯度作用下流动时，沿圆管半径方向的速度分布为抛物线形的二次曲线，这种情况如图 4-3-10 所示。

流体流过圆管任一截面时的体积流率(Q)为

$$Q=\int_0^R 2\pi r v_r\,\mathrm{d}r \tag{4-3-20}$$

将式(4-3-19)代入式(4-3-20)并积分即可得到

$$Q=\pi R^4\Delta p/(8\mu L) \tag{4-3-21}$$

$$\Delta p=8\mu LQ/(\pi R^4) \tag{4-3-22}$$

式(4-3-21)就是有名的泊肃叶—哈根方程。当牛顿型流体的绝对黏度和压力差为已知时，由式(4-3-21)可得到体积流率与等截面圆管几何尺寸的关系，这为分析成型设备的管道尺寸对生产率的影响提供了理论依据。此外，由式(4-3-21)还可通过测定已知几何尺寸等截面圆管的体积流率计算流体的牛顿黏度。

将式(4-3-18)与式(4-3-22)联立，可得到牛顿型流体在管壁处的剪切速率与体积流率的关系为

$$\dot{\gamma}_{R}=4Q/(\pi R^3) \tag{4-3-23}$$

用实验方法测得体积流率(Q)后，用式(4-3-23)计算得到的剪切速率又称牛顿剪切速率，在不同的压差(Δp)下分别得到 τ_R 和 $\dot{\gamma}_R$ 值后，即可绘出牛顿流体 τ—$\dot{\gamma}$ 流动曲线。

(3)假塑性幂律流体在等截面圆管中的流动。在挤出和注射等重要的塑料一次成型技术中，聚合物熔体流动时的剪切速率都比较高。如前所述，聚合物熔体在较高剪切速率下的流动规律可用幂律方程式(4-3-6)表示，故在分析这种流体的等截面圆管中的流动特性时应引入非牛顿性指数 n 或 m，以便导出幂律流体在等截面圆管中流动时各参量的关系式。因幂律方程本身是半经验的，以该方程为依据推导出的结果，显然也应具有半经验的性质。

比较式(4-3-6)和式(4-3-15)可以得到 $r\Delta p/(2L)=K\dot{\gamma}_r^n$ 的关系式，经移项整理后，可得任一半径处的剪切速率为

$$\dot{\gamma}=[r\Delta p/(2KL)]^{1/n} \tag{4-3-24}$$

由上式可以看出，幂律流体在等截面圆管中流动时的剪切速率随圆管半径的(1/n)次方变化，在圆管中心处(r=0)剪切速率为零，而在管壁处(r=R)达到最大值 $\dot{\gamma}_R$，有

$$\dot{\gamma}_R=[R\Delta p/(2KL)]^{1/n} \tag{4-3-25}$$

联立式 $\dot{\gamma}_r=-(\mathrm{d}v/\mathrm{d}r)$ 与式(4-3-24)即可得到

$$\mathrm{d}v=-[r\Delta p/(2KL)]^{1/n}\mathrm{d}r \tag{4-3-26}$$

积分上式可得幂律流体在等截面圆管内半径方向上速度分布的表达式为

$$v_r=\frac{n}{n+1}\left(\frac{\Delta p}{2KL}\right)^{1/n}\left(R^{\frac{n+1}{n}}-r^{\frac{n+1}{n}}\right) \tag{4-3-27}$$

将式(4-3-27)对 r 作整个圆管截面的积分，即可得到幂律流体在等截面圆管中流动时的体积流率(Q)的计算式为

$$Q=\int_0^R 2\pi r v_r \mathrm{d}r=\frac{\pi n}{3n+1}\left(\frac{\Delta p}{2KL}\right)^{1/n}R^{\frac{3n+1}{n}} \tag{4-3-28}$$

式(4-3-28)是对假塑性幂律流体在等截面圆管中的流动进行分析的最重要关系式，有幂律流体基本方程之称，用此方程可分别导出幂律流体在等截面圆管内流动时的平均流速和压力降的表达式，以及用于流变性能测定的关系式。为此，将式(4-3-28)两边各除以圆管的截面积(πR^2)即可得到平均流速为

$$\bar{v}=\frac{Q}{\pi R^2}=\frac{n}{3n+1}\left(\frac{\Delta p}{2KL}\right)^{1/n}R^{\frac{n+1}{n}} \tag{4-3-29}$$

将式(4-3-28)重排，即可得到压力降(Δp)的表达式为

$$\Delta p=\frac{2KL}{R}\left[\frac{(3n+1)Q}{n\pi R^3}\right]^n \tag{4-3-30}$$

将式(4-3-28)两边取自然对数后，即可得到测定幂律流体流变特性参数 n 和 K 的关系式为

$$\ln Q=\frac{1}{n}\Delta p+\ln\left[\frac{n\pi}{3n+1}\left(\frac{1}{2KL}\right)^{1/n}R^{\frac{3n+1}{n}}\right] \tag{4-3-31}$$

用毛细管黏度计测聚合物熔体的流变特性参数时，在已知毛细管的几何尺寸后，可认为式(4-3-31)右边第二项为常数。用此毛细管通过改变压力差(Δp)测得不同的体积流率(Q)值后，再用多个 lnQ 对 $\ln\Delta p$ 作图得一直线，由该直线的斜率(1/n)可求得流动行为指数(n)，随后将求得的 n 值代入式(4-3-30)或式(4-3-31)，即可计算得到稠度(K)值。用这种方法得到的 n 和 K 值，比仅用两组 Δp 和 Q 值代入式(4-3-31)求得的值有更高的精确度。

将式(4-3-28)和式(4-3-30)联立，可以得到幂律流体在等截面圆管内流动时管壁处剪切速率($\dot{\gamma}_R$)的表达式为

$$\dot{\gamma}_R=\left(\frac{3n+1}{n}\right)\frac{Q}{\pi R^3} \tag{4-3-32}$$

在幂律流体的流变性测定中，只要已知毛细管的半径 R 和长度 L，并已测得体积流率 Q 和求得 n 值，其剪切应力即可由式(4-3-16)计算，对应的剪切速率用式(4-3-32)计算。借助多次改变 Δp 值以测出多组 τ_R 和 $\dot{\gamma}_R$，再以 τ 对 $\dot{\gamma}_R$ 作图，即可得到假塑性流体或膨胀性流体的 $\tau-\dot{\gamma}$ 流动曲线。

幂律流体的剪切速率有时也用计算牛顿型流体剪切速率的式(4-3-23)求取，用这种近似计算方法得到的幂律流体剪切速率称为非牛顿流体的“表观剪切速率”($\dot{\gamma}_a$)，故有 $\dot{\gamma}_a=4Q/\pi R^3$。许多工程文献中给出的幂律流体流动曲线，就是由管壁处最大剪切应力(τ_R)对($4Q/\pi R^3$)作图得到的。幂律流体的真实剪切速率 $\dot{\gamma}_R$ 和表观剪切速率 $\dot{\gamma}_a$ 可用下式进行换算，即

$$\dot{\gamma}_R=[(3n+1)/4n]\dot{\gamma}_a \tag{4-3-33}$$

幂律流体在等截面圆管中流动时的表观黏度(η_a)可用下式计算得到，即

$$\eta_a=\frac{\tau_R}{\dot{\gamma}_R}=\left(\frac{n}{3n+1}\right)\frac{\pi R^4\Delta p}{2LQ} \tag{4-3-34}$$

2. 狭缝通道中的流动　通常将高度(或称厚度)远比宽度或周边长度小得多的流道称作狭缝通道。狭缝通道也是塑料成型设备和成型模具中常见的流道形式，如用挤出机挤膜、挤板、挤管和各种中空异型材的机头模孔以及注射模具的片状浇口等。常见狭缝通道的截面形状有平缝形、圆环形和异形三种。

(1)平行板狭缝通道内的流动。由二平行板构成的狭缝通道，是与等截面圆管同样简单的几何形状通道。若这种通道的宽与高之比大于 10，即可忽略高度方向上两侧壁表面对熔体流动的摩擦阻力，可认为熔体在狭缝中流动时只有上、下二平行板表面的摩擦阻力的作用，因而流体的速度只在狭缝高度方向上有变化，这就使原为二维流动的流变学关系能当作一维流动处理。

设平行板狭缝通道的宽度为 W，高度为 $2H$，在长度为 L 的一段上存在的压力差为 $\Delta p=p-p_0$；如果压力梯度($\Delta p/L$)产生的推动力足以克服内外摩擦阻力，熔体即可由高压端向低压端流动。在狭缝高度方向的中平面上、下对称地取一宽为 W，长为 L，高为 $2h$ 的长方体液柱单元，其中在平面一侧的高为 h(图 4-3-11)。液柱单元受到的推动力为 $F_1=2Wh\Delta p$，受到上、下两液层的摩擦阻力 $F_3=2WL\tau_h$，τ_h 为与中平面的距离为 h 的液层的剪切应力。在达到稳态流动后，推动力和摩擦阻力相等，因而有 $2WL\tau_h=2Wh\Delta p$，经化简后得

$$\tau_h = h\Delta p/L \tag{4-3-35}$$

在狭缝的上、下壁面处($h=H$)熔体的剪切应力为

$$\tau_H = H\Delta p/L \tag{4-3-36}$$

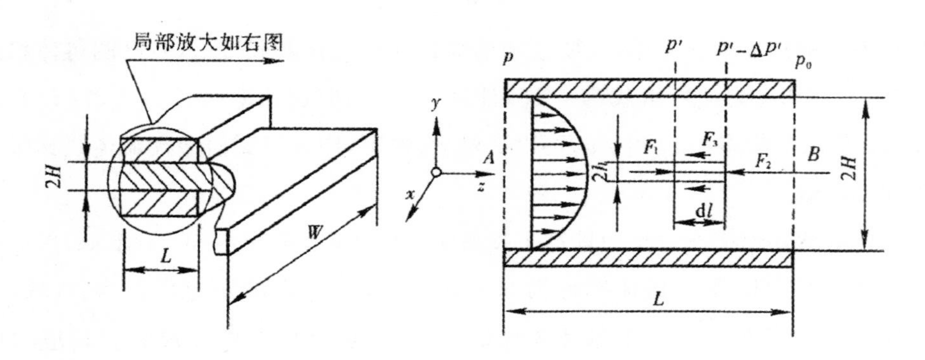

图 4-3-11　平行板狭缝通道中流体单元受力示意图

对于幂律流体,联立式(4-3-6)和式(4-3-35)即可得到任一液层的剪切速率 $\dot{\gamma}_h$ 为

$$\dot{\gamma}_h = [h\Delta p/(LK)]^{1/n} \tag{4-3-37}$$

在狭缝的上、下壁面处($h=H$)的剪切速率 $\dot{\gamma}_H$ 为

$$\dot{\gamma}_H = [H\Delta p/(LK)]^{1/n} \tag{4-3-38}$$

由于 $\dot{\gamma}_h=(\mathrm{d}v/\mathrm{d}h)$,将式(4-3-37)代入得

$$\mathrm{d}v = -[\Delta p/(LK)]^{1/n} h^{1/n}\mathrm{d}h \tag{4-3-39}$$

经积分,即可得到在平行板狭缝通道的高度方向上的速度分布表达式为

$$v_h = \int_0^v \mathrm{d}v = -\int_H^h \left(\frac{\Delta p}{LK}\right)^{1/n} h^{1/n}\mathrm{d}h = \frac{n}{n+1}\left(\frac{\Delta p}{LK}\right)^{1/n}\left(H^{\frac{n+1}{n}} - h^{\frac{n+1}{n}}\right) \tag{4-3-40}$$

由式(4-3-40)可见,熔体在平行板狭缝通道中流动时,在狭缝的高度方向上的速度分布具有抛物线形特征。

在整个狭缝通道的截面积上积分式(4-3-40),可以得到熔体在平行板狭缝通道中流动时的体积流率(Q)计算式为

$$Q = 2\int_0^H v_h W\mathrm{d}h = \frac{2n}{2n+1}\left(\frac{\Delta p}{KL}\right)^{1/n} W H^{\frac{2n+1}{n}} \tag{4-3-41}$$

对于牛顿型流体将 $n=1$ 和 $K=\mu$ 代入式(4-3-41),即得牛顿型流体在平行板狭缝通道中流动时的体积流率(Q)为

$$Q = \frac{2H^3 W\Delta p}{3\mu L} \tag{4-3-42}$$

式(4-3-41)和式(4-3-42)表明,流体通过平行板狭缝通道时,其体积流率随通道截面尺寸(W 和 H)和压力梯度($\Delta p/L$)的增大而增大,随流体黏度或稠度的增大而减小。将式

(4-3-38)和式(4-3-41)联立，可以得到狭缝通道上、下壁面处剪切速率的另一表达式为

$$\dot{\gamma}_H = \left(\frac{2n+1}{2n}\right)\left(\frac{Q}{WH^2}\right) \tag{4-3-43}$$

式(4-3-43)表明，对于牛顿流体或已知 n 值的幂律流体，在已知截面尺寸的平行板狭缝通道中流动时，只要测得体积流率即可计算得到上、下壁面处的剪切速率。

(2)圆环形狭缝通道中的流动。由两个同心圆筒构成环隙时，若外筒的内半径 R_0 与内筒的外半径 R_1 接近，就表明环隙的周边长度远比环隙的厚度大，这样的环隙就是圆环形狭缝通道。聚合物熔体在圆环形狭缝通道中沿圆筒轴向的流动，也可当作一维流动处理。图 4-3-12所示为熔体在环形狭缝通道内流动时，一液柱单元的受力情况和熔体速度分布的示意。如果将图中所示的圆环形狭缝展开为平行板狭缝，则这一平行板狭缝的厚度 $2H=R_0-R_1$，宽度 $W=2\pi R$，而 $R=(R_0+R_1)/2$，当 $2\pi R \gg (R_0-R_1)$ 时，即可用由图 4-3-11 所示平行板狭缝通道所导出的式(4-3-36)～式(4-3-43)，对圆环形狭缝通道中熔体的流动进行近似的分析与计算。

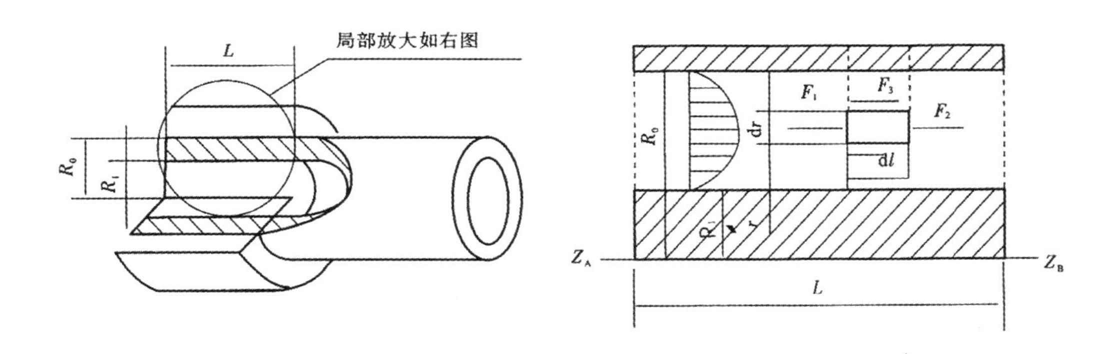

图 4-3-12　同心圆环形通道中流体液柱单元受力和速度分布示意图

(3)异形狭缝通道中的流动。通常将由平行板和同心圆筒构成的平缝和圆形狭缝通道以外的各种截面形状的狭缝通道，均称作异形狭缝通道。用挤出机挤出中空异型材的机头模孔是常见的异形狭缝通道。图 4-3-13 绘出了几种厚度均一异形狭缝通道的截面形状与尺寸符号，这些异形狭缝均可看作平行板狭缝和圆环形狭缝的不同方式组合。若用 $2H$ 表示各种异形狭缝的缝隙厚度，而将异形狭缝各部分中线长度的总和当作平行板狭缝的宽度 W，且($W/2H \gg 10$)，就可分别用式(4-3-42)、式(4-3-36)和式(4-3-43)分析与计算熔体流过这类狭缝通道时的体积流率、缝壁处的切应力、剪切速率。

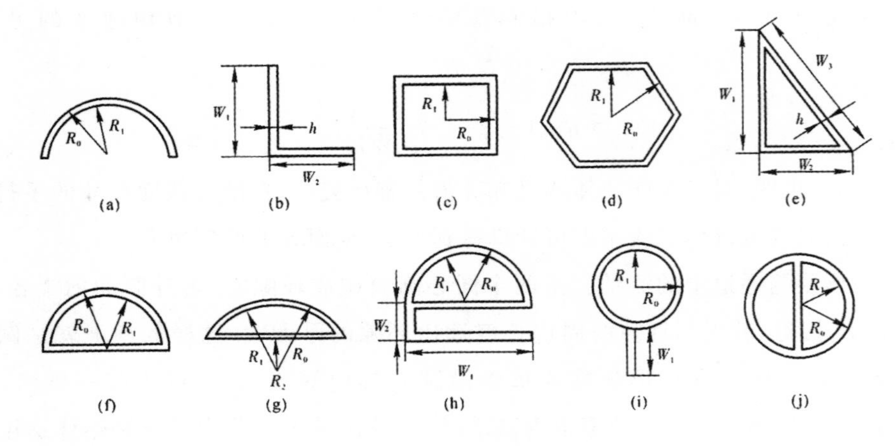

图 4-3-13　厚度均一的异型流道

3. 锥形通道中的流动　当聚合物流体在等截面的管道中进行压力流动时，尽管流体中各部分随所处位置的不同而有速度上的差异，但在流动方向上所有流体质点的流线都保持相互平行，即呈现层流条件下的一维流动，但当聚合物流体在沿流动方向截面尺寸逐渐变小的管道中流动时，流体中各部分质点的流线就不再保持相互平行。例如，在层流条件下当聚合物流体从一大直径管流入一小直径管时，大管中各位置上的流体将改变原有的流动方向，而以一自然角度进入小管，这时流体质点的流线将形成一锥角，常称此锥角的一半为收敛角，并以 α 表示（图 4-3-14）。流体以这种方式进行的流动称为收敛流动。

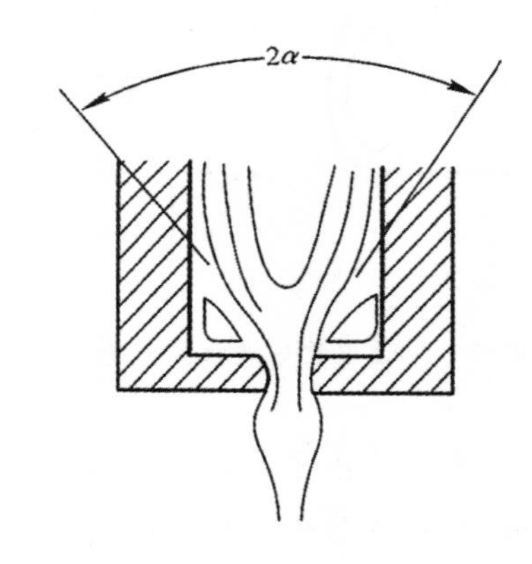

图 4-3-14　收敛流动示意图

流体由大直径管流入小直径管时，流道截面尺寸的突然缩小，使流体中的速度分布发生显著变化，从而在流体中产生很大的扰动和压力降，这会造成塑料成型设备功率消耗不必要的增加，并可能对制品质量产生不良影响。因此，大多数塑料成型设备的成型模具都采用具有一定锥度的管道来实现由大截面尺寸的管道向小截面尺寸的管道过渡。以避免因流道中存在“死角”而引起聚合物的热降解，并有利于减少因出现强烈扰动而引起的过大压力降和

流动缺陷。最常用圆锥形的和楔形的管道，来实现由大截面管向小截面管的过渡，这两种锥形管道的形状及在其中进行的收敛流动如图 4-3-15 所示。

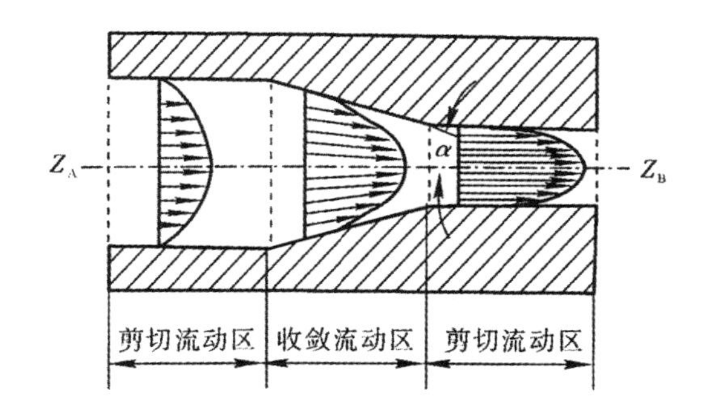

图 4-3-15　锥形或楔形管道中的流动

聚合物流体在锥形管道中以收敛的方式流动时，在垂直流动的方向上和主流动方向上都存在速度梯度，垂直流动方向上的最大速度在锥形管道的中心，锥形管道壁面处的速度为零；主流动方向上的最大速度在锥形管道的最小截面处，而最小速度则在锥形管道截面最大的入口处。两种速度梯度的存在，说明流体流过锥形管道时除产生剪切流动外，还伴随有拉伸流动。剪切和拉伸两种流动成分的相对大小主要由收敛角决定，一般情况是随收敛角的减小，主流动方向上的速度差减小，拉伸流动成分减少而剪切流动成分增多，当收敛角减小到零时，收敛流动就完全转变成纯剪切流动。为简化分析，通常在收敛角很小时，将因流线收敛而在主流动方向上产生的速度梯度忽略不计，仍按纯剪切流动处理。当流体流过锥形管道的流线有明显收敛，即当收敛角较大而不能再按纯剪切流动处理时，就必须考虑拉伸流动对收敛流动的影响。聚合物熔体以收敛方式流动时，其拉伸应变速率 $\dot{\varepsilon}$ 可以用流动方向 dz 距离上的速度变化 dv_2 表示，即 $\dot{\varepsilon}=dv_2/dz$。与联系剪切应力和剪切速率的方程式(4-3-4)相似，联系拉应力 σ 和拉伸应变速率的方程式为

$$\sigma=\lambda\dot{\varepsilon}=\lambda(dv_2/dz) \tag{4-3-44}$$

式中：λ 为拉伸黏度。

有人曾推导出聚合物熔体以收敛方式流动时，拉伸应力 σ 和拉伸压力降 Δp_E 与剪切速率、收敛角 α 和圆锥形通道大端与小端截面半径 r_1 和 r_2 的关系为

$$\sigma=\lambda(\dot{\gamma}/2)\tan\alpha \tag{4-3-45}$$

$$\Delta p_E=\frac{2}{3}\sigma[1-\left(\frac{r_1}{r_2}\right)^3] \tag{4-3-46}$$

并推导出圆锥形流道收敛角 α_1 和楔形流道收敛角 α_2，与这两种流道入口处的剪切速率为 $\dot{\gamma}$ 时的表观黏度 η_a 和拉伸黏度 λ 的关系为

$$\alpha_1=\arctan[2\eta_a/\lambda)^{1/2}] \tag{4-3-47}$$

$$\alpha_2 = \arctan[3(\eta_a/\lambda)^{1/2}/2] \qquad (4\text{-}3\text{-}48)$$

由式(4-3-45)和式(4-3-46)可知，在圆锥形流道几何尺寸已定且剪切速率和拉伸黏度也已知时，由收敛流动而产生的拉伸应力和拉伸压力降均可计算得出；而当剪切表观黏度和拉伸黏度均已知时，可分别用式(4-3-47)和式(4-3-48)计算出圆锥形和楔形流道中收敛流动的收敛角。

聚合物熔体以收敛方式流动时，其拉伸黏度和剪切黏度一样，除受聚合物分子结构、填料形状和物料温度等的影响外，在一定条件下对拉伸应变速率也有明显的依赖性。在低拉伸应力或应变速率范围内，拉伸黏度对拉伸应力或拉伸应变速率无明显依赖性，且其在数值上等于剪切黏度的3倍；但在较高的拉伸应力或拉伸应变速率范围内，拉伸黏度的变化情况随聚合物的分子结构而异。聚丙烯酸酯类、聚酰胺、共聚甲醛和ABS等聚合度不太高的线型聚合物，在拉伸应力高达1 MPa时，拉伸黏度也不随拉伸应变速率变化；但聚丙烯和高密度聚乙烯等高聚合度的线型聚合物，一般呈现“拉伸变稀”现象；而大分子链上有较多支链的低密度聚乙烯和聚苯乙烯等，多呈现“拉伸变稠”或“拉伸变硬”现象。上述情况表明，拉伸黏度对拉伸应力或拉伸应变速率的依赖性，比剪切黏度对剪切应力或剪切速率的依赖性更为多样化。但就大多数聚合物熔体来说，拉伸黏度还是随拉伸应力或拉伸应变速率的增大而增大，即多具有“拉伸变稠”的倾向。聚合物熔体的这一流变特性，对在熔融温度附近成型的中空制品、吹塑薄膜、拉伸单丝与薄膜和片材的热成型等都极为有利。

三、熔体流动过程中的弹性表现

具有黏弹性的聚合物熔体，在外力作用下除表现出不可逆形变和黏性流动外，还产生一定量可恢复的弹性形变，这种弹性形变具有大分子链特有的高弹形变本质。聚合物熔体的弹性，可以通过许多特殊的和“反常”的现象表现出来，在塑料的成型过程中，聚合物熔体在流动过程中产生的弹性形变及其随后的松弛过程，不仅影响到成型设备生产能力的发挥和工艺控制的难易，也影响制品外观、尺寸稳定性和内应力的大小。聚合物熔体流动过程中最常见的弹性表现是入口效应、口模膨胀效应(即挤出物胀大)和不稳定流动现象。

1. 入口效应　聚合物熔体在管道入口端因出现收敛流动，使压力降突然增大的现象称为入口效应。管道入口区和出口区熔体的流动情况如图4-3-16所示。熔体从大直径管道进入小直径管道，须经一定距离L_e后稳态流动方能形成。L_e称为入口效应区长度，对于不同的聚合物和不同直径的管道，入口效应区长度并不相同。常用入口效应区长度L_e与管道直径D的比值(L_e/D)来表征产生入口效应范围的大小。实验测定表明，在层流条件下，对牛顿型流体，L_e约为0.05 $D \cdot Re$；对非牛顿型的假塑性流体，L_e在0.03～0.05 $D \cdot Re$的范围内，Re为雷诺数，又称雷诺准数。

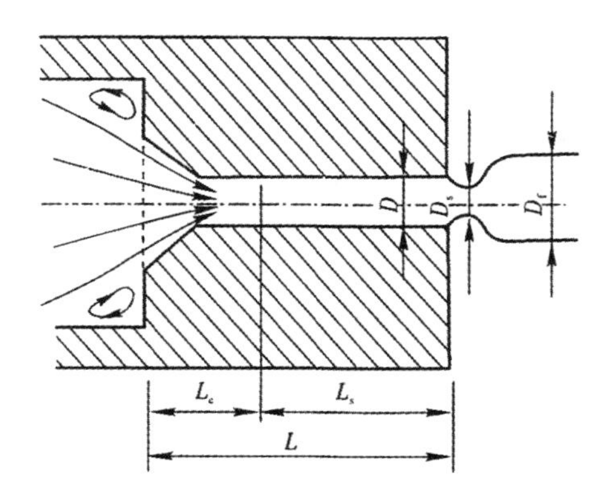

图 4-3-16　聚合物液体在管道入口区域和出口区域的流动

入口端压力降出现突增有两个方面的原因：其一是当聚合物熔体以收敛形式进入小直径管时，为保持体积流率不变，必须调整熔体中各部分的流速才能适应管径突然减小的情况。这时除管径中心部分的熔体流速增大外，还需要靠近管壁处的熔体能以比正常流速更高的速度移动。如果管壁处的流速仍然要保持为零就只有增大熔体内的速度梯度，才能满足调整流速的要求，为此只有消耗适当的能量才能增大速度梯度，加之随流速的增大，流动的动能也相应增大，这也使能量的消耗增多；其二是增大熔体内的剪切速率，将迫使聚合物大分子发生更大和更快的形变，使其能够沿流动方向更充分地伸展。而且这种方式的形变过程从入口端开始并在一定的流动距离内持续地进行，而为发展这种具有高弹性特征的形变，需克服分子内和分子间的作用力，也要消耗一定的能量。以上两个方面的原因，都使熔体从大直径管进入小直径管时的能量消耗突增，从而在入口端的一定区域内产生较大的压力降。

按照式(4-3-21)和式(4-3-28)所表示的体积流率与压力降的关系，在测得体积流率后计算压力降时，如果不考虑入口效应，所得结果往往偏低。因此，应将入口效应的额外压力降也包括在计算式中，才能得到比较符合实际的结果。为此需要对计算式进行修正，一种简单可行的办法是将入口端的额外压力降看成是一段“相当长度”管道所引起的压力降相等。若用 eR 表示这个“相当长度”，即将有入口效应时熔体流过长度为 L 的管道的压力降，当作没有入口效应时熔体需流过 $(L+eR)$ 长度的压力降。用“相当长度”修正后的圆截面管管壁处的剪切应力若为 $\tau'R$，$\tau'R$ 与修正前同一处的剪切应力 τR 之间有如下关系：

$$\tau'R = \frac{\Delta pR}{2(L+eR)} = \frac{L}{L+eR}\tau_R \tag{4-3-49}$$

式中：R 为等截面圆管的半径；e 为入口效应修正系数；L 为入口效应区的长度。由于 $L/(L+eR)<1$，故修正后的管壁处剪切应力小于修正前同一处的剪切应力。

实验表明，各种聚合物熔体在变直径圆管内流动时，修正入口效应所引起额外压力降的"相当长度"，一般为管道直径的1～5倍，且随具体流动条件而改变。在没有确切实验数据的情况下，取$6R$作为"相当长度"不会引起大的计算误差。

聚合物熔体的弹性表现是成型加工中必须充分重视的问题，因为熔体的弹性形变及其随后的松弛过程会对制品的外观和尺寸稳定性产生不利影响，造成制品尺寸精度难以控制、表面出现缺陷、收缩内应力等。但熔体的弹性表现也有其有利的一面，如利用熔体的弹性实现"记忆效应"，制造热收缩管和热膨胀管。

2. 挤出物胀大　口模膨胀效应又称巴拉斯(Barus)效应、记忆效应。离模膨胀现象，是指聚合物黏弹性熔体在压力下挤出口模或离开管道出口后，熔体流柱截面直径增大而长度缩小的现象。

曾采用多种方法表征离模膨胀的程度，其中较简便而又直观的是测定膨胀比。膨胀比通常以B表示，是指熔体流柱离开口模后自然流动(即无外力拉伸)时，膨胀所达到的最大直径D_f与口模直径D之比，即$B=D_f/D$。

引起口模膨胀的原因虽有取向效应、记忆效应、熵增效应和法向应力效应等多种解释，但由于大多数聚合物熔体都具有明显的黏弹性，因而目前多认为这一现象的产生是熔体流动过程中弹性行为的反映。如图4-3-16所示，熔体在通过管道进口区L_e段的收敛流动和通过L_s段的剪切流动后，大分子链在拉伸应力和剪切应力共同作用下沿流动方向伸展取向，前者引起拉伸弹性形变，后者引起剪切弹性形变。既然这两种高弹性质的形变都具有可逆性，只要造成熔体内速度梯度的应力消失，伸展取向的大分子链就将恢复其原有的卷曲构象，即出现弹性恢复。弹性恢复的程度与熔体的连续受力情况和允许应变进行松弛的时间有关。若L_s段足够长，即(L_s/D)很大，如$(L_s/D)>16$时，熔体流过L_e段因入口效应而产生的弹性形变在通过L_s段时有充分的时间松弛，可使储存在熔体中的拉伸弹性能在随后的流动中消散，在这种情况下，因剪切流动而储存在熔体中的弹性能是引起出口膨胀的主要原因；相反，若L_s段很短，即(L_s/D)很小时，因入口效应而产生的弹性形变在熔体流过L_s段时大部分未能松弛，在这种情况下入口效应区熔体内的剪切和拉伸作用所储存的弹性能就成为引起口模膨胀的主要原因。熔体流柱中各液层的速度，从出口处的近似抛物线形分布转变为离口模不远处的等速分布，从而导致高度应变的表层迫使中心层流速降低，是出口附近熔体流柱截面先产生收缩而后又明显膨胀的重要原因(图4-3-16)。

大量的实验表明，影响口模膨胀效应和影响入口效应的因素是相似的，这些因素包括聚合物的分子量和分子量的分布、熔体中剪切应力或剪切速率的大小、熔体的温度和管道的几何形状与尺寸等。总之，凡是能使流动过程中弹性应变成分增加的因素，都会使口模膨胀效应更为明显。调整熔体温度、成型压力和流率等工艺参数和改变流道尺寸来变更离模膨胀比，对塑料成型过程控制最具实际意义。膨胀比与剪切速率的关系如

图 4-3-17所示。

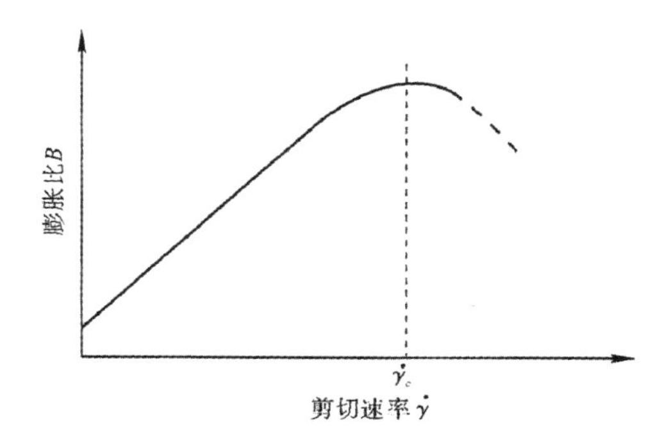

图 4-3-17　口模膨胀比(B)与剪切速率($\dot{\gamma}$)的依赖关系

由图 4-3-17 可以看出，在剪切速率较低时膨胀比随剪切速率的增大而增大，但当剪切速率超过某个值后膨胀比反而下降，膨胀比开始下降时所对应的剪切速率称为临界剪切速率($\dot{\gamma}_c$)。实验表明，当剪切速率超过临界值后，熔体的流动已转入成型过程不希望出现的不稳定流动状态。在 200℃ 下测得的各种聚合物熔体膨胀比与剪切速率的关系如图 4-3-18 所示。

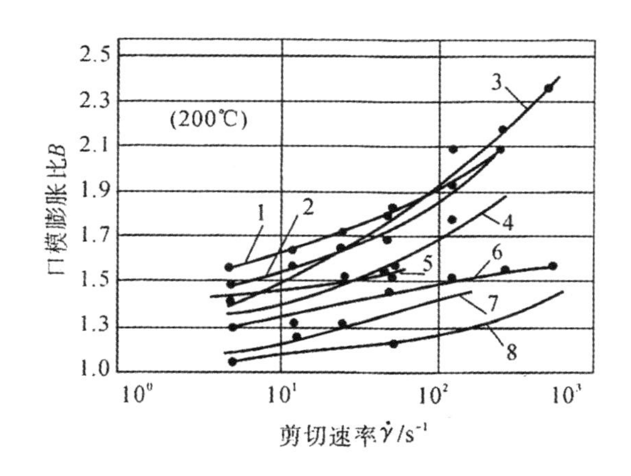

图 4-3-18　若干聚合物剪切速率对口模膨胀比的影响

1—高密度聚乙烯　2—PP 共聚物　3—PP 均聚物　4—结晶型 PS　5—低密度聚乙烯　6—抗冲改性 PVC　7—抗冲改性 PS　8—抗冲改性 PMMA

由图 4-3-18 可以看出，在剪切速率相同时，不同聚合物的离模膨胀比并不相同。温度对离模膨胀比也有影响，一般情况是：在剪切速率相同的条件下膨胀比随温度升高而减小，但不同剪切速率下测得的最大膨胀比随温度的升高而增大，这种情况如图 4-3-19 所示。

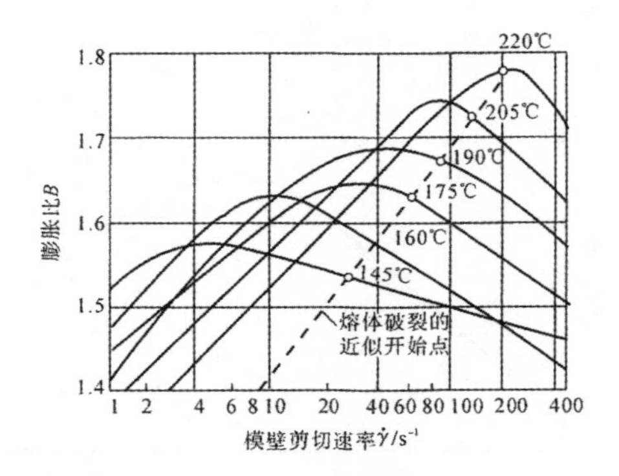

图 4-3-19 低密度聚乙烯在六种温度下的膨胀比与剪切速率的关系

增大管道直径、提高其长度与直径之比和减小入口端的收敛角，这些都有利于降低熔体流动过程中的弹性应变成分，从而使离模膨胀比减小。截面几何形状不对称的管道，在截面不同方向上测得的膨胀比并不相同，对于平行狭缝通道在截面厚度方向上的膨胀比大于宽度方向上的膨胀比，且前者常是后者的平方倍。在切变流动的情况下，从圆形截面通道中流出的熔体柱的膨胀比，一般都介于平行板狭缝通道截面厚、宽两个方向的膨胀比之间。

3. 不稳定流动 聚合物熔体从挤出机口模、注射机喷嘴和流变仪毛细管流出时，熔体流柱除有膨胀现象外，还可观察到在熔体流出的速率较低时，流柱具有光滑的表面和均匀截面形状随着流出速率的不断增大，依次出现流柱表面失去光泽变得粗糙、柱体粗细变得不匀和形状明显扭曲等现象；在流出速率很高时，甚至会观察到呈间断流出且形状也极不规则的熔体碎片。上述各种情况下流出熔体典型试样的形状如图 4-3-20 所示。

图 4-3-20 不同剪切速率下挤压时挤出物的形状

形状出现畸变的熔体流柱表面都十分粗糙，与鲨鱼皮相似，因此常称为挤出物的“鲨鱼皮症”；而将出现间断的熔体碎片的现象称为“熔体破裂”。上述的各种现象说明，聚合物熔体在低剪切应力或低剪切速率条件下进行牛顿型流动时，各种与熔体弹性有关的因素引起的微小扰动容易受到抑制；而在高剪切应力或高剪切速率的条件下熔体进行非牛顿流动时，与其弹性有关因素引起的扰动难以抑制，并容易发展成导致熔体流柱连续性破坏的不稳定流动。出现熔体流连续性破坏的最小剪切应力和剪切速率，分别称为临界剪切应力(τ_c)和临界剪切速率($\dot{\gamma}_c$)。表 4-3-3 给出了几种聚合物不同温度下出现不稳定流动时的 τ_c 和 $\dot{\gamma}_c$ 值，由表 4-3-3 可以看出，各种聚合物的 τ_c 值和 $\dot{\gamma}_c$ 值均随温度的升高而增大。

表 4-3-3　某些聚合物产生不稳定流动时的临界剪切应力 τ_c 和临界剪切速率 $\dot{\gamma}_c$

聚合物	T/℃	τ_c/10^{-5} MPa	$\dot{\gamma}_c$/s^{-1}	聚合物	T/℃	τ_c/10^{-5} MPa	$\dot{\gamma}_c$/s^{-1}
低密度聚乙烯	158	0.57	140	聚丙烯	180	1.0	250
	190	0.70	405		200	1.0	350
	210	0.80	841		240	1.0	1 000
高密度聚乙烯	190	3.6	1 000		260	1.0	1 200
聚苯乙烯	170	0.8	50				
	190	0.9	300				
	210	1.0	1 000				

(1)鲨鱼皮症。鲨鱼皮症的主要症迹是在垂直于熔体流动的方向上，熔体流柱的表面规则地出现凹凸不平的皱纹。随不稳定流动的加剧，这种皱纹或密或疏，从渡纹状、竹节状直到明显的无规则粗糙表面依次出现。但鲨鱼皮症大多是熔体柱表层的破坏现象，一般不会延伸到熔体流柱的内部。现在多认为熔体流动时在流道壁上的滑移和熔体离开流道口时受到的拉伸作用，是引起鲨鱼皮症的主要原因。由前面的叙述可知，熔体在管道中流动时，管道壁附近的速率梯度最大，因而管道壁附近的聚合物分子伸展变形程度较中心部分大。如果熔体在流动过程中因大分子伸展而产生的弹性形变发生松弛，就会引起熔体流在管道壁上出现周期性的滑移；另外，流道出口对熔体的拉伸作用也是时大时小，随着这种张力的周期性变化，熔体流柱表层的移动速度也时快时慢。熔体流柱表面上出现不同形状的皱纹，主要是以上两种因素作用的周期时间和作用强度不同组合的结果。鲨鱼皮症的产生还与熔体在流道平直部分和出口区的流动状态有关，同时还明显地依赖于熔体的温度和聚合物的种类，因此有时在较低的剪切应力或剪切速率下也会观察到熔体流柱有这种表面缺陷。

(2)熔体破裂。熔体破裂与鲨鱼皮症的重要区别除熔体流柱形状的扭曲更加严重外，还在于不稳定流动引起的破坏已深入到流柱的内部。因此，熔体破裂现象在熔体流动过程中的出现，不仅限制了成型塑料制品时的生产效率，而且也严重影响塑料制品质量。关于熔体破裂现象产生的机理至今仍不十分清楚，但一般认为主要与熔体高速流动时在管道壁上出现滑移和熔体中的弹性形变恢复有关，即与鲨鱼皮症的产生有类似的机理。与解释鲨鱼皮症现象出现的原因不同，文献中对不同类型聚合物出现熔体破裂的原因往往提出不同的解释。例如，对目前研究较多的低密度聚乙烯(支化聚合物的代表)和高密度聚乙烯(较规整线型聚合物的代表)的熔体破裂原因，多认为有以下三个方面的不同。

①流动曲线的连续性不同。图 4-3-21 所示为高密度聚乙烯(HDPE)和低密度聚乙烯

(LDPE)的剪切应力与剪切速率流动曲线，由图可以看出，高密度聚乙烯出现熔体破裂(图中 M_F 点)后，流动曲线上出现不连续区，即在熔体破裂出现后的一定区间内同一剪切速率对应有两个剪切应力值，致使流动曲线在此区间内的连续性中断；低密度聚乙烯的情况不同，出现熔体破裂后流动曲线仍保持其连续性。

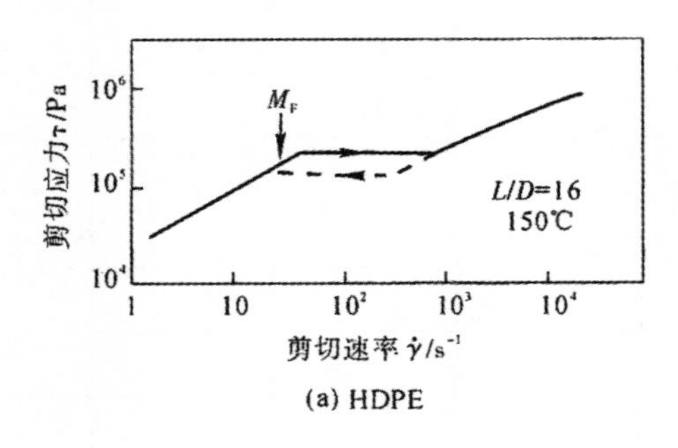

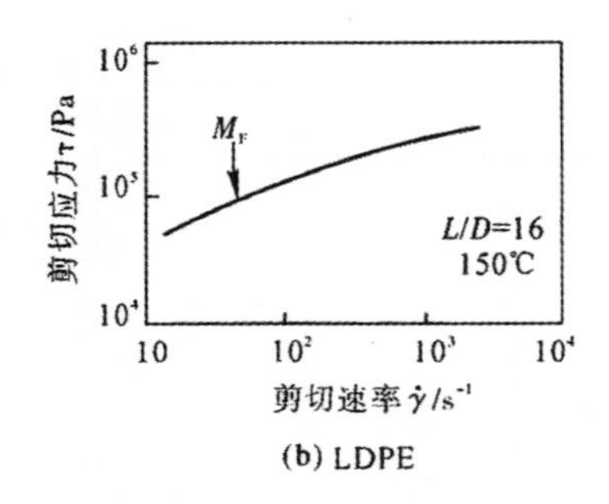

图 4-3-21 两类聚乙烯的流动曲线

②流道几何尺寸效应不同。在同样的剪切速率时，低密度聚乙烯熔体流柱的扭曲程度随流道长度的增加而减轻；而高密度聚乙烯则相反，流道越长其熔体流柱的扭曲就越严重。

③流道入口区的流动图像不同。高密度聚乙烯熔体在由大直径管进入小直径管时，收敛式流线充满入口区的全部有效空间；而低密度聚乙烯熔体在同样的入口区的周围，则为循环的涡流所充满。入口区这两种不同的流动如图 4-3-22 所示。

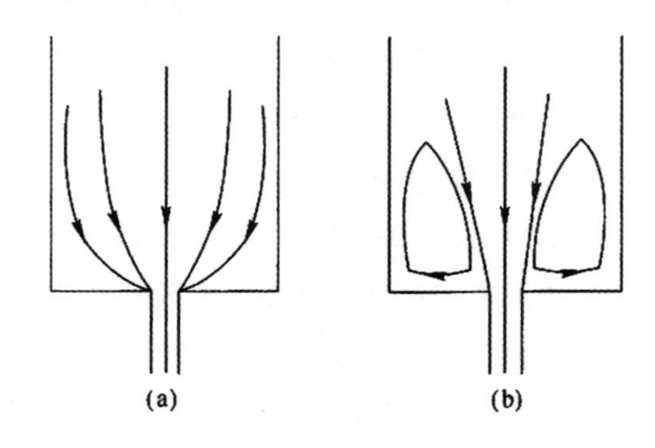

图 4-3-22 口模入口的流动图像

综上所述可以看出，高密度聚乙烯的熔体破裂主要发生在管壁处，这是由于熔体流柱与管壁界面的黏附破坏而产生的滑移，是使熔体流柱形状发生扭曲和流动曲线上出现不连续区的主要原因。由于黏着和滑移交替发生，因而流道越长流出熔体柱的破碎就越严重，低密度聚乙烯的熔体破裂主要发生在小直径管的入口区，这是因为入口区流线的严重收敛会导致熔体流较大的拉伸弹性变形，这种弹性变形达到极限值后，就不能再经受更大的变形，从

而使熔体出现弹性断裂。此时经入口区直接进入小直径管的熔体流断开，使循环涡流熔体能够周期性地进入小直径管，两种具有不同剪切经历的熔体混在一起，就造成流出熔体柱因膨胀程度不同而发生扭曲和断裂。以上分析表明，熔体破裂是聚合物熔体在高剪切速率的流动过程中所产生的弹性湍流和流出管道后发生不均匀弹性恢复的综合结果。由于提高温度可使出现弹性湍流的剪切应力和剪切速率值增大，因此，为避免不稳定流动对成型过程和制品的不利影响，熔融聚合物成型时的温度下限不是流动温度，而是成型时剪切速率条件下出现弹性湍流时的温度。

第五章　成型物料的配制

在塑料制品的生产中，只有少数聚合物（树脂）可单独使用，而大部分的聚合物（树脂）必须与其他物料混合，进行配料后才能应用于成型加工；所谓配料，就是把各种组分相互混合在一起，尽可能地成为均匀体系（粉料、粒料），为此必须采用混合操作。

第一节　物料的混合和分散

一、初步混合和分散混合

混合一般包括两方面的含义，即初步混合和分散混合。初步混合指将两种组分相互分布在各自所占的空间中，即使两种或多种组分所占空间的最初分布情况发生变化，其原理如图 5-1-1 所示。

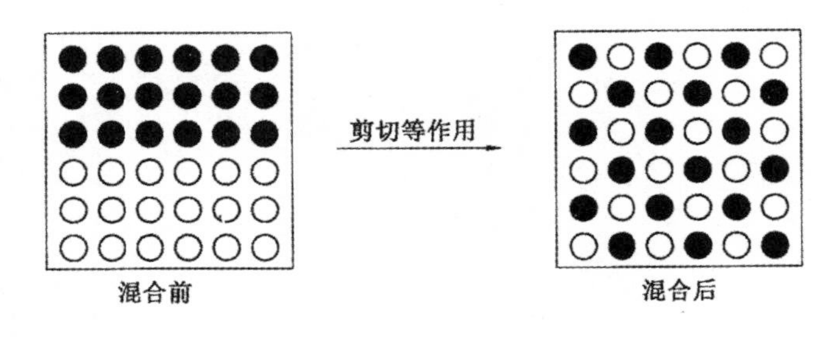

图 5-1-1　混合过程两物料所占空间位置变化示意图

分散混合是指混合中一种或多种组分的物理特性发生了一些内部变化的过程，如颗粒尺寸减小或溶于其他组分中。图 5-1-2 是分散作用的示意图。

初步混合和分散混合操作一般是同时进行和完成的，即在混合的过程中，通过粉碎、研磨等机械作用使被混物料的粒子不断减小，而达均匀分散的目的。所以在这里归并于混合中讨论。在塑料的配料过程中常见的混合有：不同组分的粉状物料的混合，如粉状的聚合物（聚氯乙烯）和粉状添加剂（填料：碳酸钙）的混合；粉状或纤维状的物料（如玻璃纤维）与液体状物料（如酚醛树脂的醇溶液）的混合；塑性物料的混合，如聚苯乙烯和聚丁二烯在熔融状态的混合。有时机械混合的同时，还进行着增塑的物理化学过程。

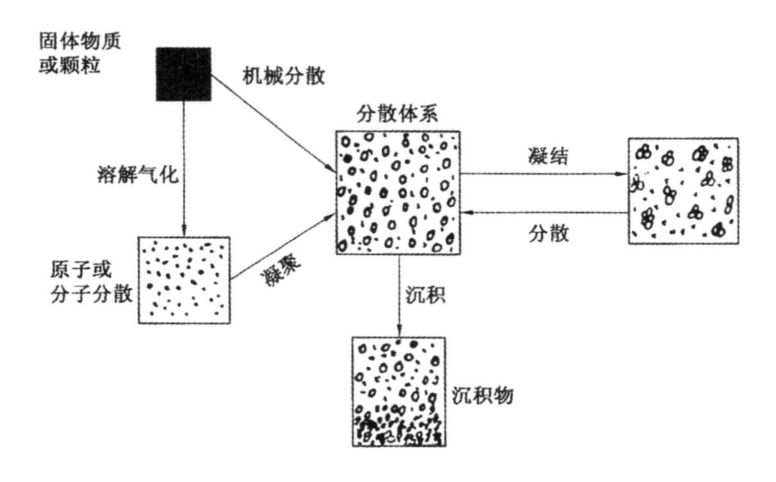

图 5-1-2　分散作用示意图

二、混合效果的评价

混合是否均匀，质量（混合质量就是在混合过程中向着均匀方向进展的程度）是否达到预期的要求，混合终点的判断等，这些都涉及混合的效果。衡量混合效果的办法，随物料性状而不同。

1. 液体物料的混合效果　可以分析混合物不同部分的组成。其各部分的组成，与平均组成相差的悬殊情况，若悬殊小则混合效果好；反之，则效果差，需进一步混合或改进混合的方法及操作等。

2. 固体及塑性物料的混合效果　衡量其混合效果需从物料的分散程度和组成的均匀程度（混合物的结构）两方面来考虑。

（1）分散程度。经混合后原始物相互分散，不再像混合前那样同类物料完全聚集在一起。实践证明，各占一半的两种组分混合后，两种粒子间也难于形成极其均匀的相互间隔成为有序排列的情况[图 5-1-3（a）]，像图 5-1-3（b）和图 5-1-3（c）那样分布则是很可能的。

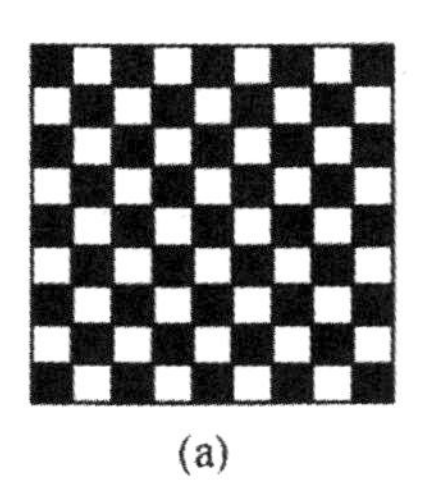
(a)

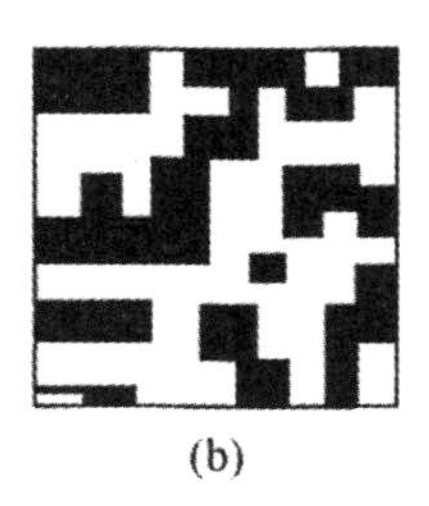
(b)

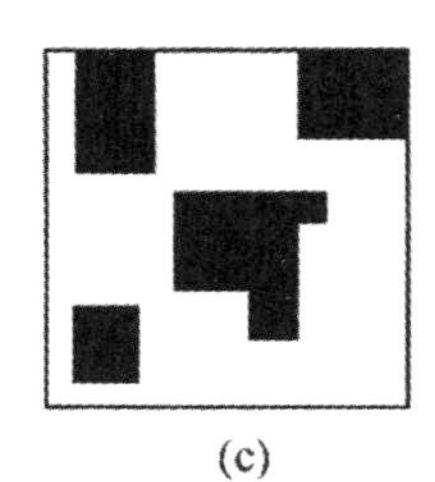
(c)

图 5-1-3　两组分固体粒子的混合情况

描述分散程度最简单的办法，是用相邻的同一组分之间的平均距离（条痕厚度 r）来衡量。假设一混合物在剪切作用之下，引起各组分混合时，得到规则条状或带状的混合物（图 5-1-4），其中 r 可以由混合物单位体积 V 内各组分的接触表面积 S 来计算：

$$r=\frac{V}{S/2}=\frac{2V}{S} \tag{5-1-1}$$

从式(5-1-1)可以看出，r 与 S 成反比，而与 V 成正比，亦即接触表面积 S 越大，则距离越短，分散程度越好；混合物单位体积 V 越小，距离越短，分散程度亦越好。因此，在混合过程中，不断减小粒子体积，增加接触面积，则分散程度越高。通常相邻的同一种组分间的平均距离可以用取样的办法，即同时取若干样品测定。

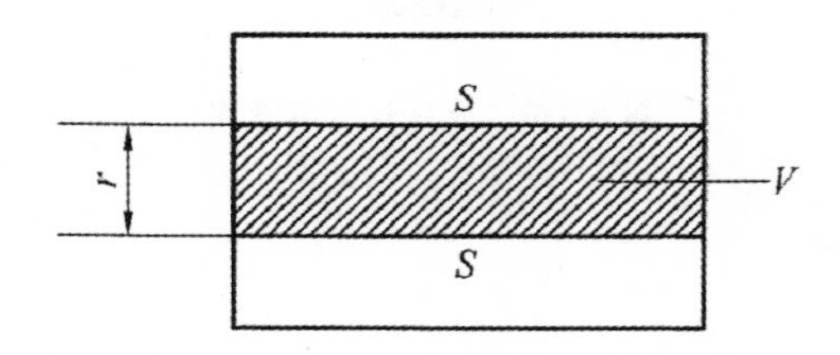

图 5-1-4　两组分混合时条痕厚度与接触面积

(2)均匀程度。均匀程度指混入物所占物料的比例与理论或总体比例的差别，但是相同比例的混合情况也十分复杂。如果从混合物中任意位置取样，分析结果（各组分的比例）与总体比例接近时，则该试样的混合均匀程度高。但取样点很少时，不足以反映全体物料的实际混合和分散情况，应从混合物各部分（不同位置）取多个试样进行分析，其组成的平均结果则具有统计性质，较能反映物料总的均匀程度，平均结果越接近总体比例，混合的均匀程度越高。一般混合组分的粒子越细，其表面积越大，越有利于得到较高的均匀分散程度。

混合均匀程度可用图 5-1-5 表示。

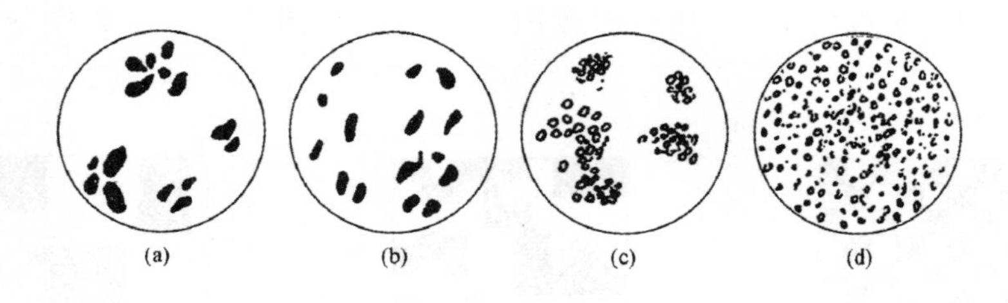

图 5-1-5　混合均匀程度示意图

从图 5-1-5 可以看出，不均匀性：(a)＞(b)＞(c)＞(d)；它们具有相同的组成，而排列不同，即混合均匀程度不同。然而影响混合均匀程度的因素很多，如树脂类型、添加剂的品种、细度和数量以及所要达到的均匀程度等，在这里不做详细讨论。

混合的不均匀性可用下式表示：

$$k_c = \frac{100}{c_0}\sqrt{\frac{\sum_1^i (c_i - c_0)^2 n_i}{n-1}} \tag{5-1-2}$$

式中：k_c为不均匀系数；c_i为试样中某一组分的浓度，%（质量）；c_0为同一组分在理想的均匀分散情况下的浓度，%（质量）；i为试样组数，$i=\frac{n}{n_i}$；n_i为每组中同一浓度c_i的试样数；n为取样次数。

k_c（%）可以由其中一个组分（通常以c_0最小组分）的质量百分数来定或分别对每一组分计算k_c而确定。

取样大小对k_c影响很大，试样的质量应取得较小（1 g左右），若要获得可靠的结果，则取样的数目应尽量多一些，工业上做生产控制时，取样数$n \geqslant 10$。应该指出，随着混合物质量的改善，k将减少但不会等于零，而趋向于某一恒定值，该值由统计规律决定。另外，经塑化后，混合物结构的均匀性也可以利用类似的办法，用结构的不均匀系数表示，这时式（5-1-2）中的c_i和c_0改用某种由混合物结构来决定的参数，例如弹性、流动性等代入同一式中进行计算。

在实际生产中，应视配制物料的种类和使用要求来掌握混合程度。工业上除凭经验判断混合过程外，有时也用力学性能或化学性能的变化来判断。无论采用何种方法，均需尽量做到以下三方面：

在混合过程中要尽量增大不同组分间的接触面，减少物料的平均厚度；各组分的交界面（接触面）应相当均匀地分布在被混合的物料中；使在混合物的任何部分，各组分的比例和整体的比例相同。

必须指出的是，上述混合理论是在理想情况下提出的，因而有一定的局限性；尽管如此，应用这些定性和半定量的概念和理论来指导混合过程还是有一定意义的。

三、混合体系的类型及特征

聚合物共混过程中按物料的状态，可以分为固体/固体混合、液体（熔体）/液体（熔体）混合和液体（熔体）/固体混合三种类型。

1. 固体/固体混合 固体聚合物或树脂与其他固体组分的混合属于这种类型。聚合物通常是粉状、粒状或片状，而添加剂通常也是粉状，如粉状PP与粉状碳酸钙（$CaCO_3$）共混。在聚合物加工中，固体/固体混合都先于熔体混合，也先于成型。这种混合通常为无规分布性混合。

固体间的混合机理为体积扩散，即对流混合机理。它通过塞流对物料进行体积重新排列，而不需要物料连续变形。这种重复的重新排列可以是无规的，也可以是有序的。在固体掺混机中的混合是无规的，在静态混合器中的混合则是有序的。

固体粒子的大小和分布对固体粒子的流动特性及分散过程都有影响。粒径越小，得到的混合物越密实。但是，同种固体的粒径越小，粒子之间越容易吸附而结块，因而不易混匀。固体粒子的分布越宽，粉料的装填性比分布窄的更密实，这是因为粒径小的粒子可以进入大粒子之间的间隙中去。故两种粒径分布宽的固体颗粒间难以混合均匀。例如，将颗粒状的 PE 或 PP 与粉末状的 $CaCO_3$ 混合，就难于混合均匀，而将粉末状 PVC 与 $CaCO_3$ 相混合，就易混匀。

固体粒子的密度对加工混合也有一定影响。如果将粒径相近但密度不同的固体相混合，不易混匀，易形成分离，特别是在重力作用对流动有主要影响的状况下。密度小的粉料难以混合，甚至难以加入混合机。

硬固体粒子与脆的固体粒子相混合时，易将后者弄碎，形成更小的粒子，这自然对分散混合有利。但太硬的固体粒子，如磁粉、石英砂、红泥填料等，会造成混合设备与它接触的表面严重磨损，降低设备使用寿命。

综上所述，为获得均匀的固状混合体，一定要考虑多方面的影响因素。

2. 液体/液体混合 液体/液体混合常遇到两种极端情况，一种是参与混合的液体是低黏度的小分子物质，另一种是参加混合的是高黏度的聚合物熔体。这两种情况的混合机理和动力学有很大不同，前一种的混合机理主要靠分子扩散机理和流体内产生的紊流扩散机理。所谓分子扩散是指由浓度（化学势能）梯度驱使自发地发生的一种混合过程，各组分的微粒（或分子）由浓度较大的区域迁移到浓度较小的区域，从而达到各处组分的均化。紊流扩散则为液体在外力搅拌或推动力作用下产生的涡流扩散现象。只要两种低黏度液体的相容性足够好，就可达分子级的混合均匀程度。后一种的混合为体积扩散，即对流混合机理。它是指流体质点、液滴由系统的一个空间位置向另一个空间位置的运动，或两种或多种组分在相互占有的空间内发生运动，以期达到各组分的均匀分布。聚合物熔体间的混合也称为层流对流混合，即通过层流而使物料变形、包裹、分散，最终达到混合均匀。若两聚合物熔体亲合性好，黏度相近，对流混合就容易，两相分散度高，均匀性好。若两聚合物熔体黏度相差较大，则两相的对流渗透较难进行，常出现软包硬的现象而难于分散开。液/液混合中要对物料施加剪切、拉伸和挤压（捏合）等力场，方可完成混合过程。

3. 固体/液体混合 固体/液体混合有两种形式，一种是将液态添加剂与固态聚合物掺混，如 PVC 粉料掺入增塑剂及填充剂的表面处理等；另一种是将固态添加剂混到熔融状态的聚合物中，而固态添加剂的熔点在混合温度以上。聚合物加工中的填充改性，聚合物熔体中加入固态填充剂属于这种混合。如果在固态聚合物与液体添加剂之间没有特定的内部反应，则混合由剪切机理进行。在剪切力场中，液体形成薄层，均匀分布在固体表面。但要注意当固体聚合物具有疏松结构时，易吸收大量的液体添加剂，若固体粒子与液体添加剂未均匀接触，混合程度就很难达到均匀。聚合物熔体与固态添加剂（填充补强剂）的混合借助于强烈的剪切和搅拌作用方可完成。混合过程经历湿润、分散、均化三步。湿润即指聚合物熔

体包容填充剂，形成掺有填充聚集体的较为密实的大胶团。分散即指在强力剪切作用下，混入聚合物熔体内的填料聚集体被搓碎，成为微小尺寸的细粒，并均匀分散到聚合物熔体中。均化即经机械搅拌掺混作用，使高度分散的填充聚合物熔体形成均匀的连续料流。聚合物熔体的黏度越小，对固体粒子的湿润性就越好，混入越容易，但不易分散开。聚合物熔体的黏度越高，混入固体粒子较难，但分散容易进行。因此，在混合过程中为满足这两种相互矛盾的要求，合理选择混炼工艺条件是非常重要的。

在聚合物加工中，液体和液体的混合、液体和固体的混合是最主要的混合形式，这也就是常提到的聚合物的共混和填充改性中的混合。

表 5-1-1 显示出按固体/固体混合、液体/液体混合和液体/固体混合进行分类，各组分的物理状态对混合过程难易程度的影响。

表 5-1-1　混合难易程度的比较

物料状态			混合的难易程度
主要组分	添加剂	混合物	
固态	固态	固态	易
固态(粗颗粒)	固态(细粒、粉)	固态	相当困难
固态	液态(黏)	固态	困难
固态	液态(稀)	固态	相当困难
固态	液态	液态	难易程度取决于固体组分粒子的大小
液态	固态	液态(黏)	易→相当困难
液态	液态	液态	相当困难→困难
液态(黏)	液态(黏)	液态	易→相当困难
液态	液态	液态	易

由表 5-1-1 看出，混合过程的难易程度与参与混合的各组分的物理状态和性质有关。

上述分类方法是相对的，实际上，在聚合物的混合加工过程中，参与混合的各组分的物理状态是在变化的。所以表中物料混合难易程度的比较，仅供参考。

第二节　混合与混炼设备

聚合物的共混过程是通过混合与混炼设备来完成的，共混物的混合质量指标、经济指标(产量及能耗等)及其他各项指标在很大程度上取决于共混设备的性能。鉴于混合物料的种类和性质各不相同，混合的质量指标也有不同，所以出现了各式各样的具有不同功能的混合与混炼设备。这些设备在结构、操作以及控制上皆有很大差异。只有正确了解各种不同混合设备的性能及结构特点，才能合理地选择和设计共混过程及工艺，并能对设备的改进提出建议。

混合与混炼设备根据操作方式，一般可分为间歇式和连续式两大类。间歇式混合设备的混合与混炼过程是不连续的。全过程主要有三个步骤，即投料、混合与混炼、卸料，此过程结束后，再重新投料、混合与混炼、卸料，如此周而复始。如捏合机、高速搅拌机、开炼机、密炼机等。连续式混合设备的混合操作是连续的，如挤出机和各种连续混合设备。

比较起来，间歇式混合设备的生产效率低。在间歇操作过程中，由于每次循环采用的控制条件可能不完全相同，而引起混合质量的不稳定。连续式混合设备的生产能力高，易于实现自动化控制，能量消耗低，混合质量稳定，降低操作人员的劳动强度，尤其是配备相应装置后，可连续地混合成型。所以混合设备由间歇式转向连续式是目前的发展趋势。

尽管连续式混合设备较间歇式混合设备有许多优点。但是，由于目前聚合物加工过程中的许多工序仍是间歇的，加之间歇式混合设备发展历史早，在操作中可随时调整混合工艺，特别是某些间歇式混合设备具有很高的混合强度，因而使用仍很广泛，而且目前间歇式混合设备在结构和控制上也还在不断改善。而连续式混合设备在加工制造上有的要比间歇式混合设备困难，同时在使用上还有一定局限，如对于大块物料还需切碎方可加入，所以目前连续式混合设备还不能完全取代间歇式混合设备。

本节介绍几种常用的间歇式混合、混炼机和连续式混合、混炼机的结构特点及工作原理。

一、初混合设备

这里所讲的初混合设备是指物料在非熔融状态下(粉料、粒料、液体添加剂)进行混合所用的设备。下面是几种常用的典型初混合设备。

1. 螺带混合机 螺带混合机是由螺带、混合室、驱动装置和机架组成，螺带即搅拌、推动物料运动的转子。常用的螺带混合机为双螺带混合机，有卧式和立式两种。图 5-2-1 是典型的卧式双螺带混合机。

其两根螺带的螺旋方向是相反的，当螺带转轴旋转时，两根螺带同时搅动物料上、下翻转。由于两根螺带外缘回转半径不同，对物料的搅动速度便不相同，显然有利于径向分布混合。与此同时，外螺带将物料从右端推向左端，而内螺带(外缘回转半径小的螺带)又将物料从左端推向右端，使物料形成了在混合室轴向的往复运动，产生了轴向的分布混合。双螺带混合机对物料的搅动作用较为强烈，因而除了具有分布作用外，还有部分分散作用，例如可使部分物料结块破碎。

立式螺带混合机一般是双轴双混合室的结构，如图 5-2-2 所示。

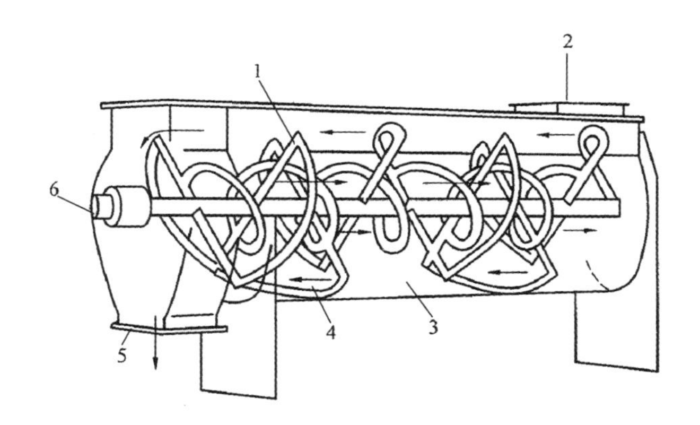

图 5-2-1　卧式双螺带混合机

1—螺带　2—进料口　3—混合室　4—物料流动方向　5—出料口　6—驱动轴

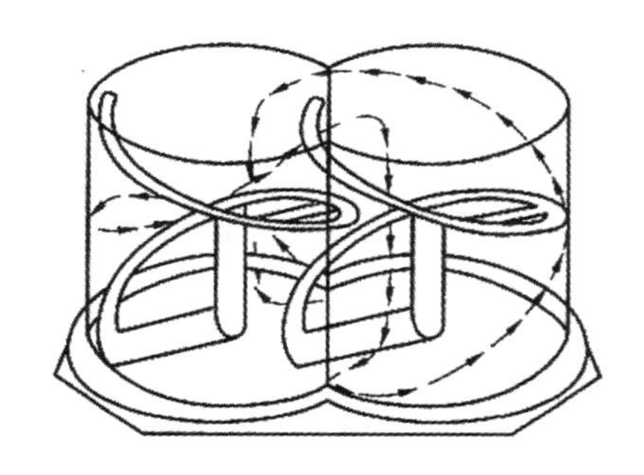

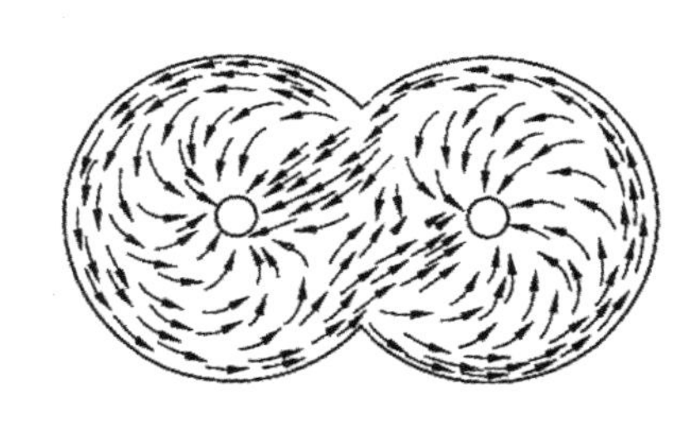

图 5-2-2　立式螺带混合机及其物料流态

立式螺带混合机的混合室是由两个有锥度的圆筒相交组成。螺带在混合室内竖直安放（它也有一定锥度），其外缘与混合室壁相接触，螺带的截面比卧式混合机的宽大。螺带由驱动轴带动旋转，旋转着的螺带将物料沿壁面向上提起，当物料到达中心位置时又落回底部，如此往复循环。同时，每个螺带拖带的物料又在混合锥筒相交处分别进入另一个混合锥筒，形成了在两个锥筒内的交错混合，即横流混合。因而立式双螺带混合机是有效的混合设备，它不仅用于干粉状或颗粒状物料的混合，也可用于润性物料的混合。

螺带混合机的混合室外部装有夹套，可通入蒸汽或冷水进行加热冷却。混合室上下都有口，用以装卸物料。

卧式螺带混合机的加料量取决于混合室的容积和螺带外缘最大高度。加料量应低于螺带外缘最大高度，加料容积应为混合室容积的 40%～70%。

螺带混合机适用于粒状或粉状塑料与添加剂的混合，也可用于固态粉料与少量液态添加剂的混合。如：粉料干混、塑料着色、PVC 配料、填充混合物的初混等。螺带混合机结构简单、操作维修方便、耗能较低，因而应用广泛。然而这类混合设备的混合强度一般较小，因而混合时间较长。此外当两种密度相差较大的物料相混时，密度大的物料易沉于底部，因此使用螺带混合机进行混合作业时，应当选择密度相近的物料。

2. Z 型捏合机 Z 型捏合机是广泛用于塑料和橡胶等高分子材料的混合设备。典型的 Z 型捏合机结构如图 5-2-3 所示。

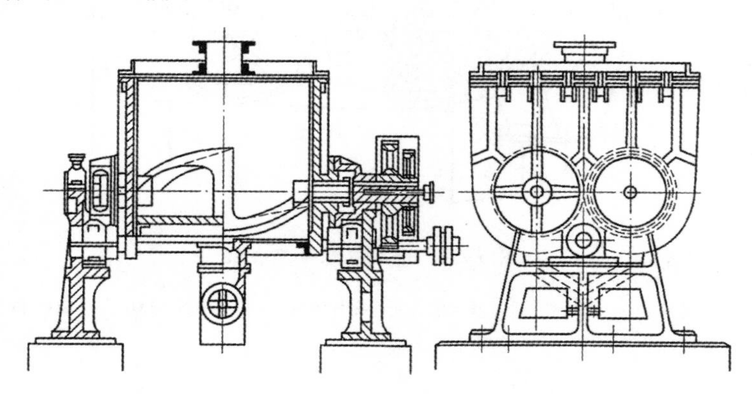

图 5-2-3 Z 型捏合机

Z 型捏合机主要由混合室、转子及驱动装置组成。混合室是一个具有鞍形底部的钢槽，上部有盖和加料口，下部一般设有排料口。钢槽呈夹套式，可通入加热冷却介质。有的高精度混合室还设有真空装置，可在混合过程中排出水分与挥发物。

捏合机的转子类型很多，常用的转子形状如“Z”形，故称为 Z 型转子。安装 Z 型转子的混合机称 Z 型捏合机。

转子在混合室内的安装形式有两种，一种为相切式安装，另一种为相交式安装。相切式安装时，转子可以同向旋转，也可异向旋转，转子间速比为 1.5∶1 或 2∶1 或 3∶1。相交式安装的转子因外缘运动轨迹线相交，只能同速旋转。相交式安装的转子外缘与混合室壁间隙很小，一般在 1 mm 左右。在这样小的间隙中物料将受到强烈剪切、挤压。这一作用一方面可增加混合(或捏合)效果，同时可以有效地除掉混合室壁上的滞料，有自洁作用。所以捏合机对于热塑性塑料的初混或 PVC 的配料是十分合适的。目前中等规模的配料大多使用这类捏合机。

对于转子相切式安装的捏合机，当转子旋转时，物料在两转子相切处受到强烈剪切。同向旋转的转子或速比较大的转子间的剪切力可能达到很大的数值。此外，转子外缘与混合室壁的间隙内，物料也受到强烈剪切。所以转子作相切式安装的 Z 型捏合机，主要有两个分散混合区域——转子之间的相切区域和转子外缘与混合室壁间的区域。除了分散混合作用外，转子旋转时对物料的搅动、翻转作用有效地促进了物料各组分间的分布混合，由于转子相切式安装具有上述特点，故此类捏合机特别适用于初始状态为片状、条状或块状物料的混合。

转子相交式安装的捏合机对物料的剪切作用发生在转子外缘与混合室壁间的小间隙内。对物料的分布混合也是由转子的搅动所致。由于转子外缘是相交的，因而可在相交区域促使两个转子所在部位的物料做交叉流动，故其分布混合作用比转子相切式安装更为强烈，搅动范围更大。转子相交式捏合机更适用于粉状、糊状或高黏度液态物料的混合。

Z型捏合机的排料方式有三种：第一种是在混合室底部设有排料口或排料门，打开排料门即可卸料；第二种是将混合室设计成为翻转式，排料时，上盖开启，混合室在丝杠作用下翻转一定的角度将料排出；第三种是用螺杆连续排料装置进行排料，其结构是在混合室底部装一根螺杆，混合过程中，螺杆连续旋转，一方面可促进轴向混合，另一方面可将物料由螺杆下部的排料口连续排出，排出的料又可连续地喂入另一加工系统或冷却混合系统，螺杆排料装置可缩短生产周期，操作也方便。

Z型捏合机广泛用于各类物料的混合。转子转速一般 10～35 r/min，小型捏合机取较高速度。驱动功率由转子结构形式和物料性质决定，一般可取 $10^4 \sim 3\times10^5$ W/m^3。对于设计良好的捏合机，可代替密炼机工作，但结构较密炼机简单得多。

3. 高速混合机 高速混合机是使用极为广泛的混合设备，可用于高分子材料的混合、配料、填料表面处理及共混材料的预混等，其主要适用于配制粉料。该机主要是由一个圆筒形的混合室和设在混合室内的搅拌装置组成，如图 5-2-4 所示。

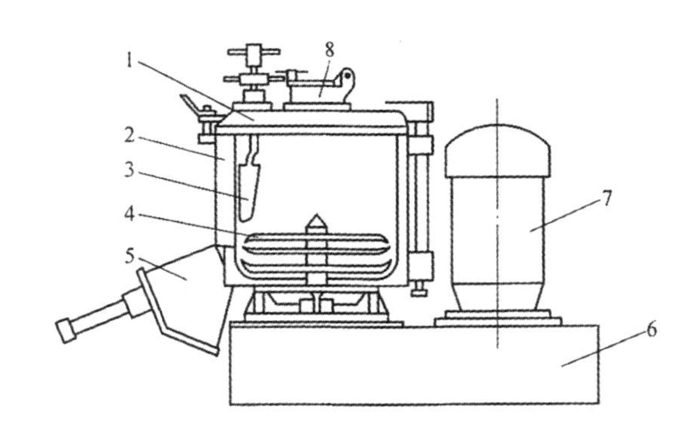

图 5-2-4 高速混合机

1—回转盖 2—容器 3—挡板 4—快转叶轮 5—出料口 6—机座 7—电动机 8—进料口

搅拌装置包括位于混合室下部的快转叶轮和可以垂直调整高度的挡板。叶轮根据需要不同可有 1～3 组，分别装置在同一转轴的不同高度上，每组叶轮的数目通常为两个。

叶轮的转速一般有快慢两挡，两者之速比为 2∶1，快速约为 860 r/min，但视具体情况不同还可以有变化。混合时物料受到高速搅拌，在离心力的作用下，由混合室底部沿侧壁上升，至一定高度时落下，然后再上升和落下，从而使物料颗粒之间产生较高的剪切作用和热量。因此，除具有混合均匀的效果外，还可使塑料温度上升而部分塑化。挡板的作用是使物料运动呈流化状，更有利于分散均匀。高速混合机是否外加热，视具体情况而定。用外加热时，加热介质可采用油或蒸汽。油浴升温较慢，但温度较稳定，蒸汽则相反，如通冷却水，还可用作冷却混合料。冷却时，叶轮转速应减至 150 r/min 左右。混合机的加料口在混合室顶部，进出料均有由压缩空气操纵的启闭装置。加料应在开动搅拌后进行，以保证安全。

高速混合机的混合效率较高，所用时间远比捏合机短，在一般情况下只需 8～10 min，因此，近年来有逐步取代捏合机的趋势，使用量增长很快。高速混合机的每次加料量为几十至上百千克。

近年来，国内塑料行业还从其他工业部门引用管道式的连续捏合机，可以提高生产率，同时更能保证混合料质量的均一，有利于实现生产的自动控制。

除了上述几类机械式的初混合设备外，近年来还有静电混合法的研究。就是使所需混合的两种粉料粒子带上相反的等量电荷，然后将两种粉料进行混合。由于不同粒子带有相反的电荷而互相吸引并中和掉所带电荷。从而使这两种粉粒的粒子能够间隔排列成为理想的“完全”混合物。显然这样的混合物可视为十分均匀，而不是上述各种方法所产生的无规分散，同时这种混合也保持了粒子原来的尺寸而不使其改变。因此，这种方法今后可能会有一定的发展。

二、混炼设备

将各种配合剂混入并均匀分散在塑料熔体中的过程叫塑化，其产物常称为塑化料。塑化料的质量直接影响制品的成型加工性能和质量，因此制取上述的高分子混合物是高聚物加工的重要工艺过程之一。完成上述混炼过程的机械设备称为混炼设备。本节主要介绍间歇式混炼设备（开炼机、密炼机）和连续式混炼设备（螺杆挤出机）的结构、工作原理及应用特点。

1. 开炼机　开炼机又称为开放式炼胶机和开放式炼塑机，最早应用于橡胶加工中。它是通过两个相对旋转的辊筒对塑料进行挤压和剪切作用的设备，塑炼机的发展已有 100 多年的历史，它的结构简单，加工适应性强，使用也很方便。可是，开炼机存在着劳动条件差，劳动强度大，能量利用不尽合理，物料易发生氧化等缺点，它的一部分工作已由密炼机所代替，但由于开炼机具有其自身的特点，至今仍得到广泛应用。

随着橡胶和塑料工业的不断发展，开炼机的结构和性能有了很大改进，其发展动向是提高机械自动化水平，改善劳动条件，提高生产效率，缩小机台占地面积，完善附属装置和延长使用寿命等方面。近年来，由于开炼机从结构上做了进一步的改进，使其在技术上达到了一个新的水平。

(1)结构简介。各种类型开炼机的基本结构是大同小异的,它主要由两个辊筒、辊筒轴承、机架、横梁、传动装置、辊距调整装置、润滑装置、加热或冷却装置、紧急停车装置、制动装置和机座等组成。开炼机的一种常见结构如图 5-2-5 所示。

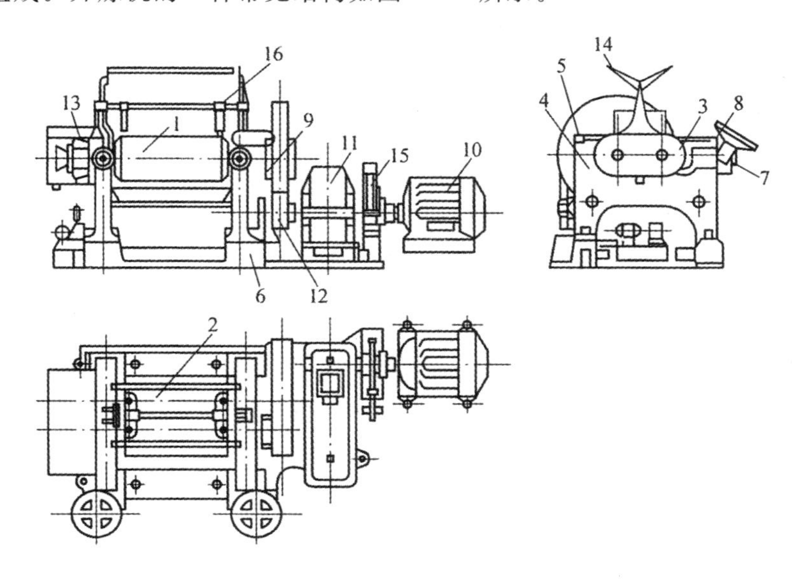

图 5-2-5　标准式开炼机

1—前辊筒　2—后辊筒　3—辊筒轴承　4—机架　5—横梁　6—机座　7—调距装置
8—手轮　9—大驱动齿轮　10—电动机　11—减速器　12—小驱动齿轮　13—速比齿轮
14—安全杆　15—电磁抱闸　16—挡板

其两个辊筒 1 和 2 平行放置并相对回转,辊筒为中空结构,内部可通入介质加热或冷却。在机架 4 上,机架与横梁 5 用螺栓固定连接,组成一个力的封闭系统,承受工作时的全部载荷,机架下端用螺栓固定在机座 6 上,组成一个机器整体,安装在机架 4 上的调距装置 7,通过调距螺杆与前辊筒轴承连接,当转动手轮 8 时,可进行两辊筒之间的辊距调整,后辊筒一端装有大驱动齿轮 9,由电动机 10 通过减速器 11 带动小驱动齿轮 12 将动力传到大驱动齿轮 9 上,使后辊筒转动,后辊筒另一端装有速比齿轮 13,它与前辊筒上的速比齿轮啮合,使前、后辊筒 1 和 2 同时以不同线速度相对回转。为调整混炼过程辊筒的温度,由冷却系统或加热系统通过辊筒内腔提供冷却介质或加热介质。如出现紧急情况,可拉动开炼机上端的安全杆 14,开炼机便自动切断电源,并通过电磁抱闸 15 使开炼机紧急刹车。为了防止物料从辊筒两端之间挤入辊筒轴承部位,装有挡板 16。

(2)用途与类型。开炼机按其工艺用途分类,大致分为 10 多种,见表 5-2-1。

表 5-2-1 开炼机类型

类型	辊面形状	主要用途	类型	辊面形状	主要用途
混(塑)炼机	光滑	橡胶塑炼、混炼、塑料塑化	精炼机	腰鼓形	除去再生胶中硬杂质
压片机	光滑	压片、供料	再生胶混炼机	光滑	再生胶粉的提炼
热炼机	光滑或沟纹	胶料预热、供料	烟胶片压片机	沟纹	烟胶片压片
破胶机	沟纹	破碎天然胶块	绉片压片机	光滑或沟纹	绉片压片
洗胶机	沟纹	除去生胶或废胶中杂质	实验用炼胶机	光滑	各种小量胶料实验
粉碎机	沟纹	废胶块的破碎			

(3)规格表示和技术特征。开炼机的规格,国家标准用“前辊筒工作部分直径×后辊筒工作部分直径×辊筒工作部分长度”来表示,单位是 mm。

各开炼机生产厂开炼机规格的表示方法是在辊筒直径数字前冠以汉语拼音符号,表示机台的用途。如 XK-450,其中“X”表示橡胶用,“K”表示开炼机,450 表示辊筒工作部分直径为 450 mm;SK-450 表示辊筒直径为 450 mm 的开放式炼塑机(“S”表示塑料用)。

西方国家和日本生产的开炼机,多用英制单位表示,其单位是“英寸”。

(4)工作原理。开炼机工作时,两个辊筒以不同的表面速度相对旋转。堆放在辊筒上的物料,由于与辊筒表面的摩擦和黏附作用,以及物料之间的粘接作用,被拉入两辊筒之间的间隙之内。这时,在辊隙内的物料受到强烈的挤压与剪切,使物料在辊隙内形成楔形断面的料片,如图 5-2-6 所示。

从辊隙中排出的料片,由于两个辊筒表面速度和温度的差异而包覆在一个辊筒上,重新返回两辊间,同时物料受到剪切,产生热量或受到加热辊筒的作用渐渐趋于熔融或软化,这样多次往复,直至达到预期的塑化和混合状态。

根据流体力学的分析,开炼机在工作过程中,物料的流线分布如图 5-2-7 所示。

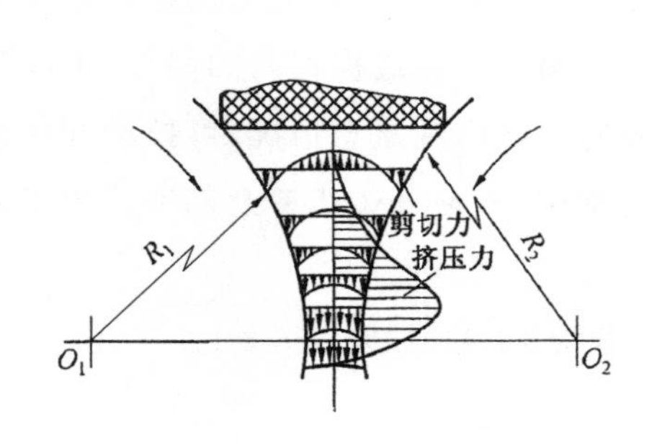

图 5-2-6 物料在辊筒中的受力分布

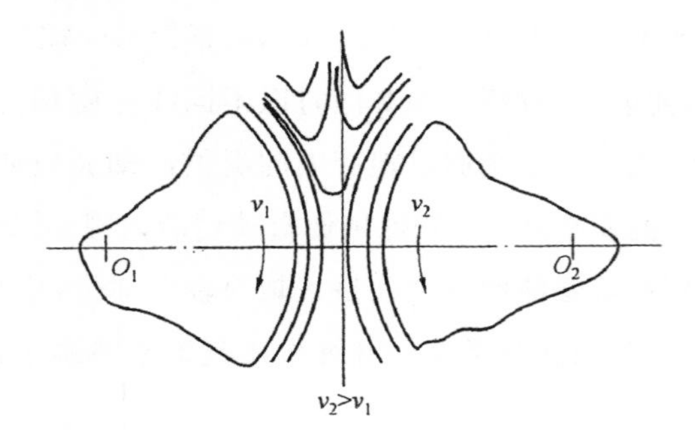

图 5-2-7 辊筒间的物料回流区

靠近辊筒处物料的流线与辊筒转动面同轴，存在一个回流区域，形成两个封闭的回流线。因此，在开炼机操作过程中，采用翻捣和切割料片的方法，促使物料沿辊筒轴线移动，不断破坏封闭回流，加速物料的混炼、塑化作用，这是开炼机的基本操作方法。

另外，开炼机正常操作时，当物料包覆前辊后，两辊间隙上方还有一定数量的物料堆积。随着两辊筒的旋转，这些堆积的物料不断进入辊隙，如此不断更新两辊上方的堆积物料。若堆积物料过多，堆积的物料便不能被引入隙缝，只能在原处抖动，这一现象不仅使物料混炼周期加长，而且同一批物料不能经受相同的混炼历程而影响物料的均匀性。若堆积物料太少，则会引起操作过程的不稳定性。所以，确定两辊筒间隙上方适宜的积料量是很重要的。为此，需引入物料与辊筒的接触角的概念来讨论物料进入辊隙的条件。

所谓接触角，即物料在辊筒上接触点 a 与辊筒断面圆心连线 O_2a 和两辊筒断面中心线连线 O_1O_2 的交角，以 α 表示，如图 5-2-8 所示。

物料能否进入辊隙，取决于物料与辊筒的摩擦因数和接触角的大小。在接触点上方的物料不能进入辊隙，在接触点以下的物料能被拉入辊隙中。

从受力分析的角度来看，当两辊相对回转时，物料对辊筒产生径向作用力，于是辊筒对物料也产生一个大小相等、方向相反的径向反作用力 F_Q（正压力）。又由于辊筒相对回转，辊筒表面与物料接触，辊筒对物料产生切向力 F_T（摩擦力）。径向反作用力 F_Q 又分解为分力 $F_{Q,x}$ 与 $F_{Q,y}$；切向力 F_T 又分解为分力 $F_{T,x}$ 与 $F_{T,y}$。从图 5-2-8 中可见，水平分力 $F_{Q,x}$、$F_{T,x}$。对物料产生挤压作用，称为挤压力；垂直分力 $F_{Q,y}$ 阻止物料进入辊隙，而垂直分力 $F_{T,y}$ 则把物料拉入辊隙中。为保证物料能够被拉入辊隙中去，就必须使 $F_{T,x}>F_{Q,y}$ 否则，物料只能在辊筒间隙上方抖动，不能进入辊隙，达不到混炼目的。

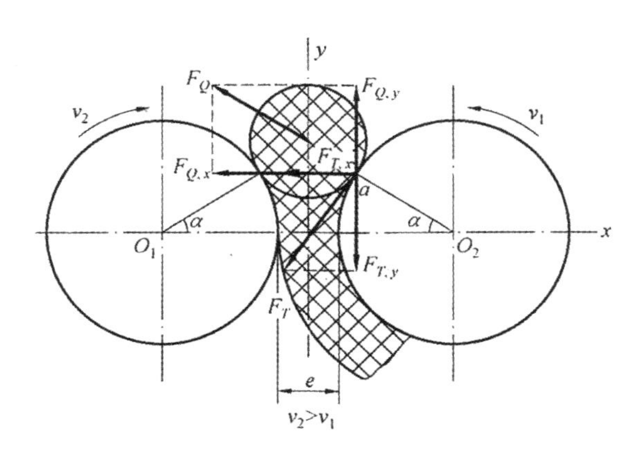

图 5-2-8 物料在辊隙处的受力

切向力(摩擦力)F_T为

$$F_T = F_Q \cdot \mu \tag{5-2-1}$$

式中:F_Q为物料对辊筒表面的正压力;μ为物料对辊筒的摩擦因数。

因
$$\mu = \tan\beta \tag{5-2-2}$$

故
$$F_T = F_Q \cdot \tan\beta \tag{5-2-3}$$

式中:β为摩擦角。

如此有切向分力 $F_{T,y}$为

$$F_{T,y} = F_Q \cdot \tan\beta \cdot \cos\alpha \tag{5-2-4}$$

垂直分力 $F_{Q,y}$为

$$F_{Q,y} = F_Q \cdot \sin\alpha \tag{5-2-5}$$

为使开炼机正常操作,必须使 $F_{T,y} \geqslant F_{Q,y}$,即

$$F_Q \cdot \tan\beta \cdot \cos\alpha \geqslant F_Q \cdot \sin\alpha$$

$$\tan\beta \geqslant \tan\alpha$$

也即
$$\beta \geqslant \alpha$$

所以,只有当物料与辊筒的接触角 α 小于或等于摩擦角 β 时,物料才能被拉入辊隙中去,从而保证开炼机的正常操作。由此可见,开炼机的容量受接触角和物料堆积量大小的限制。

另外,开炼机两辊筒的速度一般是不相同的,两者具有一定的速比。设快速辊筒表面线速度为 v_1,慢速辊筒表面线速度为 v_2,则两辊筒的速比 f 为

$$f = \frac{v_1}{v_2} \tag{5-2-6}$$

若辊隙间距为 e,则辊隙内的平均速度梯度 $\bar{\dot{y}}$ 为

$$\bar{\dot{y}} = \frac{v_1 - v_2}{e} = \frac{v_2}{e}(f-1) \tag{5-2-7}$$

速度梯度随辊筒速比的增大和辊距的减小而增大。速度梯度越大,物料的剪切变形越大,因而辊筒间的速度梯度是物料在辊隙处得到挤压和剪切的重要条件。辊筒对物料的剪切塑化效果,主要取决于辊筒的速比和辊距 e 的大小。

开炼机的辊筒温度也是一个重要的操作参数。辊筒温度的选定与被混合物料的性质和混合的目的有关。一般加工热塑性塑料时,辊筒温度常在 100℃以上,所以辊筒需安装加热装置,也称为热开炼机。而塑炼或混炼橡胶时,辊筒温度常常不能超过 70℃,故辊筒需设计为中空或钻孔结构,以便通入冷水冷却。

2. 密炼机 密炼机是在开炼机基础上发展起来的一种高强度间歇混合设备。其特点为混炼是密闭的,因而工作密封性好,混合过程中物料不会外泄,可减少混合物中添

加剂的氧化或挥发。

混炼室的密闭有效地改善了工作环境，降低了劳动强度，缩短了生产周期，并为自动控制技术的应用创造了条件。

(1)基本结构与传动形式。密炼机的结构形式较多，但主要由五个部分和五个系统组成。

五个部分是：密炼室、转子及密封装置；加料及压料机构；卸料机构；传动装置；机座。

五个系统是：加热冷却系统；气动控制系统；液压传动系统；润滑系统；电控系统。

现以图 5-2-9 所示的 XM-250/40 型椭圆形转子密炼机的结构为例，叙述密炼机的基本结构。

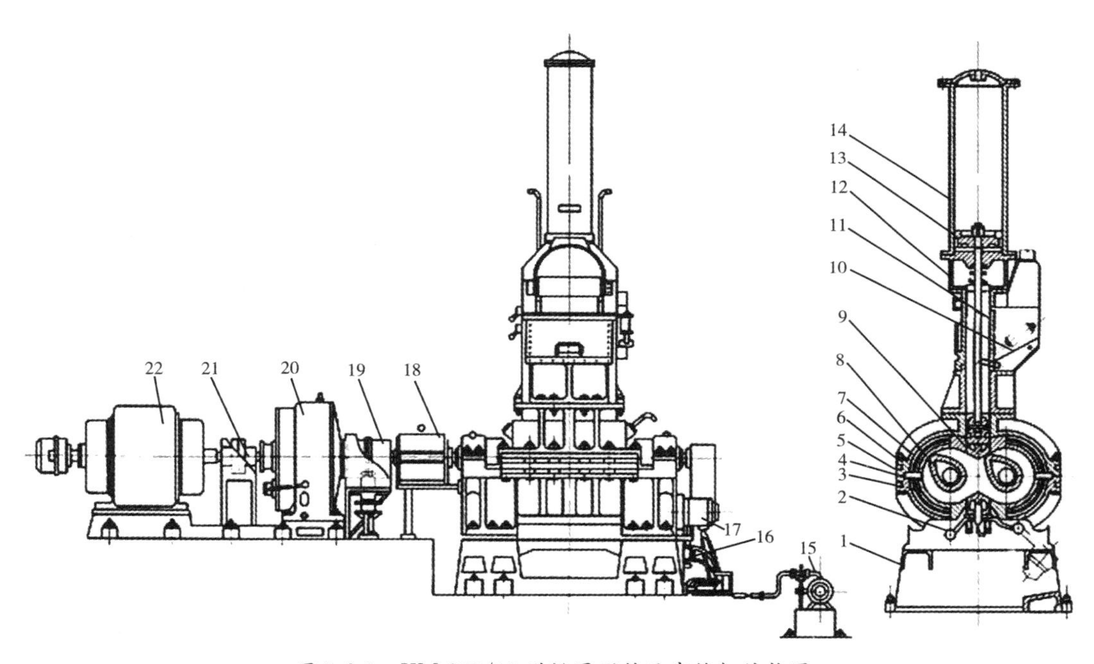

图 5-2-9 XM-250/40 型椭圆形转子密炼机结构图

1—底座 2—卸料门锁紧装置 3—卸料装置 4—下机体 5—下密炼室 6—上机体 7—上密炼室 8—转子 9—压料装置 10—加料装置 11—翻板门 12—填料箱 13—活塞 14—气缸 15—双联叶片泵 16—管子 17—旋转油缸 18—速比齿轮 19—联轴节 20—变速箱 21—联轴节 22—电动机

密炼室、转子及密封装置主要由上下机体 6、4，上下两半密炼室 7、5，两个椭圆形转子 8，密封装置等组成。上下密炼室外圆弧面与上下机体构成一空腔，可通入冷却水或蒸汽。转子两端用双列锥滚动轴承，安装在上下机体的轴承座中。为了防止混炼时粉料及物料向外溢出，转子两轴端设有反螺纹与端面接触式自动密封装置。

加料及压料机构由加料装置10和压料装置9组成。加料装置10主要由斗形加料口和翻板门11所组成，翻板门的启闭由气缸驱动。压料装置9主要由上顶栓和上顶栓升降气缸14组成。各种物料从加料装置加入后，由上顶栓将物料压入密炼室中，给物料以一定的压力，使物料混炼过程得以强化。在加料口上方，安装有吸尘罩，防止粉尘飞扬，以保证良好的卫生环境。

卸料机构是位于密炼室下部，由卸料装置3和卸料门紧锁装置2组成。卸料装置主要部件为下顶栓卸料门和旋转轴。旋转轴由旋转油缸17带动，下顶栓卸料门旋转开启后，能使物料迅速排尽。下顶栓内腔可通入冷却水或蒸汽。

传动装置由电动机22，弹性联轴节19，减速器20和齿轮联轴节21等组成。机座1供安装密炼室及转子、加料压料机构、卸料机构等之用。

加热冷却系统主要由管道、阀门组成。在操作时可通入冷却水或蒸汽，冷却加热密炼机的上、下顶栓与密炼机室和转子，使密炼机正常工作。

液压系统主要由一个双联叶片泵15、油箱、阀板、冷却器及管道16组成。它给卸料机构提供动力。

气动控制系统由空气压缩机、气阀、管道组成。它主要给加料压料机构提供动力。

为减少旋转轴、轴承、密封装置等各个转动部分的摩擦，增加其使用寿命，设置了润滑系统。润滑系统主要由油泵、分油器、管道等组成。

电控系统是全机的操作控制中心，主要由电控箱、操作台和各种电气仪表组成。

(2)用途与分类。在塑料加工工业中，密炼机主要用于各种树脂与稳定剂、增塑剂、着色剂等各种配合剂的混炼、塑化，使其达到所要求的分散度，并具有良好的塑性，以获得各种性质不同的塑化料。

密炼机可以按不同分类方法进行分类，一般可分成下列几种。

①按机器工作方式分为：间歇式和连续式密炼机。

②按密炼室结构分为：整体翻转式、前后组合式和上下对开式三种密炼机。

③按转子的转速分为：慢速密炼机（转子转速在20 r/min以下）、中速密炼机（转子转速在30 r/min左右）和快速密炼机（转子转速在40 r/min以上），还有双速、变速密炼机等。

④按卸料方向分为：侧面卸料和下面卸料密炼机，按卸料门结构分有滑动式和摆动下落式。

⑤按转子横截面几何形状分为：三角形、圆筒形和椭圆形转子（两个棱或四个棱）密炼机。而按两转子配合工作的方式分又有相切型转子和啮合型转子密转机。

⑥按上顶栓对被加工物料施加压力大小分为：低压、高压和变压等三种类型密炼机。

(3)规格与技术特征。密炼机规格型号的表示一般以它的工作容量和转子的转速来表示。我国密炼机系列标准规定的表示法如图 5-2-10 所示。

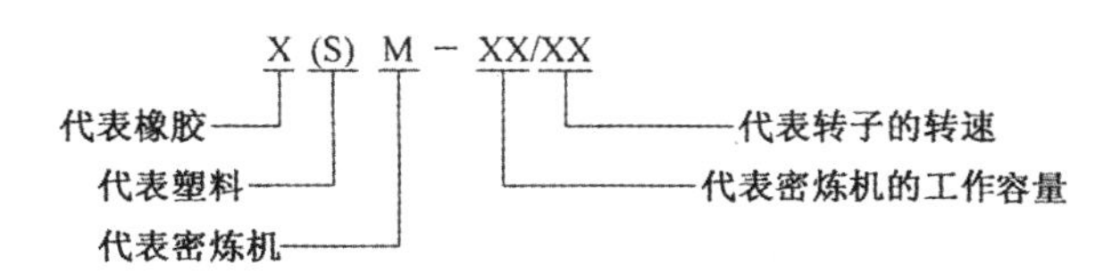

图 5-2-10　我国炼机规格型号表示

例如,XM-250/40,其中 X 表示橡胶;M 表示密炼机;"250"表示密炼机的密炼室总容积为 250 L;"40"表示转子的转速为 40 r/min。

国外生产的几种常用的密炼机标准型号有美国的 F 系列密炼机,德国 GK 型密炼机,英国 K 型密炼机和三角形转子密炼机等。

三、连续混炼机——螺杆挤出机

螺杆挤出机是聚合物加工中应用最广泛的设备之一。常用的螺杆挤出机分为两类,一类为单螺杆挤出机,另一类为双螺杆挤出机。常规单螺杆挤出机的剪切混合效果有限,因此主要被用来挤出造粒,成型板、管、丝、膜、中空制品、异型材等。只有少数单螺杆挤出机可作为某些简单共混体系的连续混炼设备。双螺杆挤出机是随聚合物共混、填充、增强改性工艺的快速发展而出现的兼有连续混炼和挤出成型双重作用的新型加工设备,其剪切、混合、塑化能力强,挤出物料的分散均匀度高,质量稳定性好,所以目前是广泛用于高填充体系及加工反应成型体系的理想设备。

近年来,为了提高混合效果和生产效率,在螺杆挤出机的基础上,相继发展了其他类型的连续混炼机,如双阶挤出机、行星螺杆挤出机、传递式混炼挤出机、FCM 混炼机、FMVX 混炼挤出机等。

上述各类混合机在设计思路上都有独到之处,在工作原理上注重将混合理论应用于实际的混合过程,混合效果好。这些混合机已在国内外问世多年,受到了聚合物加工业的普遍欢迎。

1. 双阶挤出机　为了提高螺杆挤出机的塑化混合效果和挤出生产量,人们提出了双阶挤出的概念,把一台挤出机的各功能区分开来,设置成两台挤出机,而两台挤出机是一个整体,串联在一起完成整个混合挤出过程。第一台挤出机被称为第一阶,第二台挤出机被称为第二阶。第一阶可以是单螺杆挤出机,也可以是双螺杆挤出机或其他类型的挤出机。第二阶可以是单螺杆挤出机或双螺杆挤出机。两阶挤出机的相接排列可以是平行的,也可以成 L 形。图 5-2-11 表示为由两台单螺杆挤出机组成的双阶挤出机。

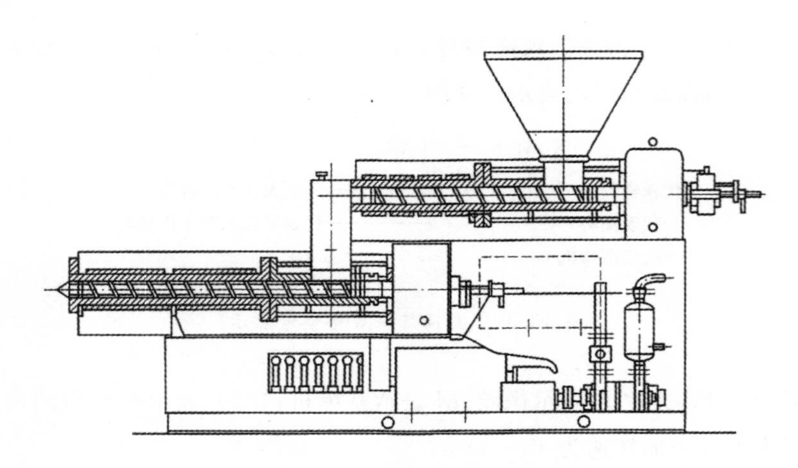

图 5-2-11　用于加工 PVC 的由单螺杆组成的双阶挤出机

预混过的物料经计量加料装置加到第一阶螺杆挤出机中，物料在螺杆中进行部分塑化，各组分得以均化和分散。第一阶挤出机的末端与第二阶挤出机的进料口相连，已塑化或半塑化的物料借助重力落入第二阶单螺杆挤出机的加料口。物料由第一阶挤出机落入第二阶挤出机的过程中，在大气或真空压力下进行排气。这种排气方式的效果要比单阶排气挤出机的效果好，因为排气面积及物料的表面更新要大得多。物料在第二阶挤出机中进一步补充压缩、混炼、均化。物料塑化完毕后，定压、定温、定量地通过造粒机头，经切力切成粒子。

若第一阶挤出机为双螺杆挤出机，如 kombiplast(KP)型双阶挤出机，混炼效果及挤出机的可调性和适应性更强。

双阶挤出机有以下优点：

(1)动力消耗分配比较合理，有效地利用了能量；

(2)在第一阶挤出机中出现的塑化、混合不均匀现象，在物料进入第二阶时可补充捏炼；

(3)排气效果比较好，主要是由于在两阶之间进行排气的结果；

(4)物料在一次完整操作中生产出最终的产品；

(5)两阶挤出机螺杆的长径比一般较短，给机械加工提供了方便。

当然，这种挤出机的操作要复杂一些，例如，两阶挤出机的转数不能任意给定，其间有一定的配合关系。若第一阶挤出机的挤出量波动，会引起口模成型不良。挤出机的转数低，物料在挤出机中停留时间长而导致剪切生热大，引起物料过热。

2. 行星螺杆挤出机　行星螺杆挤出机是一种应用越来越广泛的混炼机械，尤其适于 RPVC 的加工。

这种挤出机的设计思路是把行星齿轮传动的概念移植到挤出机中。它的结构特点是：挤压系统分两段，第一段为常规螺杆(螺杆直径等于机筒内径)，第二段为行星螺杆段。行星螺杆段犹如行星轮系，由多根螺杆组成。各螺杆的螺纹断面为渐开线形，螺旋角为 45°，状如

螺旋齿轮。中心螺杆叫作主螺杆。在主螺杆周围安置着与之啮合的若干根（7～18 根不等，由挤出机螺杆直径大小决定，也取决于使用目的）小直径的螺杆，这些小螺杆同时与机筒内壁加工出的内螺纹（渐开线螺纹，螺旋角 45°）相啮合（图 5-2-12）。

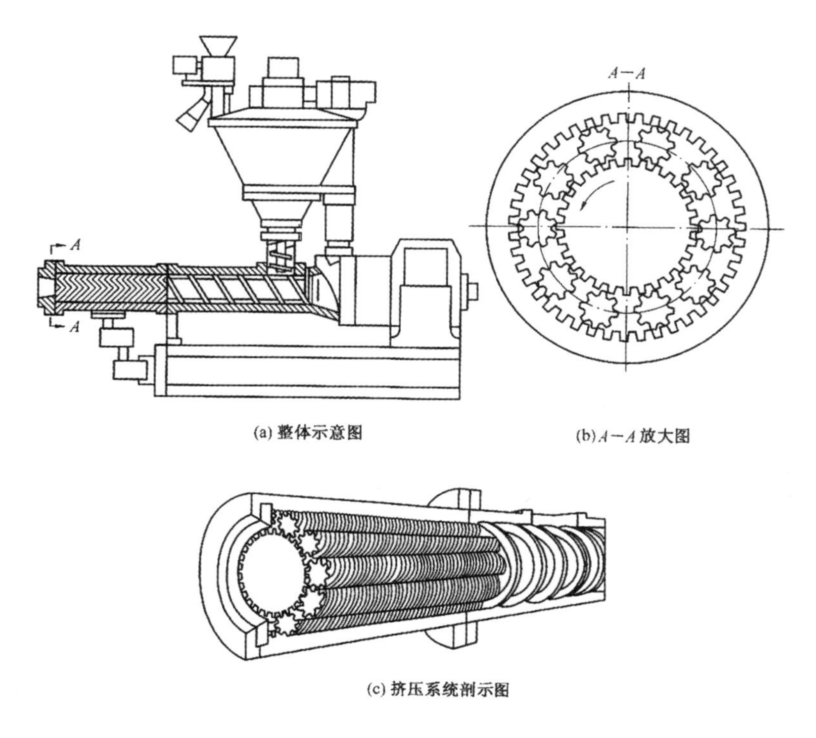

(a) 整体示意图

(b) A—A 放大图

(c) 挤压系统剖示图

图 5-2-12　行星螺杆挤出机

小螺杆除自转外，还绕主螺杆做公转，故叫行星螺杆。挤出机设置的这段行星段的长径比一般为 5。主螺杆旋转时，行星螺杆被带动，其运动与行星轮系相似。行星螺杆实际上是浮动的，为防止它沿轴向脱去，在口模处设置了止动环。主螺杆和带有内齿的机筒都设有液体冷却加热温控系统。行星螺杆挤出机一般设有强制加料系统，至于其辅机，视用途而异。

共混料，如聚氯乙烯粉料经干预混机预混后加入行星螺杆挤出机强制加料装置（加入之前要经金属探测器把金属夹杂物去除，以保护行星螺杆和机筒），在加料器中，松散粉料得到压缩，在进入挤出机加料段后形成稳定的加料压力。由于摩擦，物料被预热：当物料进入行星段后，在主螺杆、行星螺杆、机筒啮合齿的作用下，物料被辊压成薄片。由于螺旋角 45°，故被向前输送。在输送过程中，物料在由加热装置传来的热量和因承受挤压、捏合及齿面之间的相对滑动而形成的剪切产生的热量作用下很快塑化。在建立起的熔体压力作用下，已塑化的物料经口模而被挤出。如果是造粒，口模端有切粒机将条状挤出物切成粒子。如果是给压延机喂料或给第二阶单螺杆挤出机供料，则不装机头，塑化后挤出的聚氯乙烯物料如同咀嚼过的甘蔗状。挤出时,可以通过更换止动环调节物料出口处的流通面积来控制熔体压力和停留时间,进而控制塑化及混合质量。如果物料中加有添加剂,在挤出过程中,也会被均匀分散到树脂中。

与常规单螺杆挤出机相比,行星螺杆挤出机有以下特点:

(1)流道无死点,具有良好的自洁作用(啮合齿相互把齿间物料挤压出去),因而不存在因物料滞留而分解,这对 RPVC 尤为重要。

(2)在行星段,中心螺杆和机筒都用循环油来进行加热以控制温度,这与相同螺杆直径的单螺杆挤出机相比,物料与螺杆和机筒的热交换面积几乎大了 5 倍,这非常有利于热传导,对于这种主要靠热传导熔融塑化物料而不是靠剪切产生的热量来熔融塑化物料的机器来说是至关重要的。另外,当物料通过啮合的齿侧间隙时,形成 0.2～0.4 mm 的薄层,而且其表面不断更新,这也非常有利于塑化熔融。

(3)这种挤出机塑化效率高的另一个主要原因是全部啮合螺杆的总啮合次数非常高,最高可达 300 000 次/min(图 5-2-12)。这种作用与螺杆转数成正比。这就大大增加了物料的捏合、挤压、剪切和搅拌次数,因而增加了塑化效率。

(4)关于物料在行星段的流动,当物料由加料段进入行星段后,在主螺杆齿和行星螺杆齿间隙中,物料的流动情况犹如开炼机两辊筒间形成的滚动料垅。物料被成 45°螺旋角的齿拖曳挤压着而形成一定的压力,该压力在行星段的末端达到最大值。物料还在滚动料垅内形成一种涡旋,这有利于横向混合。

(5)比能耗低。同样用来加工 RPVC,单螺杆挤出机的比能耗为 6 612 kJ/kg,异向旋转双单螺杆挤出机比能耗为 432 kJ/kg,而行星螺杆挤出机的比能耗仅为 288 kJ/kg。

(6)物料停留时间短。在相同挤出量下,它比普通单螺杆挤出机(挤出量为 100 kg/h 时为 40～70 s)、双螺杆挤出机(挤出量为 100 kg/h 时为 30～60 s)都短(挤出量为 100 kg/h 仅为 20～40 s)。因而避免了物料因停留时间过长而分解。

(7)产量高。由于上述特点,行星螺杆挤出机特别适合于加工聚氯乙烯,广泛应用于压延机喂料工序。若在行星段后再加一螺杆段,便可用来挤出制品或造粒。

四、FCM 混炼机

间歇混炼机中的密炼机是一种混合性能优异的混炼设备,但它工作不连续是一大缺点。为了使其转变为连续工作,又保持密炼机的优异混合性能,人们研制出了 FCM(Farrel Continuous Mixer,Farrel 为美国一公司名)。

FCM 的外形很像双螺杆挤出机,但喂料、混炼和卸料方法与挤出机不同。图 5-2-13 为 FCM 的转子和结构示意图。

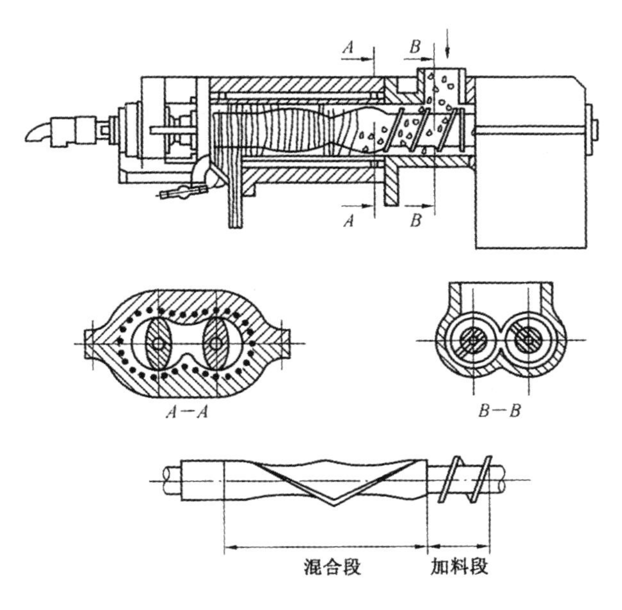

图 5-2-13 FCM 转子及结构图

FCM 有两根相切并排着的转子。转子的工作部分主要由加料段、混炼段和出料段组成。两根转子做相向运动，但速度不同。加料段很像异向旋转相切型双螺杆挤出机，在分开的机筒孔中回转。混炼段的形状很像密炼机转子，它有两段螺纹。混炼段之后是排料段(也称泵送段)，在较早的设计中，该段是圆柱体加一个可调间隙的孔(物料以块状排出)，而近代设计中的排料段为螺纹段。混炼段有两段螺纹，与加料段相接的螺纹和与排料段相接的螺纹方向相反。前者把物料推向排料段，而后者则迫使物料向回运动，与前进的物料相对抗。

物料通过速率可控计量装置加入加料段，然后在螺纹的输送下输送到混炼段。在混炼段，混合料受到捏合、辊压(如同在密炼机中经受的那样)，发生彻底混合，在两段相反方向螺纹的作用下，最终迫使物料移动到排料段，经可调间隙的排料孔排出去。图 5-2-14 表明了物料在 FCM 中的混炼历程。

FCM 的排料量是由加料速度决定的，而加料量是可调的，以此来调节物料在混炼段内的停留时间和产量。转子可在饥饿状态下工作，也可在充满料的状态下工作。其可控工作变量有转子的速度和背压、温度、排料口的开度和排料螺杆速度、加料速度(背压用排料挤出机控制，温度靠将蒸汽、水通入腔室夹套和中空转子来控制、调节)。排料温度随转子速度的增加而增加，随排料口开度的增大而下降。总的输入功率随生产率(加料量)、转子速度的增加而增加，随排料口开度的减少而增加，但随生产率的增加或排料口开度的增加而下降。

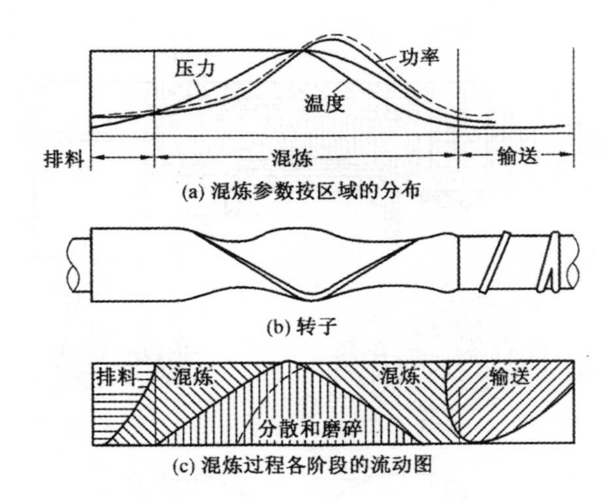

图 5-2-14　FCM 型混炼机混炼历程

由于 FCM 的可控变量多，故其适用性较好，可在很宽的范围内完成混合任务，用来对填充聚合物、未填充聚合物、增塑聚合物、未增塑聚合物、热塑性塑料、橡胶掺混料、母料等进行混合，也可用于含有挥发物的聚烯烃或合成橡胶的混合。其主要缺点是不能自洁，清理麻烦而困难。

五、FMVX 混炼机组

目前人们为了提高混炼物料的质量及质量稳定性，并能形成连续化操作，相继生产出了将间歇混炼机与连续混炼机结合起来形成“串联”流程的混炼机组。如美国 Farrel 公司在一个机架上，把一台 FCM 安装在一台可以热进料的单螺杆挤出机上，形成所谓紧凑型连续配料混炼机。它实为由 FCM 和单螺杆挤出机组成的双阶挤出机。其最大好处是将混炼和挤出功能各自分开，连续操作，因而对各种工艺的适应性强。

Farrel 公司生产的另一混炼机组为将密炼机与单螺杆挤出机串联起来，称为 FMVX (Farrel Mixing、Venting and Extruding)，如图 5-2-15 所示。

该机由三部分组成：连续喂料系统；异向旋转双转子密炼机，带有上顶栓；单螺杆挤出机。

密炼机混炼室中有两个三角形转子，转子不会产生纵向移动。通过调整供料螺杆的速度，往复活塞的运动周期和产生的压力、混炼速度和挤出机螺杆转速不同而产生的压力，可使三大系统实现同步的连续化混炼。

图 5-2-15 中混炼的主要功能由密炼机完成，单螺杆挤出机只作进一步补充混炼和稳定挤出。近年来，人们将单螺杆换成双螺杆（同向旋转）挤出机，混炼功能可由密炼机和双螺杆挤出机共同承担。连续化生产过程更易操作，混炼物料的质量及其稳定性进一步提高。

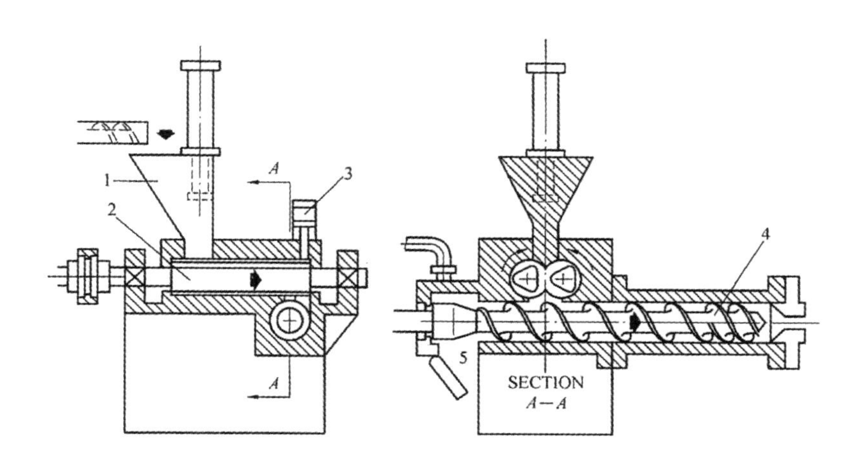

图 5-2-15　FMVX 混炼机组

1—料斗　2—混炼室　3—压料杆　4—螺杆　5—清料口

第三节　塑料加工用物料的配制

一、粉料的配制

多数塑料品种(如聚烯烃等)均由树脂厂直接提供已加有助剂的粒料。塑料制品厂需要自己进行配方,制备粉料或粒料的原料主要是聚氯乙烯塑料。其中加入相当数量的液态助剂(如增塑剂)的原料(如软聚氯乙烯用料),在配制时常称为润性物料,反之则称为非润性物料。

粉料的制备过程主要包括原料(聚合物及各种助剂)的准备和原料的混合两个方面。原料的准备首先要根据制品已选定的塑料配方进行必要的原料预处理、计量及输送等过程,然后再进行混合。混合的目的是将原料各组分相互分散以获得成分均匀物料。某些情况下(如目前广泛使用的高速混合,料温可升到 120℃左右)也包含有水分及低分子物的去除、树脂对增塑剂等的部分吸收。某些助剂(如加工助剂、冲击改性剂、润滑剂等)已开始熔化,而相互渗入,因而已不完全是简单的机械混合(各组分粒子的均匀分散)。原料混合后的均匀程度显然将直接影响制品质量,可见混合是关键问题。

1. 原料的准备　原料的准备主要有原料的预处理、称量及输送,由于聚合物的装运或其他原因,有可能混入一些机械杂质,为了生产安全、提高产品质量,最好进行过筛吸磁处理以除去杂质。在润性物料混合前,应对增塑剂进行预热,以加快其扩散速率,强化传热过程,使聚合物加速溶胀,以提高混合效率。目前采用的某些稳定剂、填充剂以及一些色料等,其固体粒子多在 0.5 μm 左右,常易发生凝聚现象,为了有利于这些小剂量物料的均匀分散,事先最好把它们制成浆料或母料后再投入混合物料中。母料系指事先配制成的含有高百分比助剂（如色料、填料等）的塑料混合物。在塑料配制时，用适当的母料与聚合物（或聚合物与其他助剂的混合物）掺和，以便能达到准确的最终浓度和均匀分散。制备浆料的方法是先按比例称取助剂和增塑剂，而后进行搅匀，有的须再经三辊研磨机研细。而制备母料的方法大都是先将各成分均匀混合、塑化、造粒而得到。

称量是保证粉料或粒料中各种原料组成比准确的步骤，是实现设计思想的第一步。袋装或桶装的原料，通常虽有规定的质量，但为保证准确性，有必要进行复称。配制时，所用称量设备的大小、形式、自动化程度及精度等，常随操作性质的不同而有很多变化，应予注意。

原料的输送，对液态原料（如各种增塑剂）常用泵通过管道输送到高位槽储存，使用时再定量放出。对固体粉状原料（如树脂）则常用气流输送到高位的料仓，使用时再向下放出，进行称量。这对于生产的密闭化、连续化都是有利的。

2. 原料的混合　混合是依靠设备的搅拌、振动、空气流态化、翻滚、研磨等作用完成的。以往混合多是间歇操作的，因为连续化生产不易达到控制要求的准确度。目前有些已采用连续化生产，具有分散均匀、效率高等优点。

如前所述，混合终点的测定理论上可通过取样进行分析，要求是任意各组分的差异降低到最小程度。显然分析时取样应适当，即要比混合物微粒大得多，但又远小于混合物的整体。但是工厂中的混合过程，一般都以时间或混合终了时物料的温度来控制，而终点大多靠经验断定，所以在混合的均匀度上不免粗糙些。事实上也不可能十分精确，因为混合的均匀性是属于偶然性变化范畴内的事物。必须指出，采用各种原料的密度和细度应该很接近，不然将难达到目的。

对于加入液体组分（主要是增塑剂）的润性物料，除要取样分析结果符合要求外，还要求增塑剂既不完全渗入聚合物的内部，又不太多地露在表面。因为前一种情况会使物料在塑炼时不易包住辊筒，从而降低塑炼的效率；而后一种情况又常能使混合料停放时发生分离，以致失去初混合的意义。

混合工艺随工厂的具体情况有所变化，但大体上是一致的。对非润性物料的初混合，工艺程序一般是先按聚合物、稳定剂、加工助剂、冲击改性剂、色料、填料、润滑剂等的顺序将称量的原料加入混合设备中，随即开始混合。如采用高速混合设备，则由于物料的摩擦、剪切等所做的机械功，使料温迅速上升；如用低速混合设备，则在一定时间后，通过设备夹套中的油或蒸汽使物料升至规定的温度，以期润滑剂等熔化及某些组分间的相互渗透而得到均匀的混合。热混合达到质量要求时即停止加热及混合，进行出料。为防止加料或出料时的粉尘飞扬，应用密闭装置及适当的排风系统。混合好的物料应有相应的设备（如带有冷却夹套的螺带式混合机）一边混合，一边冷却，当温度降至可储存温度以下时，即可出料备用。对润性物料的初混合采用较低速的设备（如捏合机）时可采用的一种工艺步骤是：

(1)将聚合物加入设备内，同时开始混合加热，物料的温度应不超过100℃。这种热混合进行十多分钟，其用意是驱出聚合物中的水分以便它更快地吸收增塑剂。如果聚合物吸收增塑剂过快或聚合物中水分不多，用热混合反而会造成混合不均或不当，则可结合具体情况改用低温混合或冷混合。当所用增塑剂数量较多时，则最好将填料的一部分随同聚合物加入设备中。

(2)用喷射器将预先混合并热至预定温度的增塑剂混合物喷到翻动的聚合物中。

(3)加入由稳定剂、染料和增塑剂(所用的数量应计入规定的用量中)调制的浆料。

(4)加入颜料、填料以及其他助剂(其中润滑剂最好也用少量的增塑剂进行调制，所用数量也应并入规定用量内计算)。

(5)混合料达到质量要求时即行停车出料，所出的料即可作为成型用的粉料。对聚氯乙烯塑料来说，由于它直接用于成型，因此，尽管其中加有增塑剂，仍然要求它在混合后能成为自由流动、互不黏结的粉状物。为此应注意：选用的聚氯乙烯应是易于吸收增塑剂的；聚氯乙烯粒子间吸收的增塑剂应力求均匀，否则会出现质量不均一，特别不允许存在没有吸收增塑剂的粒子，因为它将给制品带来“鱼眼”斑，在选定原料的情况下，控制聚氯乙烯吸收增塑剂的因素是料温和混合设备的搅拌速率；最好选用剪切速率较大且能变速的混合设备；混合后的物料应冷至40～60℃才能存放。粉料的主要优点是：原料在配制中受热历程短，对所用设备的要求较低，生产周期短。它的主要缺点是：对原料的要求较高，均匀度较差，不能用高含量的增塑剂，成型工艺性能较差(压缩率较大)，对于性物料的混合，其过程大体与上述润性物料相同。但目前一般都采用高速混合机进行。操作中主要应注意混合机的电流变化及料温的升高，出料温度可达110～130℃，通常即以此作为出料时间。原因是混合开始时，混合机的起始温度并不一致，新启动开车时，混合机的温度常为室温。因此，混合料要达到出料温度的时间较长，而运行一段时间后，混合机的温度逐渐升高(例如可大于80℃)，因此，混合料要求达到出料温度的时间较短，规定必须达到出料温度的目的在于：在这一混合过程中，不仅能使各组分分散均匀，且能使某些添加剂(如润滑剂、某些加工助剂及冲击改性剂等)熔化而均匀包覆或渗入到已成高弹态的聚氯乙烯粒子中。经过高速混合好的混合料，应进入冷混合器中迅速搅动冷却(有时在冷混合器的夹套中通入冷却水)，通常到40℃以下后出料备用。这种物料既可直接供挤出或注塑用，也可通过塑化造粒成为粒料供制品生产用。

二、粒料的配制

如前所述，粒料与粉料在组成上是一致的，不同的只是混合的程度和形状。粒料的制备，实际上先是制成粉料，再经过塑炼和造粒而成。因此，在粒料制备工艺上，常将用简单混合制成粉料的过程称为初混合，而将由此取得的粉料称为初混物，以便与以后的塑炼(事实上也是一种混合)区别。塑炼前之所以要经过初混的理由是：塑炼要求的条件比较苛刻，所用设备的承料量不可能很大，所以塑炼前常用简单混合的方法使原料组分有一定的均匀性；目前使用的塑炼设备对一种很不均匀的物料，即使其重量不超过塑炼设备的承料量，如果要求不进行初混合而只进行塑炼，要取得合格的均匀度，则塑炼时间必须很长，这样聚合物会产生较多的降解，塑炼设备也得不到充分有效的利用。本节只对塑炼和造粒进行讨论。

1. 初混物的塑炼 聚合物在合成时可能由于局部的聚合条件或先后条件的差别，因此，不管是球状、粉状或其他形状的聚合物中，总是或多或少存在着胶凝粒子。此外，聚合物还可能含有杂质，如单体、催化剂残余体和水分等。塑炼的目的即在借助加热和剪切力使聚合物获得熔化、剪切、混合等作用而驱出其中的挥发物并进一步分散其中的不均匀组分。这样，使用塑炼后的物料就更有利于制得性能一致的制品。

初混物的塑炼既然是在聚合物流动温度以上和较大的剪切速率下进行的，这就可能造成聚合物分子的热降解、力降解、氧化降解（如果塑炼是在空气中进行的）以及分子定向等。显然，这些化学和物理作用都与聚合物分子结构和化学行为有关。其次，塑料中的助剂对上述化学和物理作用也有影响，而且助剂本身，如果塑炼条件不当，也会起一定的变化，因此，不同种类的塑料应各有其适宜的塑炼条件。塑炼条件虽可根据塑料配方大体拟定，但仍需靠实验来决定，这主要是指塑炼的温度和时间。此外，在用双辊筒机塑炼时，翻料的次数也应作为塑炼的一种条件。

塑炼的终点虽可用撕力机测定塑炼料的撕力来判断，但在生产中一般是靠经验决定的。因为上述检定方法需要较长的时间，不能及时做出判断。常用的经验方法是用刀切开塑炼料来观察其截面，如截面上不显毛粒，而且颜色和质量都很齐匀，即可认为合格。塑炼所用的设备目前主要有双辊机、密炼机和挤出机等。

2. 炼成物的粉碎或粒化 粉碎和粒化同样都减小固体尺寸，所不同的只是前者所成的颗粒大小不等，而后者比较整齐且具有固定的形状。减小固体尺寸的基本作用通常是压缩、冲击、摩擦和切割，所以不管哪一种减小固体尺寸的设备总是对物料施加上述一种或几种作用。塑料大多是韧性或弹性的物料，因此，具有切割作用的设备就获得了更为广泛的应用。设备的选择还依赖于炼成物的形状。由双辊筒机所制得的炼成物通常是片状的，处理片状物的一种方法是将物料用切粒机切成粒料。由挤出机挤出的条状物，一般是用装在口模处的旋转刀（有时即由螺杆带动）来进行切粒的，但也有将条状物用粒化设备来成粒的。粒化设备有成粒机和切粒机两类。成粒机主要也是由转动的叶刀和固定刀组成，在形式与结构上却可以有很多的变化。由成粒机粒化的物料，颗粒大小是很不均匀的，变化范围从细粉状到 8 mm 之间。切粒机是将片状炼成物粒化的一种设备，也用纵切和横切两个连续作用将片状物切成矩形六面体。纵切常用一对带有锯齿表面的辊筒（与一般切面机相似）来完成，横切作用则是通过跳动频繁的铡刀或带有叶刀的转子来完成的。如果被粒化的物料是条状的（如挤出的条状物），则其切粒比片状物容易，因为可以省去纵切的工序。所以，将上述切

粒机中的纵切装置换成等速限料辊即可。

片状物一般是冷切，即将由双辊机辊成并经冷却的片状物在切粒机上进行切粒。条状物一般都是热切，因为热切通常都直接用附在挤出机上的旋刀来完成。

在废料回收中，由于供料的外形不一，通常采用切碎机或粉碎机将废料粉碎。

以上简单介绍了粉料及粒料的制备方法，为了实现塑料制品生产的连续化和自动化以提高劳动生产率和改善劳动条件，对塑料配制的整个过程应作精心的选择，因为它也是一个重要的组成部分，这将包括合理地选择生产流程，实现各种原材料的密闭输送和自动计量，初混合和塑炼过程的密闭化和连续化等，这里不做过多讨论。

三、粉料和粒料的工艺性能

了解粉料和粒料（包括热固性塑料）的工艺性能对正确控制采用这类原料的成型作业和提高制品质量，无疑是很重要的。以下将按热固性塑料和热塑性塑料分别讨论其工艺性能，各种通用塑料的工艺性能使用时可查相关工具书。为了说明各种性能，先引出“模塑（成型）周期”的定义是必要的，它是指循环而又按一定顺序的模塑作业中，由一个循环的某一特定点进至下一循环同一点所用的时间。例如，从粉料或粒料加入模具中起，经加热加压、硬化到解除压力、脱出制品、清理模具至重新开始加料为止所需的总时间。

1. 热固性塑料的工艺性能　热固性塑料的工艺性能主要有以下六种。

（1）收缩率。粉料或粒料生产塑料制品常是在高温熔融状态下在模具中成型的。当制品冷却到室温后，其尺寸将发生收缩。收缩率的定义是由下式规定的：

$$S_L = \frac{L_0 - L}{L_0} \times 100\% \tag{5-3-1}$$

式中：S_L为塑料的收缩率；L_0为模具型腔在室温和标准压力下的单维尺寸；L为制品在相同情况下与模具型腔相应的单维尺寸。

如果制品上各维的S_L分别有零、相等与不相等的变化，则制品的形状即会分别相应地与模具型腔相等、相似与不相等也不相似。为了保证制品的准确性，在规定模具型腔的尺寸时，必须结合各维上的S_L值而定出适当的放大系数。但这一问题是很难得到满意的解决的，因为影响因素复杂，各维上的S_L各次成型中也不一定是定值。所以在实际工作中都采用实测S_L的平均值，这样制品就有一定的公差范围。可以看出，塑料的收缩率实际应是塑料在成型温度下的单维尺寸与在室温下的单维尺寸间的差值计算得到的。但是，由于高温下尺寸的测定困难，且这种数据在工艺及模具设计等方面的用处不大，因而采用了式（5-3-1）中定义的收缩率。

影响热固性塑料制品收缩的基本原因现知的有：一是化学结构的变化。制品中的聚合物是体型结构，而所用塑料中的则为线型结构，前者的密度较后者大，因而产生了收缩。二是热收缩。塑料的热膨胀系数比钢材大(塑料的热膨胀系数为 $25\times10^{-6}\sim120\times10^{-6}$,而钢材则为 11×10^{-6}),故制品冷却后的收缩较模具为大。三是弹性回复。制品在硬化后并非刚性体,脱模时压力降低即有弹性回复,这将会减小收缩率。四是塑性变形。脱模时压力降低,但模壁仍紧压着制品四周,从而使制品发生局部塑性变形。发生变形部分的收缩率比没有发生的要大些。

影响制品收缩率的因素可归为三类:工艺条件;模具和制品的设计;塑料的性质。

测定收缩率用的试样是直径(100±0.3) mm、厚(4±0.2) mm 的圆片或每边长为(25±0.2)mm、厚(4±0.2) mm 的立方体。试样应采用该塑料牌号所规定的成型条件。试样脱模后应在恒温[(20±1)℃]下放置 16～24 h 再测定其尺寸,测定的准确程度应达到±0.02 mm。

一般说来,收缩率太大的制品易发生翘曲、开裂。工厂中降低收缩率的有效措施是:采用预热、严格遵守工艺规程和采用不溢式的模具。

(2)流动性。塑料在受热和受压下充满整个模具型腔的能力称为流动性。它与塑料在黏流态下的黏度有密切关系。关于塑料流动性的测定方法,大体有三种:测流程法。在特定的模具中,于固定温度、压力及施压速率下,测定塑料在模具中的流动距离。测流动时间法。从开始对模具加压至模具完全关闭所需的时间,流动性即以此时间表示。流程时间测量法。将上两法结合起来,即用流动速度来表示流动性。

三种方法中以第一种方法最简单,故使用较多。在具体应用时,各国采用的模具并不完全相同,所定的标准也不一样,我国通用拉西格法。

拉西格法是将定量的塑料,在一定的温度与压力下,用图 5-3-1(a)所示的模具在规定的时间内压成如图 5-3-1(b)所示的成型物。然后以成型物"细柱"长度(仅算其光滑部分)的毫米数来表示塑料的流动性。按流动性的大小,一般将热固性塑料分为三级:一级 35～80 mm;二级 81～130 mm;三级 131～180 mm。

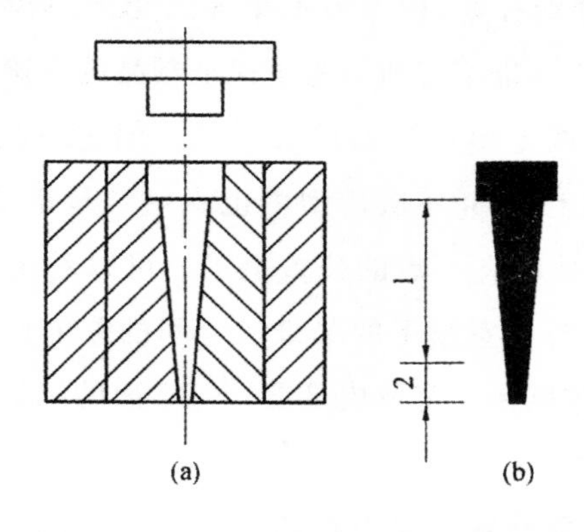

图 5-3-1 测定流动性用的模具和压成的成型物示意图

1—光滑部分 2—毛糙部分

影响流动性的因素很多,大体可归纳为两类:一是塑料本身如:树脂与填料的性质和比率、颗粒的形状与大小、含水量、增塑剂及润滑剂的含量等。一般树脂相对分子质量越小,填料颗粒细小而又呈球状的,增塑剂、润滑剂、含水量增高时流动性增大。二是模具与成型条件如:模具型腔表面的光洁程度和流道的形状、模具的使用情况、模具的加热情况、塑料的预热方法与条件及成型工艺条件等。型腔表面光滑又呈流线型的,常能提高塑料的流动性;塑料在新制模具中的流动性不如在使用较久的模具中的大;原用某种塑料压制的模具,在改用另一种塑料的初期,常会出现流动不正常;对塑料进行预热和在压制中采用均匀而又快速的加热均对流动性的提高有利。

制造不同制品对流动性的要求也不同,如压制大型或形状较复杂的制品时,需要塑料有较大的流动性。如果塑料的流动性太大,常会使塑料在型腔内填塞不紧或树脂与填料分头聚集(树脂流动性比填料大),从而使制品质量下降,甚至成为废品。流动性太大时,还会使塑料溢出模外,造成上下模面发生不必要的黏合或使导合部件发生阻塞,给脱模和整理工作造成困难,同时还会影响制品尺寸的精确度。流动性过小时,则不能压制大型或形状复杂的制品,同时还使设备生产能力降低,易于产生废品。所以每一种制品对所用塑料的流动性常有一定的要求。

工厂中为了保证大量塑料具有相同的流动性,常采用并批的方法(即将多批塑料在大型混合设备中进行混合)。

(3)水分与挥发分。塑料中或多或少会含有水分与挥发分。水分是大气中渗入的水汽或在制造塑料时没有排完的游离水分。挥发分是指塑料受热受压时所放出的低分子物,如氮、甲醛与结合水等。

引起水分与挥发分多的原因有:树脂相对分子质量偏低;塑料在生产时未得到充分干燥;存放不当,特别是吸水量大的塑料。

塑料中水分与挥发分过多时,会使其流动性过大(水分有增塑作用),成型周期增长,制品收缩率增大,多孔以及易于出现翘曲、表面带有波纹和闷光等现象。不仅如此,更重要的是降低了制品的电性能和力学性能。绝对干燥的塑料也是不适用的,因其流动性较差,从而使预压和压制发生困难。所以各种物料的水分和挥发分均有一定的技术指标。

生产中常常是测定水分和挥发分的总量。测定方法一般是取称准的试样(约 5 g),在 100～105℃的烘箱内烘 30 min。烘后的重量损失率即为水分与挥发分的含量。

(4)细度与均匀度。细度是指塑料颗粒直径的毫米数;均匀度是指颗粒间直径大小的差数。

细度与塑料的比容积有关,颗粒越细,比容积就越大。颗粒小的塑料能提高制品的外观质量,在个别情况下,还能提高制品的介电和物理力学性能。颗粒太小的塑料并不是很好的,因为它在压制中所包入的空气不容易排出,这不仅会延长成型周期(空气的导热系数比塑料更小),甚至还会引起制品在脱模时起泡。

均匀度好的物料,其比容积较一致,因此在预压或成型中可以采用容量法计量,在压制时受热也比较均匀,使制品质量有所提高,前后制品的性能也比较一致。均匀度差的,在运转、预压或自动压机中受机械的振动,常会使颗粒小的聚集在容器或料斗的底部,这样在生产制品时就会出现制品性能的前后不一致。

细度和均匀度通常是用过筛分析来衡量的。根据技术要求的不同,各种塑料常有一定的指标。例如,在生产酚醛塑料时,粉碎后的粒子不会是同一直径的,其粒度常是多分散性的。将这种塑料粉进行筛分,则在不同筛号有不同百分率的残留物。如酚醛压塑粉的要求是:

筛孔/孔/cm	残留物/%
36	0
64	20
576	35
1000	30
通过 1000 者	15

(5)压缩率。压缩率是由下式定义的。

$$压缩率=\frac{制品的相对密度}{塑料的表现相对密度}=\frac{塑料的表观比容积}{制品的比容积}$$

塑料的压缩率总是大于 1。压缩率越大,所需模具的装料室也越大,这不仅耗费模具钢材,而且不利于压制时的加热。此外,压缩率越大,装料时带入模具中的空气就越多,如需排出空气,便会使成型周期增长。工业上降低压缩率的通用方法是预压。

(6)硬化速率。硬化速率是指用塑料压制标准试样[一般用直径为 100 mm、厚为(5±0.2) mm的圆片]时使制品力学性能达到最佳值的速率,通常都用"s/mm 厚度"来表示,此值越小时,硬化速率就越大。

硬化速率依赖于塑料的交联反应性质,并在很大程度上取决于成型时的具体情况。采用预压、预热及提高成型温度和压力时均会使硬化速率增加。

硬化速率应有一适当的值,过小时会使成型周期增长,过大时又不宜用作压制大型或复杂的制品,因为在塑料尚未充满模具时即有硬化的可能。

塑料的硬化速率是通过一系列标准试样来确定的。试样压制的条件,除时间外,其他都保持不变。各个试样是按逐次增加 10 s 压成。压成后,检定各试样的某一性能指标,并绘出性能与压制时间的曲线。从曲线上即可确定最好的硬化时间,并从而标出硬化速率。图 5-3-2即是一例。从曲线(170℃的)可以看出最好的硬化时间约为 4 min。

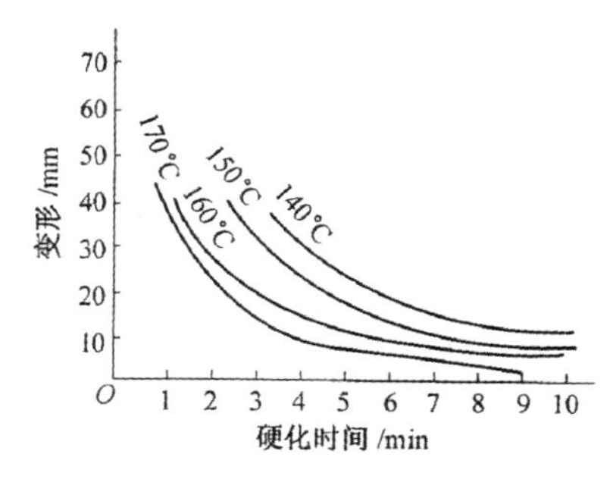

图 5-3-2　不同温度下的变形—硬化时间曲线(木粉填充的酚醛塑料)

2. 热塑性塑料的工艺性能　热塑性塑料的工艺性能除硬化速率(热塑性塑料在成型时的硬化是物理的冷却过程,与模具的冷却速率有关)外,其他项目都与热固性塑料相同,在此仅补充两点。

(1)收缩率。与热塑性塑料收缩最密切的是塑料体积与温度和压力的关系。前者表现为热收缩,后者则为弹性恢复。聚合物体积随温度变化的关系中牵涉时间因素。图 5-3-3 为无定形聚合物加热与冷却时的体积—温度典型曲线。

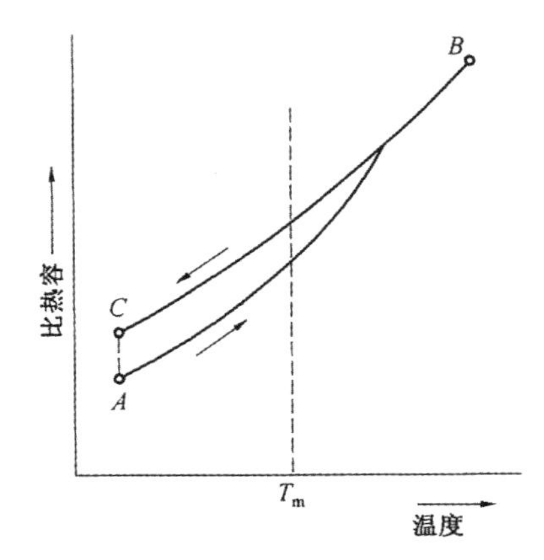

图 5-3-3　无定形聚合物加热与冷却时的体积—温度典型曲线

曲线 AB 表示一个原在平衡状态的试样由低于熔化温度 T_m 按等速升温时比容积变化的情况,曲线 BC 则为它的逆过程。随后,已经冷却的试样体积再在等温情况下沿直线 CA 又回至原来的平衡态。但由 C 到 A 要经过一段相当长的时间(数天)。就指定的试样而论,经历 CA 过程所需的时间并非恒定,而是依赖于加热和冷却的速率。如果两者都进行得极为缓慢,则 AB 与 BC 两曲线就可以重合。

收缩在时间上滞后的原因是:无定形聚合物在局部结构上常有一定数量类似晶体般的排列,但这种结构都不很大。围绕这些有序区域的分子则是一种混乱的排列,其中带有许多空孔,在较高的温度下,无序的程度会有所增加,也就是带有空孔区域的比例得到增长。由温度变化所引起的空孔消涨是需要经历一段时间的,消涨的机理可能与扩散作用或黏滞流动有关。

具有结晶行为的聚合物，其中晶区的比容积较非晶区的要小。因此，在考虑体积温度关系时还存在着结晶度的问题。聚合物的结晶度是依赖于聚合历程和结晶时的温度变化、压力、时间等因素，所以，结晶聚合物的收缩比无定形聚合物更为复杂，在收缩率上要大得多。必须指出，结晶聚合物的收缩同样也存在时间效应。

基于同样的理由，聚合物体积与压力的关系也牵涉时间效应的问题，值得注意的是，一般固体与液体的体积随压力的变化都是比较小的，甚至可以略而不计，但对聚合物来说，体积随压力的变化，在成型过程中常常是不可忽视的。如果不考虑变化速率的问题，则在室温下，多数聚合物的体积与压力粗略地呈直线形的反比关系，假如再将温度包括进去，则三者的关系可以相当合理地用改良的范德瓦耳斯方程式来表示，即

$$(p+\pi)(V-b)=RT/M \tag{5-3-2}$$

式中：p 为压力，Pa；V 为聚合物的比容积；M 为“作用（链节）单元”的相对分子质量，须由实验决定；π，b 为均为常数，也须由实验确定；R 为气体常数；T 为绝对温度，K。

表 5-3-1 列出几种聚合物的状态方程常数。

表 5-3-1　状态方程常数

聚合物	M	π/MPa	b/cm³ · g⁻¹
聚苯乙烯	104	180.4	0.822
聚甲基丙烯酸甲酯	100	213	0.734
乙基纤维素	60.5	237	0.720
乙丁酸纤维素	54.4	281	0.688
聚乙烯	28.1	324	0.875

就上述而论，如果允许时间上的等待，热塑性塑料的收缩率应该是一个定值，且可通过实验来计算，但是，在实际的成型作业中，收缩率却与计算值有些出入，所以计算值只具有指导的意义。其原因是：制品在成型过程中冷却时，各部分的冷却速率和冷却的最终压力不完全相同，因而各部分的收缩不会相等；冷却时由于制品厚的部分比薄的部分冷得慢些，这样，塑料在模具内的冷却过程中，两部分的密度就会出现差别，从而形成压力梯度，以致厚的部分的一些塑料会向薄的部分流动。这种内部流动对收缩的不均是很重要的；制品在成型和使用过程中所发生的塑性形变、定向、结晶和吸湿等对体积变化的影响。

（2）流动性。热塑性塑料的流动性就是它在熔融状态下的黏度的倒数。与黏度一样，流动性不仅依赖于成型条件（温度、压力、剪切速率），而且还依赖于塑料中聚合物和助剂的性质。

热塑性塑料的流动性，除可用通用流变仪测定其黏度而求得外，工业中常通过熔体流动速率的测定来反映某些热塑性塑料的流动性能。它是在规定的试验条件下，一定时间内挤

出的热塑性物料的量。按照我国国家标准《热塑性塑料熔体流动速率试验方法》(GB 3682—83)来测定。其仪器称为熔体流动速率测定仪。此外,也可用图 5-3-1(a)的模具来完成,但在具体做法上,略有不同。测定时,先将模具装在两个等高的金属支座上,而且下面还垫上一块抛光的金属板。然后将定量的塑料放入模槽中,并在定温下对阳模施加规定的压力。此时应注意模具下孔有无塑料流出,当塑料开始流出时即记取时间。经过 1 min 后,将流下的塑料刮下并称准至 0.001 g。流动性用 mg/s 表示。

流动性是比较塑料加工难易的一项指标,但从它与它所依赖的变量的关系来说,比较时所用的流动性数据应该与成型时相近或相同的为准,否则所得结论是不足为凭的,工业上也有用长流程的模具(常称为阿基米德螺旋线模),模腔为螺旋形,流道断面为圆形。测定时在同样的工艺条件下,比较不同塑料注塑充模后所得螺旋形试样的长度以说明其流动性的好坏。如果没有测定仪器而要在相同条件下比较不同塑料的流动性,则可用型腔流道较长的模具(如梳子模具),在注射机上于规定条件下进行注射即可。

四、溶液的配制

用流涎法生产薄膜、胶片及生产某些浇铸制品时常常使用聚合物的溶液作为原料。溶液的主要组分是溶质与溶剂,作为成型用的溶液中的溶质是聚合物和除溶剂外的有关助剂,而溶剂通常则是指烃、芳烃、氯代烃类、酯类、醚类和醇类。用溶液做原料制成的制品(如薄膜),其中并不含溶剂(事实上可能存有挥发未尽的、痕量的溶剂),所以构成制品的主体是聚合物。溶剂只是为加工而加入的一种助剂。

成型中所用的聚合物溶液,有些是在合成聚合物时特意制成的,如酚醛树脂和聚酯等的溶液。而另一些则需在用时配制,如乙酸纤维素和氯乙烯—乙酸乙烯酯共聚物的溶液等。

配制溶液所用的设备,一般都用附有强力搅拌和加热夹套的釜。为便于将聚合物结块撕裂和加强搅拌作用,也有在釜内加设各式挡板的。以下结合上面所述溶解过程原理,介绍两种工业上常用的具体配制方法。

1. 慢加快搅法　配制时,先将选定的溶剂在溶解釜内加热至一定温度,然后在快速搅拌和定温下,缓缓加入粉状或片状的聚合物,直至投完应加的量为止。投料的速率应以不出现结块现象为度。缓慢加料的目的在于使聚合物完全分散之前不致结块,而快速搅拌则既有加速分散和扩散作用,又借搅拌桨叶与挡板间的剪应力来撕裂可能产生的团块。

2. 低温分散法　先将溶剂在溶解釜内进行降温,直到它对聚合物失去活性的温度为止,然后将应加的聚合物粉状物或片状物一次投入釜中,并使它很好地分散在溶剂中,最后再不断地搅拌将混合物逐渐升温。这样当溶剂升温而恢复活性时,就能使已经分散的聚合物很快溶解。

配制溶液时，对溶剂和溶液加热的温度，应在可能范围内尽量降低，不然即使在溶解釜上设有回流冷凝装置，也会引起溶剂的过多损失，甚至影响生产安全。另外，由于溶解过程时间较长，高温常易引起聚合物的降解。当然过猛的搅拌也可能使聚合物有一定降解。

用上述方法配制的溶液均须经过滤、脱泡后方能使用。

配制过程中的生产控制和质量检验指标主要是固体含量与黏度。至于溶液的检查项目，则视其用途而定。

第六章　挤出成型

第一节　概　述

挤出成型亦称挤压模塑或挤塑，即借助螺杆或柱塞的挤压作用，使受热熔化的聚合物物料在压力推动下，强行通过口模并冷却而成为具有恒定截面的连续型材的成型方法。

挤出成型是高分子材料加工领域中变化众多、生产率高、适应性强、用途广泛、所占比重最大的成型加工方法。几乎能成型所有的热塑性塑料，也可用于少量热固性塑料的成型。塑料挤出成型与其他成型方法相比较（如注射成型、压缩成型等）具有以下特点：挤出生产过程是连续的，其产品可根据需要生产任意长度的塑料制品；模具结构简单，尺寸稳定；生产效率高，生产量大，成本低，应用范围广，能生产管材、棒材、板材、薄膜、单丝、电线电缆、异型材等。目前，挤出成型已广泛用于日用品、农业、建筑业、石油、化工、机械制造、电子、国防等工业部门，约50%的热塑性塑料制品是挤出成型得到的。

此外，挤出工艺也常用于塑料的着色、混炼、塑化、造粒及塑料的共混改性等，以挤出为基础，配合吹胀、拉伸等技术则发展为挤出—吹塑成型和挤出—拉幅成型制造中空吹塑和双轴拉伸薄膜等制品。可见挤出成型是塑料成型最重要的方法。

橡胶的挤出成型通常叫压出。橡胶压出成型应用较早，设备和技术也比较成熟，压出是使胶料通过压出机连续地制成各种不同形状半成品的工艺过程，广泛用于制造轮胎胎面、内胎、胶管及各种断面形状复杂或空心、实心的半成品，也可用于包胶操作，是橡胶工业生产中的一个重要工艺过程。

在合成纤维生产中，螺杆挤出熔融纺丝，是从热塑性塑料挤出成型发展起来的连续纺丝成型工艺，在合成纤维生产中占有重要的地位。

挤出成型技术的产生年代，得朔及比较久远的通心粉和其他食品，砖和陶瓷制品的挤出法加工。挤出成型的发展历程可以分为三个阶段：

（1）萌芽时期。在1845年，R. Brooman最早用挤出成型法生产包覆电线。当时的挤出机为柱塞式，操作由手动逐步过渡到机械式和液压式，生产过程是间歇式的。

（2）螺杆式挤出机阶段。19世纪80年代后，出现螺杆式挤出机，由德国批量制造，并不断地发展和改进螺杆结构。长径比为3～5，难以满足热塑性塑料的要求，只适合于生产橡胶制品。

(3)现代挤出机时代。1935年,德国 Paul Troster 公司制造出第一台热塑性挤出机,从此发展到了一个新阶段,即现代挤出机时代。特征是挤出机采用直接电加热,空气冷却、自动温控的装置和无级变速的传动装置,螺杆的长径比开始超过10。

第二节　挤出设备

一台挤出设备通常由挤出机(主机)、辅机(机头、定型、冷却、牵引、切割、卷取等装置)、控制系统三部分组成,如图6-2-1所示为挤出成型硬管设备组成示意图。挤出成型所用的设备统称为挤出机组,主机在挤出机组中是最主要的组成部分。

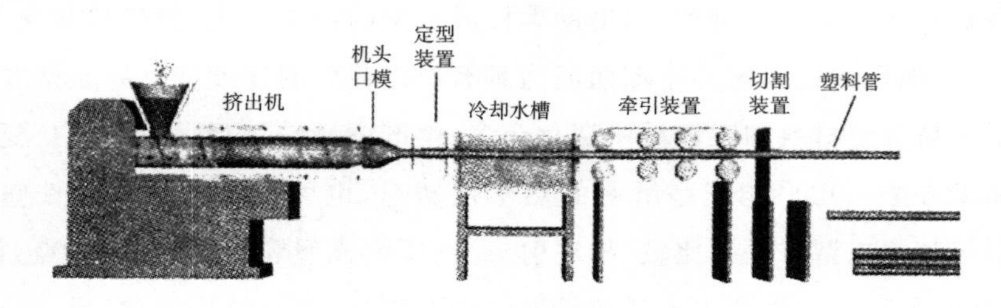

图6-2-1　挤出机组的组成

一、挤出机

(一)挤出机的分类

塑料挤出机的类型很多,其分类也较多,常用的分类方法有以下几种。

(1)按挤出的方式分为螺杆式挤出机(连续式挤出)和柱塞式挤出机(间歇式挤出)。

(2)按螺杆数量分为单螺杆挤出机、双螺杆挤出机及多螺杆挤出机。

(3)按螺杆的转速度分为普通挤出机,转速在100 r/min以下;高速挤出机,转速为300 r/min;超高速挤出机,转速为300～1 500 r/min。

(4)按装配结构分为整体式挤出机和分开式挤出机。

(5)按螺杆在空间布置不同分为卧式挤出机和立式挤出机。

(6)按挤出机在加工过程中是否排气分为排气式挤出机和非排气式挤出机。

目前,生产中最常用的是卧式单螺杆非排气式挤出机。

(二)挤出机主要技术参数与型号

我国生产的塑料挤出机的主要技术参数已标准化。卧式单螺杆非排气式挤出机的主要技术参数如下。

(1)螺杆直径 D。螺杆的外圆直径，单位 mm。螺杆直径是一个重要参数，它在一定意义上表示挤出机挤出能力的大小，螺杆直径已经标准化。我国挤出机标准所规定的直径系列为：30 mm、45 mm、65 mm、90 mm、120 mm、150 mm、200 mm 等。

(2)螺杆的长径比 L/D。螺杆工作部分长度 L 与外圆直径 D 之比，是挤出机的重要参数之一。

(3)主螺杆的驱动电动机功率 P，单位 kW。

(4)螺杆的转速范围 n。螺杆可获得稳定的最小和最大的转速范围，用 $n_{\min} \sim n_{\max}$ 表示，单位为 r/min。

(5)挤出机生产能力 Q，单位为 kg/h。指加工某种塑料时，每小时挤出的塑料量，是表征机器生产能力的参数。

(6)料筒的加热功率 E，单位为 kW。

(7)机器的中心高度 H。螺杆中心线到地面的高度，单位为 mm。

(8)机器的外形尺寸(长×宽×高)，单位为 mm。

挤出机型号的编制方法按我国原第一机械工业部颁布标准规定，型号按类、组、型分类编制。分别用类、组、型名称中汉字拼音第一个字母表示。型号由基本型号和辅助型号两部分组成。表示方法如图 6-2-2 所示。

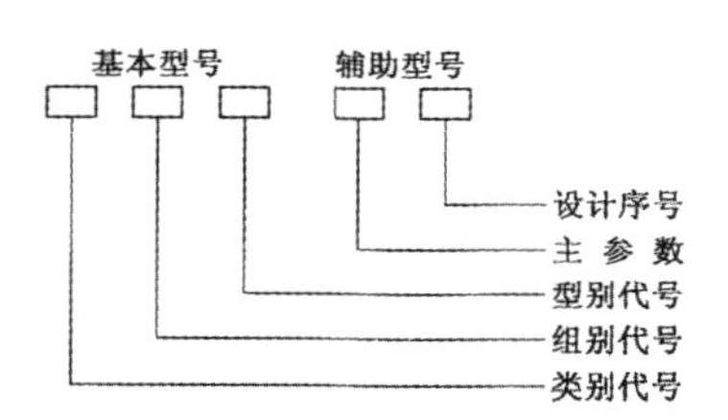

图 6-2-2　挤出机型号表示方法

型号第一、二、三项分别代表类别、组别和型别代号，第四项代表主参数，用符号及阿拉伯数字表示，按表 6-2-1 规定，第五项代表设计序号，表示机器结构或参数改进后的标记。按 A、B、C……字母顺序选用(字母 I 和 O 不选用)。

表 6-2-1　塑料机械类、组、型别代号

类别	组别	型别		主参数/mm	备注
		名称	代号	名称	
塑料机械 S(塑)	挤出机 J(挤)	塑料挤出机		螺杆直径×长径比	长径比 20∶1不标注
		塑料双杆挤出机	S(双)	螺杆直径	
		塑料多磨制鞋挤出机	E(鞋)	螺杆直径×模子数	
		塑料喂料挤出机	W(喂)	螺杆直径×长径比	
		塑料排气式挤出机	P(排)	螺杆直径×长径比	
		塑料复合机头挤出机	F(复)	螺杆直径×螺杆直径	

（三）挤出机的组成

挤出机的组成有挤出系统、加料系统、传动系统及加热和冷却系统四部分组成。如图6-2-3所示为卧式单螺杆挤出机结构组成示意。

1. 挤出系统 挤出系统主要由螺杆和机筒组成，首先塑料进入料筒，通过螺杆挤压被塑化成均匀的熔体，在压力作用下，由螺杆连续地定压、定量、定温地挤出机头。

（1）螺杆。螺杆是挤出机最主要的部件，通过螺杆的转动，对料筒内塑料产生挤压作用，使塑料发生移动，得到增压，获得由摩擦产生的热量。螺杆的结构形式对挤出成型有重要的影响，直接关系挤出机的应用范围和生产率。

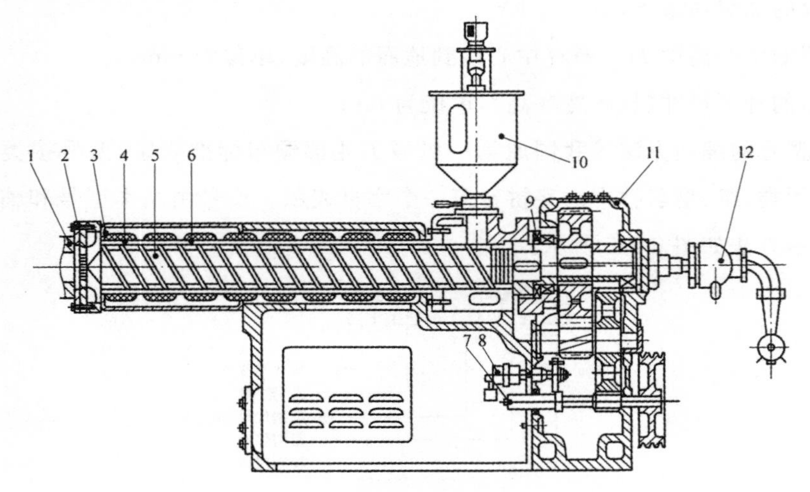

图 6-2-3 卧式单螺杆挤出机结构组成示意图

1—机头连接法兰 2—过滤网 3—冷却水管 4—加热器 5—螺杆 6—料筒
7—液压泵 8—测速电动机 9—推力轴承 10—料斗 11—减速器 12—螺杆冷却装置

（2）机筒。机筒是一金属圆筒，机筒与螺杆配合，塑料的粉碎、软化、熔融、塑化、排气和压实都在其中进行，并向机头（口模）连续均匀输送熔体。一般机筒的长度为其直径的15～30 倍，机筒外部设有加热装置，使塑料能从机筒上摄取热量进行熔融塑化。为了控制和调节机筒温度，通常还设有冷却装置及温控仪器。

料筒结构分为整体式和组合式（又称分段式）。整体式料筒结构，易保证较高的制造和装配精度，简化装配工作，便于加热冷却系统的设置和拆装，而且热量沿轴向分布比较均匀。但是这种料筒的加工设备要求较高，当内表面磨损后难以复修。组合式料筒是由几段料筒组合而成，便于改变料筒长度，适应不同长径的螺杆。排气式挤出机多用这种料筒，便于设置排气段。组合式料筒的加工要求很高，料筒各段多采用法兰螺栓连接，难以保持加热均匀性，增加热损失，对加热冷却系统的设置和维修不便。

由于塑料在塑化和挤压过程中温度可达250℃，压力达到55 MPa，料筒的材质必须具有较高的强度、坚韧和耐腐蚀。料筒通常是由钢制外壳和合金钢内衬共同组成。衬套磨损后可以拆除和更换。衬套和料筒要配合好，以保证整个料筒壁上热传导不受影响，料筒和衬套间不能相对运动，又要保证能方便地拆出。根据挤出过程的理论和实践证明，增加料筒内表面的摩擦系数可提高塑料的输送能力，因此，挤出机料筒的加料段内开设有纵向沟槽和靠近加料口的一段料筒内壁做成锥形。轴向沟槽的数量与料筒直径的大小有关。槽数太多，会导致物料回流使输送量减小。槽的形状有长方形、三角形或其他形状。

这种开槽料筒与未开槽的料筒相比，具有输送率高、挤出量对机头压力变化的敏感性小等特点。但由于需要采用强力冷却而消耗很大能量，在料筒加料段末端可能产生极高的压力，有损坏带有沟槽的薄壁料筒的危险；螺杆磨损较大；挤出性能对原料的依赖性较大。因此，在小型挤出机上采用此结构受到限制。

料筒加料口的形状及开设位置对加料性能有很大影响。加料口应保持物料自由、高效地加入料筒不易产生架桥，便于设置冷却系统和利于清理。

2. 加料系统　加料系统是由加料斗和上料装置所组成。加料斗的形式有圆锥形、圆柱—圆锥形、矩形等。料斗侧面开有视镜孔以观察料位，料斗的底部有开合门以停止和调节加料量。料斗的上方可以加盖以防止灰尘、湿气及其他杂物进入。料斗的材料一般采用铝板和不锈钢板。料斗的容量至少应容纳1～1.5 h的挤出量。加料口的形状有矩形与圆形两种，一般多采用矩形。上料有人工上料和自动上料两种。自动上料装置主要有鼓风上料、弹簧上料、真空吸料等。

(1)鼓风上料器。鼓风上料器是利用风力将料吹入输料管，再经过旋风分离器进入料斗。这种上料方法适于输送粒料而不适于粉料，其工作能力一般在300 kg/h以下。

(2)弹簧上料器。弹簧上料器由电动机、弹簧夹头、进料口及软管组成。电动机带动弹簧高速旋转，这时在弹簧的任何一点都产生轴向力和离心力，在这些力的作用下，物料被提升，到达进料口时，由于离心力的作用而进入料斗。它适于输送粉料、粒料以及块状料，其工作能力在300～600 kg/h。这种送料器结构简单、轻巧、效率高、可靠，故应用范围广。但其输送距离小，在送料时可能出现“打管”现象而产生较大的噪声，软管易磨损，弹簧选用不当易损坏等。

(3)真空吸料装置。真空吸料装置有利于排除物料中的水分和气体，但是由于它是靠物料自重进料，不能避免进料不均匀现象，除非设置强制加料螺旋，一般用于粒料的输送，其工作能力在900～1 000 kg/h。

3. 传动系统　传动系统是挤出机的重要组成部分之一。它的作用是在给定的工艺条件(如机头压力、螺杆转数、挤出量、温度等)下，使螺杆具有必要的扭矩和转数，均匀地回转而完成挤出过程。

传动系统由电动机、减速装置、变速器及轴承系统组成。

常用的挤出机电动机有交流整流子电动机和直流电动机。减速器一般为定轴轮系减速器、齿轮减速器和涡轮减速器。国产挤出机有采用摆线针轮减速器的。

三相整流子电动机和普通齿轮减速器和涡轮减速箱组成的传动系统，运转可靠、性能稳定，控制、维修方便。电动机得到合理的利用，启动性能也很好，其调速范围有 1∶3、1∶6 等。但由于调速范围大于 1∶3 后电动机体积显著增大，成本也相应提高，故国内大都采用 1∶3的整流子电动机。

直流电动机和一般齿轮减速箱组成的传动系统的调速范围较宽。改变电枢电压时得到的是恒扭矩调速；改变激磁电压得到的是恒功率调速，此时随着转数的增加功率保持不变，而扭矩相应减少。为充分利用直流电动机这一特性，可用其恒扭矩调速段来加工硬 PVC 等硬料，用恒功率调速段来加工较软的物料，这样可以合理利用电动机。但当直流电动机的转速低于 100～200 r/min 时，其工作性能是不稳定的，而且在低速时电动机冷却能力也相应下降。为此，可以另加鼓风机进行强力冷却。

用直流电动机和摆线针轮减速器或行星齿轮减速器组成的传动系统具有紧凑、轻便、效率高、声响小的特点。

4. 加热和冷却系统　为使塑料在加工工艺所要求的温度内挤出，一般挤出机的机筒和机头外部上都设有加热冷却系统装置及测量、控制温度的仪器仪表。

(1)挤出机的加热。目前挤出机的加热方法有载热体加热、电阻加热和电感应加热等。

由于挤出机的料筒较长，挤出工艺对料筒在轴线方向的温度有一定要求，根据螺杆直径和长径比的大小，将料筒分为若干区段进行加热。机头可视其类型和大小设定加热段。

(2)挤出机的冷却。冷却装置是保证塑料在工艺要求的范围内稳定挤出的一个重要部分，它与加热系统是密切联系而不可分割的。

随着挤出机向高速高效发展，螺杆转速不断提高，物料在料筒内所受的剪切和摩擦也会加剧，因此对料筒和螺杆必须进行冷却。在料筒的加料段和料斗座部位设冷却装置是为了加强这段固体物料的输送。

①料筒的冷却：料筒冷却方法有风冷和水冷两种。风冷的特点是冷却比较柔和、均匀、干净，但风机占有空间体积大，其冷却效果易受外界气温的影响，一般用于中小型挤出机较为合适。与风冷相比，水冷的冷却速度快、体积小、成本低。但易造成急冷，水一般都未经过软化处理，水管易出现结垢和锈蚀现象而降低冷却效果或被堵塞、损坏等。

②螺杆的冷却：螺杆冷却的目的是利于物料的输送，同时防止塑料因过热而分解。通入螺杆中的冷却介质为水或空气。在最新型挤出机上，螺杆的冷却长度是可以调整的。根据各种塑料的不同加工要求，依靠调整伸进螺杆的冷却水管的插入长度来提高机器的适应性。

③料斗座的冷却：挤出机工作时，进料口温度过高，易形成“架桥”，进料不畅，严重时不能进料。因此，加料斗座应设置冷却装置并防止挤压部分的热量传到止推轴承和减速箱，保证挤出机的正常工作。冷却介质多采用水。

二、挤出成型辅机

在挤出成型过程中，辅机是挤出机组的重要组成部分。主机的性能好坏对产品的质量和产量有很大影响，但辅机也必须很好地与其配合才能生产出符合要求的塑件，机组中每个环节均要符合工艺要求。

辅机的作用是将从机头挤出来的已初具形状和尺寸的黏流态塑料熔体，在定型装置中定型、冷却由黏流态转变到室温下的玻璃态，得到符合要求的塑件。挤出成型的塑件主要有管材、棒材、薄膜、电线电缆等。根据挤出成型塑件的种类不同，相应的挤出成型机种类也不同。根据所生产的塑件种类，辅机大致有以下几类：挤管辅机（包括挤出硬管和软管）、挤板辅机、挤膜辅机、吹塑薄膜辅机、涂层辅机、电缆电线包层辅机、拉丝辅机、薄膜双轴拉探辅机、造粒辅机等。

挤出成型可加工的聚合物种类及产品很多，成型过程有很多差异，但基本工艺流程大致相同。因而，辅机的种类虽然组成复杂，但各种辅机均由机头、定型冷却装置、牵引装置、切割装置和卷取装置所组成。

1. 机头　机头是挤出塑料制件成型的主要部件，它使来自挤出机的熔融物料由螺旋运动变为直线运动，并进一步塑化，同时产生必要的成型压力，保证塑件密实，从而获得截面形状一致的连续型材。

2. 定型冷却装置　物料从口模挤出时，温度可达 180℃，为避免熔融态管坯在重力下变形，应立即进行定径和冷却。管材的定径及初步冷却都是由定径套完成的。定径方法分为外径定径和内径定径两大类。我国塑料管材尺寸均以外径带公差，故大多采用外径定位法生产管材。外径定位方法很多，采用最广泛的是内压法和真空法。

3. 牵引装置　为克服管材在冷却定型过程中所产生的摩擦力，应使管材以均匀的速度引出并调节管子壁厚，以获得最终要求的管材，在冷却槽后必须加设牵引装置。对牵引装置的要求是：应在一定范围内平滑地无级变速；在牵引过程中，牵引速度恒定。牵引夹紧力要适中并能调节，牵引过程中不打滑、跳动和展动，防止管材永久变形。

4. 切割装置　当牵引装置送出冷却定型后的管子达到预定长度后，即开动切割装置将管子切断。当硬管达到预定长度后，由行程开关发出信号使夹紧机构抱紧管子，接着电动机驱动使圆锯旋转，通过手动或自动将管子送进圆锯切断。

5. 卷取装置　其作用是将软制品（薄膜、软管、单丝）卷绕成卷。

因此，辅机与主机协调动作，辅机提供了成型温度、作用力、牵引速度和各种动作。辅机和主机的配合，对产品质量影响很大。如辅机冷却能力不足，同样也将影响产品质量和生产率的提高；若温度条件控制不当，会使塑件产生内应力、翘曲变形、表面质量降低等缺陷；定型装置设计不合理，则影响塑件的几何形状和尺寸精度；牵引装置的牵引速度和牵引力同样也影响塑件质量，从某种程度上说，辅机对产品的质量影响更大。总之，辅机对挤出成型加工起着重要作用。

三、控制系统

塑料挤出机的控制系统包括加热系统、冷却系统及工艺参数测量系统，主要由各种电器、仪表和执行机构(控制屏和操作台)组成。其作用主要是：

(1)控制挤出机组的主机、辅机的电动机、液压系统和其他各种执行机构，使其满足工艺条件所需的转速和功率。

(2)检测、控制主辅机的温度、压力、流量等，使其满足工艺所要求，保证塑件质量。

(3)保证主辅机能协调运行，实现整个挤出机组的自动控制。

挤出机组的电气控制大致分为传动控制和温度控制两大部分，实现对挤出工艺包括温度、压力、螺杆转数、螺杆冷却、机筒冷却、制品冷却和外径的控制以及辅机各装置的控制。

四、挤出机与机头的装配

挤出成型的主要设备是挤出机，每副挤出成型模具都只能安装在与其相适应的挤出机上，在设计机头时，在考虑给定塑件的形状尺寸、精度、材料性能等要求外，还应了解挤出机的技术规范(如螺杆结构参数)，挤出机的生产率及端部结构尺寸，挤出机的工艺参数是否符合要求等。机头的设计应能够安装在相应的挤出机上，并要求挤出机的工艺参数适应机头的物料特性，保证挤出的顺利进行。

不同型号的挤出机安装机头部位的结构尺寸不同，机头设计应加以校核的主要连接项目有挤出机法兰盘的结构形式、过滤板和过滤网配合尺寸、铰链螺栓长度、连接螺栓直径及分布数量等。

第三节 挤出过程及挤出理论

一、挤出过程

由高分子物理学知道，高聚物存在三种物理状态，即玻璃态、高弹态和黏流态，在一定条件下，这三种物理状态会发生相互转变。在挤出过程中，首先固态物料由料斗进入料筒后，随着螺杆的旋转而向机头方向前进，在这个过程中，物料经历了固体—弹性体—黏流(熔融)

体三个物理状态的变化。根据物料在挤出机中的三种物理状态的变化过程及对螺杆各部件的工作要求，通常将挤出机的螺杆分成加料段（固体输送区）、压缩段（熔融区）和均化段（熔体输送区）三段。对于这类常规全螺纹三段螺杆来说，塑料在挤出机中的挤出过程可以通过螺杆各段的基本职能及塑料在挤出机中的物理状态变化过程来描述。

1. 加料段　塑料自料斗进入挤出机的料筒内，在螺杆的旋转作用下，由于料筒内壁和螺杆表面的摩擦作用向前运动，在该段，螺杆的职能主要是对塑料进行输送并压实，物料仍以固体状态存在。虽然由于强烈的摩擦热作用，在接近加料段的末端，与料筒内壁相接触的塑料已接近或达到黏流温度，固体粒子表面有些发黏，但熔融仍未开始。这一区域称为迟滞区，是指固体输送区结束到最初开始出现熔融的一个过渡区。

2. 熔融段　塑料从加料段进入熔融段，沿着螺槽继续向前，由于螺杆螺槽的容积逐渐变小，塑料受到压缩，进一步被压实，同时物料受到料筒的外加热和螺杆与料筒之间的强烈剪切搅拌作用，温度不断升高，物料逐渐熔融。此段螺杆的职能是使塑料进一步压实和熔融塑化，排除物料内的空气和挥发分。在该段，熔融料和未熔料以两相的形式共存，至熔融段末端，塑料最终全部熔融为黏流态。

3. 均化段　从熔融段进入均化段的物料是已全部熔融的黏流体。在机头口模阻力造成的回压作用下被进一步混合塑化均匀，并定量定压地从机头口模挤出，在该段，螺杆对熔体进行输送。

二、挤出理论

多年来，许多学者进行了大量的实验研究工作，提出了多种描述挤出过程的理论，有些理论已基本上获得应用。但是各种挤出理论都存在不同程度的片面性和缺点，因此，挤出理论还在不断修正、完善和发展中。

目前应用最广的挤出理论是根据塑料在挤出机三段中的物理状态变化和流动行为来进行研究的，并以此建立的固体输送理论、熔融理论和熔体输送理论。

1. 固体输送理论　物料自料斗进入挤出机的料筒内，沿螺杆向机头方向移动。首先经历的是加料段，物料在该段是处在疏松状态下的粉状或粒状固体，温度较低，黏度基本上无变化，即使因受热物料表面发黏结块，但内部仍是坚硬的固体，故形变不大。在加料段主要对固体塑料起螺旋输送作用。

固体输送理论是以固体对固体的摩擦静力平衡为基础建立起来的。该理论认为物料与螺槽和料筒内壁所有面紧密接触，形成具有弹性的固体塞子，并以一定的速率移动。物料受螺杆旋转时的推挤作用向前移动可以分解为旋转运动和轴向水平运动，旋转运动是由于物料与螺杆之间的摩擦力作用被转动的螺杆带着运动，轴向水平运动则是由于螺杆旋转时螺杆斜棱对物料的推力产生的轴向分力使物料沿螺杆的轴向移动。旋转运动和轴向运动的同时作用的结果，使物料沿螺槽向机头方向前进。

固体塞的移动情况是旋转运动还是轴向运动占优势，主要取决于螺杆表面和料筒表面与物料之间的摩擦力的大小。只有物料与螺杆之间的摩擦力小于物料与料筒之间的摩擦力时，物料才沿轴向前进，否则物料将与螺杆一起转动。因此只要能正确控制物料与螺杆及物料与料筒之间的静摩擦因数，即可提高固体输送能力。

为了提高固体输送速率，应降低物料与螺杆的静摩擦因数，提高物料与料筒的径向静摩擦因数。要求螺杆表面有很高的光洁度，在螺杆中心通入冷却水，适当降低螺杆的表面温度，因为固体物料对金属的静摩擦因数是随温度的降低而减小的。

2. 熔化理论　由加料段送来的固体物料进入压缩段，在料筒温度的外加热和物料与物料之间及物料与金属之间的摩擦作用的内热作用下而升温，同时逐渐受到越来越大的压缩作用，固体物料逐渐熔化，最后完全变成熔体，进入均化段。在压缩段既存在固体物料又存在熔融物料，物料在流动过程中有相变发生，因此在压缩段的物料的熔化和流动情况很复杂，给研究带来许多困难。

(1)熔化过程。当固体物料从加料段进入压缩段时，物料是处在逐渐软化和相互黏结的状态，与此同时越来越大的压缩作用使固体粒子被挤压成紧密堆砌的固体床。固体床在前进过程中受到料筒外加热和内摩擦热的同时作用，逐渐熔化。

首先在靠近料筒表面处留下熔膜层，当熔膜层厚度超过料筒与螺棱之间隙时，就会被旋转的螺棱刮下并汇集于螺纹推力面的前方，形成熔池，而在螺棱的后侧则为固体床。随着螺杆的转动，来自料筒的外加热和熔膜的剪切热不断传至熔融的固体床，使与熔膜接触的固体粒子熔融。在沿螺槽向前移动的过程中，固体床的宽度逐渐减小，直至全部消失，即完成熔化过程。

(2)相迁移面。熔化区内固体相和熔体相的界面称为相迁移面，大多数熔化均发生在此分界面上，它实际是由固体相转变为熔体相的过渡区域。熔体膜形成后的固体熔化是在熔体膜和固体床的界面(相迁移面)处发生的，所需的热量一部分来源于料筒的外加热，另一部分则来源于螺杆和料筒对熔体膜的剪切作用。

(3)熔化长度。挤出过程中，在加料段内是充满未熔融的固体粒子，在均化段内则充满着已熔化的物料，而在螺杆中间的压缩段内固体粒子与熔融物共存，物料的熔化过程就是在此区段内进行的，故压缩段又称为熔化区。在熔化区，物料的熔融过程是逐渐进行的。

3. 熔体输送理论　从压缩段送入均化段的物料是具有恒定密度的黏流态物料，在该段物料的流动已成为黏性流体的流动，物料的流动情况很复杂，不仅受到旋转螺杆的挤压作用，同时受到由于机头口模的阻力所造成的反压作用。

通常把物料在螺槽中的流动看成由下面四种类型的流动所组成。

(1)正流。正流是物料沿螺槽方向向机头的流动，这是均化段熔体的主流，是由于螺杆

旋转时螺棱的推挤作用所引起的，从理论分析上来说，这种流动是由物料在深槽中受机筒摩擦拖拽作用而产生的，故也称为拖拽流动，它起挤出物料的作用。

(2)逆流。逆流是沿螺槽与正流方向相反的流动，它是由机头口模、过滤网等对料流的阻碍所引起的反压流动，故又称压力流动，它将引起挤出生产能力的损失。

(3)横流。横流是物料沿 x 轴和 y 轴两方向在螺槽内往复流动，也是螺杆旋转时螺棱的推挤作用和阻挡作用所造成的，仅限于在每个螺槽内的环流，对总的挤出生产率影响不大，但对于物料的热交换、混合和进一步的均匀塑化影响很大。

(4)漏流。漏流是物料在螺杆和料筒的间隙沿着螺杆的轴向往料斗方向的流动，它也是由于机头和口模等对物料的阻力所产生的反压流。

三、挤出机的生产率

塑料在挤出机中的运动情况相当复杂，影响其生产能力的因素很多，因此要精确计算挤出机的生产率较困难。目前挤出机生产率的计算方法有如下几种。

1. 实测法　在实际生产的挤出机上测出制品从机头口模中挤出来的线速度，由此来确定挤出机的产量。

2. 按经验公式计算　对挤出机的生产能力进行多次实际调查和实测，并分析总结得出经验公式。

$$q_m = \beta D^3 n$$

式中：β 为系数，一般 $\beta=0.003\sim0.007$；D 为螺杆直径，cm；n 为螺杆转速，r/min。

3. 按固体输送理论计算　此法是把挤出机内的物料看成是一个固体塞子，把物料的运动看成像螺母在螺杆中移动。

4. 按黏性流体流动理论计算　此法是把挤出机内的物料当作黏性流体，把物料的运动看作是黏性流体流动。在挤出机内只有在均化段的物料才是黏性流体，因此在挤出机正常工作时，螺杆均化段的流动速率可以看作是挤出机的挤出流量，影响均化段流速的因素也就是影响挤出机生产率的因素。应该说这种计算法最能代表真正的挤出机生产能力，因为物料流出均化段就是流出挤出机。

四、影响挤出机生产率的因素

1. 机头压力与生产率的关系　正流流率与压力无关，逆流和漏流流率则与压力成正比。因此，压力增大，挤出流率减小，但对物料的进一步混合和塑化有利。在实际生产中，增大了口模尺寸，即减小了压力降，挤出量虽然提高，但对制品质量不利。

2. 螺杆转速与生产率的关系　在机头和螺杆的几何尺寸一定时，螺杆转速与挤出机的生产率成正比。目前出现的超高速挤出机，能大幅度地提高挤出机的生产能力。

3. 螺杆几何尺寸与生产率的关系

(1)螺杆直径 D。挤出机流速接近于与螺杆直径 D 的平方成正比。

(2)螺槽深度 H。正流与螺槽深度 H 成正比,而逆流与 H 成正比。深槽螺杆的挤出量对压力的敏感性大。

(3)均化段长度。均化段长度 L 增加时,逆流和漏流减少,挤出生产率增加。

4. 物料温度与生产率的关系 理论上,挤出生产率与黏度无关,也与料温无关。但在实际生产中,当温度有较大幅度变化时,挤出流速也有一定变化,这种变化是由于温度的变化而导致对物料塑化效果有所影响,这相当于均化段的长度有了变化,从而引起挤出生产率的变化。

5. 机头口模的阻力与生产率的关系 物料挤出时的阻力与机头口模的截面积成反比,与长度成正比,即口模的截面尺寸越大或口模的平直部分越短,机头阻力越小,这时挤出产率受机头内压力变化的影响就越大。因此,一般要求口模的平直部分有足够的长度。

第四节 双螺杆挤出机

随着聚合物加工业的发展,对高分子材料成型和混合工艺提出了越来越多和越来越高的要求。

单螺杆挤出机在某些方面就不能满足这些要求,例如用单螺杆挤出机进行填充改性和加玻璃纤维增强改性等,混合分散效果就不理想。另外,单螺杆挤出机尤其不适合粉状物料的加工。

为了适应聚合物加工中混合工艺的要求,特别是硬聚氯乙烯粉料的加工,双螺杆挤出机自 20 世纪 30 年代后期在意大利开发后,经过半个多世纪的不断改进和完善,得到了很大的发展。在国外,目前双螺杆挤出机已广泛应用于聚合物加工领域,已占全部挤出机总数的 40%。硬聚氯乙烯粒料、管材、异型材、板材几乎都是用双螺杆挤出机加工成型的。

作为连续混合机,双螺杆挤出机已广泛用来进行聚合物共混、填充和增强改性,也用来进行反应挤出。近 20 年来,高分子材料共混合反应性挤出技术的发展进一步促进了双螺杆挤出机数量和类型的增加。

一、双螺杆挤出机的结构与分类

双螺杆挤出机由传动装置、加料装置、料筒和螺杆等几个部分组成,各部件的作用与单螺杆挤出机相似。与单螺杆挤出机的区别之处在于双螺杆挤出机中有两根平行的螺杆置于"∞"形截面的料筒中。

用于型材挤出的双螺杆挤出机通常是紧密啮合且异向旋转的,虽然少数也有使用同向

旋转式双螺杆挤出的，一般在比较低的螺杆速度下操作，在 10 r/min 以内。高速啮合同向旋转式双螺杆挤出机用于配混、排气或作为连续化学反应器，这类挤出机最大螺杆速度范围在 300～600 r/min。非啮合型挤出机用于混合、排气和化学反应，其输送机理与啮合型挤出机大不相同，比较接近于单螺杆挤出机的输送机理，虽然二者有本质上的差别。

二、双螺杆挤出机的工作原理

从运动原理来看，双螺杆挤出机中同向啮合和异向啮合及非啮合型是不同的。

1. 同向啮合型双螺杆挤出机　这类挤出机有低速和高速两种，前者主要用于型材挤出，而后者用于特种聚合物加工操作。

(1)紧密啮合式挤出机。低速挤出机具有紧密啮合式螺杆几何形状，其中一根螺杆的螺棱外形与另一根螺杆的螺棱外形紧密配合，即共轭螺杆外形。

(2)自洁式挤出机。高速同向挤出机具有紧密匹配的螺棱外形。可将这种螺杆设计成具有相当小的螺杆间隙，于是螺杆具有密闭式自洁作用，这种双螺杆挤出机称为紧密自洁同向旋转式双螺杆挤出机。

2. 异向啮合型双螺杆挤出机　紧密啮合异向旋转式双螺杆挤出机的两螺杆螺槽之间的空隙很小(比同向啮合型双螺杆挤出机中的空隙小很多)，因此可达到正向的输送特性。

3. 非啮合型双螺杆挤出机　非啮合型双螺杆挤出机的两根螺杆之间的中心距大于两螺杆半径之和。

三、双螺杆挤出机和单螺杆挤出机的区别

双螺杆挤出机与单螺杆挤出机的差别主要在以下两方面。

1. 物料的传送方式　在单螺杆挤出机中，固体输送段中为摩擦拖拽，熔体输送段中为黏性拖拽。固体物料的摩擦性能和熔融物料的黏性决定了输送行为。如有些物料摩擦性能不良，如果不解决喂料问题，则较难将物料喂入单螺杆挤出机。

而在双螺杆挤出机中，特别是啮合型双螺杆挤出机，物料的传送在某种程度上是正向位移传送，正向位移的程度取决于一根螺杆的螺棱与另一根螺杆的相对螺槽的接近程度。紧密啮合异向旋转挤出机的螺杆几何形状能得到高度的正向位移输送特性。

2. 物料的流动速度场　目前对物料在单螺杆挤出机中的流动速度分布已描述得相当明确，而在双螺杆挤出机中物料的流动速度分布情况相当复杂且难以描述。许多研究人员只是不考虑啮合区的物料流动情况来分析物料的流动速度场，但这些分析结果与实际情况相差很大。因为双螺杆挤出机的混合特性和总体行为主要取决于发生在啮合区的漏流，然而啮合区中的流动情况相当复杂。双螺杆挤出机中物料的复杂流谱在宏观上表现出单螺杆挤出机无法媲美的优点，例如：混合充分，热传递良好，熔融能力大，排气能力强及对物料温度

控制良好等。

第五节　挤出成型工艺

挤出成型主要用于热塑性塑料制品的成型，多数是用单螺杆挤出机按干法连续挤出的操作方法进行成型的。适用于挤出成型的热塑性塑料品种很多，挤出制品的形状和尺寸也各不相同，挤出不同制品的操作方法各不相同，但是挤出成型的工艺流程则大致相同。

一、挤出成型工艺流程

各种挤出制品的生产工艺流程大体相同，一般包括原料的准备、预热、干燥、挤出成型、挤出物的定型与冷却、制品的牵引与卷取（或切割），有些制品成型后还需经过后处理。

1. 原料的准备和预处理　用于挤出成型的热塑性塑料大多数是粒状或粉状塑料，由于原料中可能含有水分，将会影响挤出成型的正常进行，同时影响制品质量。例如出现气泡，表面晦暗无光；出现流纹，力学性能降低等。因此，挤出前要对原料进行预热和干燥。不同种类塑料允许含水量不同。

通常，对于一般塑料，应控制原料的含水量＜0.5%；对于高温下易水解的塑料，如尼龙（PA）、涤纶（PET）等，水分含量＜0.03%。此外，原料中的机械杂质也应尽可能除去。

原料的预热和干燥一般是在烘箱或烘房内进行，可抽真空干燥。

2. 挤出成型　首先将挤出机加热到预定的温度，然后开动螺杆，同时加料。初期挤出物的质量和外观都较差，应根据塑料的挤出工艺性能和挤出机机头口模的结构特点等调整挤出机料筒各加热段和机头口模的温度及螺杆的转速等工艺参数，以控制料筒内物料的温度和压力分布；根据制品的形状和尺寸的要求，调整口模尺寸和同心度及牵引等设备装置，以控制挤出物离模膨胀和形状的稳定性，从而达到最终控制挤出物的产量和质量的目的，直到挤出达到正常状态即进行正常生产。

物料的温度主要来自料筒的外加热，其次是螺杆对物料的剪切作用和物料之间的摩擦作用。当进入正常操作后，剪切和摩擦产生的热量甚至变得更为重要。

温度升高，物料黏度降低，有利于塑化，同时降低熔体的压力，挤出成型出料快。但如果机头和口模温度过高，挤出物形状的稳定性较差，制品收缩性增大，甚至引起制品发黄，出现气泡，成型不能顺利进行；温度降低，物料黏度增大，机头和口模压力增加，制品密度大，形状稳定性好，但挤出膨胀较严重，可以适当增大牵引速度以减少因膨胀而引起的制品壁厚增加。但是，温度不能太低，否则塑化效果差，且熔体黏度太大而增加功率消耗。

口模和型芯的温度应该一致，若相差较大，则制品会出现向内或向外翻甚至扭曲等现象。

增大螺杆的转速能强化对塑料的剪切作用，有利于塑料的混合和塑化，且大多数塑料的熔融黏度随螺杆转速的增加而降低。

3. 挤出物的定型与冷却　热塑性塑料挤出物离开机头口模后仍处在高温熔融状态，具有很大的塑性变形能力，应立即进行定型和冷却。如果定型和冷却不及时，制品在自身重力的作用下就会变形，出现凹陷或扭曲等现象。不同的制品有不同的定型方法，大多数情况下，冷却和定型是同时进行的，只有在挤出管材和各种异型材时才有一个独立的定型装置，挤出板材和片材时，往往挤出物通过一对压辊，也是起定型和冷却作用，而挤出薄膜、单丝等不必定型，仅通过冷却便可以了。

未经定型的挤出物必须用冷却装置使其及时降温，以固定挤出物的形状和尺寸。已定型的挤出物由于在定型装置中的冷却作用并不充分，仍必须用冷却装置，使其进一步冷却。冷却一般采用空气或水冷。冷却速度对制品性能有较大影响，硬质制品不能冷得太快，否则容易造成内应力，并影响外观；对软质或结晶型塑料则要求及时冷却，以免制品变形。

4. 制品的牵引和卷取(切割)　热塑性塑料挤出离开口模后，由于有热收缩和离模膨胀的双重效应，使挤出物的截面与口模的断面形状尺寸并不一致。因此，在挤出热塑性塑料时，要连续而均匀地将挤出物牵引出，其目的一是帮助挤出物及时离开口模，保持挤出过程的连续性，二是调整挤出型材截面尺寸和性能。

牵引的速度要与挤出速度相配合，通常牵引速度略大于挤出速度，这样一方面起到消除由离模膨胀引起的制品尺寸变化，另一方面对制品有一定的拉伸作用。牵引的拉伸作用可使制品适度进行大分子取向，从而使制品在牵引方向的强度得到改善。

各种制品的牵引速度是不同的。通常挤出薄膜和单丝需要较快的速度，牵伸速度增大，制品的厚度和直径减小，纵向断裂强度提高。挤出硬制品的牵引速度则小得多，通常是根据制品离口模不远处的尺寸来确定牵伸速度。

定型冷却后的制品根据制品的要求进行卷绕或切割。软质型材在卷绕到给定长度或质量后切断；硬质型材从牵引装置送出达到一定长度后切断。

5. 后处理　有些制品挤出成型后还需进行后处理，以提高制品的性能。后处理主要包括热处理和调湿处理。

在挤出较大截面尺寸的制品时，常因挤出物内外冷却速率相差较大而使制品内有较大的内应力，这种挤出制品成型后应在高于制品的使用温度 10～20℃或低于塑料的热变形温度 10～20℃的条件下保持一定时间，进行热处理以消除内应力。

有些吸湿性较强的挤出制品，如聚酰胺，在空气中使用或存放过程中会吸湿而膨胀，而且这种吸湿膨胀过程需很长时间才能达到平衡。为了加速这类塑料挤出制品的吸湿平衡，常在成型后浸入含水介质中加热进行调湿处理，在此过程中还可使制品受到消除内应力的热处理，对改善这类制品的性能十分有利。

二、几种典型挤出方式

各种塑料挤出制品的成型，均是以挤出机为主机，使用不同形状的机头口模，改变挤出机辅机的组成来完成的。典型的塑料挤出制品包括管材、型材、吹塑薄膜和塑料电线电缆等。

1. 管材挤出 管材是塑料挤出制品中的主要品种，有硬管和软管之分。用来挤管的塑料品种很多，主要有聚氯乙烯、聚乙烯、聚丙烯、聚苯乙烯、尼龙、ABS和聚碳酸酯等。

管材挤出的基本工艺是：由挤出机均化段出来的塑化均匀的塑料，经过过滤网、粗滤器而达分流器，并被分流器支架分为若干支流，离开分流器支架后再重新汇合起来，进入管芯口模间的环形通道，最后通过口模到挤出机外而成管子，接着经过定径套定径和初步冷却，再进入冷却水槽或具有喷淋装置的冷却水箱，进一步冷却成为具有一定口径的管材，最后经由牵引装置引出并根据规定的长度要求而切割得到所需的制品。

管材挤出装置由挤出机、机头口模、定型装置、冷却水槽、牵引及切割装置（或缠绕装置）等组成。

2. 吹塑薄膜挤出 吹塑薄膜挤出机头简称吹膜机头，其方法是挤出壁薄的大直径管坯，然后用压缩空气吹涨。吹塑成型可以生产聚氯乙烯、聚乙烯、聚苯乙烯、聚酰胺等各种塑料薄膜，应用广泛。根据成型过程中管坯的挤出方向及泡管的牵引方向不同，吹塑薄膜成型可分为平挤上吹、平挤下吹及平挤平吹三种方法。其中前两种使用直角式机头，后一种使用水平机头。

3. 电线电缆挤出 在金属芯线上包覆一层塑料层作为绝缘层，一般在挤出机上用转角式机头挤出成型。根据被包覆对象及要求的不同，通常有两种结构形式。

（1）挤压式包覆机头。当金属芯线是单丝或多股金属线，挤出产品即为电线。用于电线包覆成型的工艺装备，称为挤压式包覆机头。这种机头结构简单，调整方便，被广泛用于电线的挤出生产。它的主要缺点是芯线与包覆层同心度不好。

参数的确定：定型段长度为口模出口处直径 D 的 1.0～1.5 倍；导向棒前端到口模定型段的距离 M 也可取口模出口处直径 D 的 1.0～1.5 倍；包覆层厚度取 1.25～1.60 mm。当金属芯线是一束互相绝缘的导线或不规则的芯线时，挤出产品即为电缆。

（2）套管式包覆机头。套管式包覆机头，与挤压式包覆机头相似，也是转角式机头，不同之处在于套管式包覆机头是将塑料挤成管状，然后在口模外靠塑料管的热收缩包在芯线上。

参数的确定：包覆层的厚度随口模尺寸、导向棒头部尺寸、挤出速度、芯线移动速度等变化而变化。口模定型段长度 L 为口模出口直径 D 的 0.5 倍以下。否则，螺杆背压过大，不仅产量低，而且电缆表面出现流痕，影响表面质量。

4. 异型材挤出 除了前面所述的挤出制品，凡是具有其他断面形状的塑料挤出制品，统

称为异型材。异型材制品有日常生活中常见的塑料门窗、百叶窗、冰箱及铝门窗封条。

参数的确定：

(1)定型模长度。实践表明，当异型材壁厚达 2.5～3.5 mm 范围时，定型模总长度在 1 600～2 600 mm，这将给加工带来极大困难。为此，常将定型模分成多段制造，然后组装使用。

(2)定型模型腔尺寸。由于异型材型坯在定型过程中，要经历冷却收缩和牵引拉长的变化，致使定型后的异型材的截面尺寸变小，故定型模径向尺寸必须适当放大。尺寸放大的唯一依据是异型材定型收缩率。

第六节　挤出成型新工艺

随着聚合物加工的高效率和应用领域的不断扩大和延伸，挤出成型制品的种类不断出新，挤出成型的新工艺层出不穷，其中主要有反应挤出工艺、固态挤出工艺和共挤出工艺。

1. 反应挤出工艺　反应挤出工艺是 20 世纪 60 年代后才兴起的一种新技术，是连续地将单体聚合并对现有聚合物进行改性的一种方法，因可以使聚合物性能多样化、功能化且生产连续、工艺操作简单和经济适用而普遍受到重视。该工艺的最大特点是将聚合物的改性、合成与聚合物加工这些传统工艺中分开的操作联合起来。

反应挤出成型技术是可以实现高附加值、低成本的新技术，已经引起世界化学和聚合物材料科学与工程界的广泛关注，在工业方面发展很快。与原有的成型挤出技术相比，它有明显的优点：节约加工中的能耗；避免了重复加热；降低了原料成本；在反应挤出阶段，可在生产线上及时调整单体、原料的物性，以保证最终制品的质量。

反应挤出机是反应挤出的主要设备，一般有较长的长径比、多个加料口和特殊的螺杆结构。它的特点是：熔融进料预处理容易；混合分散性和分布性优异；温度控制稳定；可控制整个停留时间分布；可连续加工；未反应的单体和副产品可以除去；具有副反应的控制能力；可进行黏流熔融输送；可连续制造异型制品。

2. 固态挤出工艺　固态挤出工艺是指使聚合物在低于熔点的条件下被挤出口模。固态挤出一般使用单柱塞挤出机，柱塞式挤出机为间歇性操作。柱塞的移动产生正向位移和非常高的压力，挤出时口模内的聚合物发生很大的变形，使得分子严重取向，其效果远大于熔融加工，从而使得制品的力学性能大大提高。固态挤出有直接固态挤出和静液压挤出两种方法。

3. 共挤出工艺　在塑料制品生产中应用共挤出技术可使制品多样化或多功能化，从而提高制品的档次。共挤出工艺由两台以上挤出机完成，可以增大挤出制品的截面积，组成特殊结构和不同颜色、不同材料的复合制品，使制品获得最佳的性能。

按照共挤物料的特性，可将共挤出技术分为软硬共挤、芯部发泡共挤、废料共挤、双色共挤等。有三台挤出机共挤出 PVC 发泡管材的生产线，比两台挤出机共挤方式控制的挤出工艺条件更准确，内外层和芯部发泡层的厚度尺寸更精确，因此可以获得性能更优异的管材。随着农用薄膜、包装薄膜发展的需要，共挤出吹塑膜可达到 9 层。多层共挤出对各种聚合物的流变性能、相黏合性能，各挤出机之间的相互匹配有很高的要求。

第七章　压延成型

第一节　概　述

1. 压延成型　压延成型是将熔融塑化的热塑性塑料通过两个以上的平行异向旋转辊筒间隙，使熔料在压延机辊筒的辊隙间受到挤压、延展拉伸而成为具有一定规格尺寸并符合质量要求的连续片(膜)状制品的成型方法。

2. 压延成型特点　压延成型的生产特点是加工能力大，生产速度快，厚度精度高，产品质量好，生产连续。例如，一台普通四辊压延机的年生产能力可达 5 000～10 000 t，生产薄膜时线速度可达 60～100 m/min，有的甚至高达 300 m/min。

压延产品厚薄均匀，厚度公差可控制在 10%以内，而且表面平整。若与轧花辊或印刷机械配套生产，还可直接得到各种花纹和图案。

此外，压延生产的自动化程度高，先进的压延成型联动装置只需 1～2 人操作。因而压延成型在塑料加工中占有相当重要的地位。

由于压延成型工艺流程较长、设备比较庞大、投资较高、维修较为复杂、制品宽度受压延机辊筒长度的限制等，因此在生产片材方面不如挤出成型的技术发展快。

3. 压延成型的适用性　压延成型与挤出成型、注射成型一起称为热塑料性塑料的三大成型方法，主要用于加工各种薄膜、板材、片材、人造革、墙壁纸、地板及复合材料等。塑料压延制品的产量在塑料制品的总产量中约占 1/5，广泛用于农业、工业包装、室内装饰及日用品等各个领域。

压延成型制品呈平面、连续状。压延薄膜与片材之间主要是厚度的差别，一般情况下厚度在 0.25 mm 以下平整而柔软的塑料制品称为薄膜；而厚度在 0.25～2 mm 之间的软质平面材料和厚度在 0.5 mm 以下的硬质平面材料则称为片材。

目前适合压延成型的塑料原料主要有聚氯乙烯、聚乙烯、ABS、改性聚苯乙烯、纤维素等，其中以聚氯乙烯最为常见。

第二节　压延成型原理

压延成型过程是借助于辊筒间产生的强大剪切力，使黏流态物料多次受到挤压和延展作用，成为具有一定宽度和厚度的薄层制品的过程。这一过程表面上看只是物料造型的过程，但实质上它是物料受压和流动的过程。

一、物料在压延辊筒间隙的压力分布

从流体力学知道，任何流体产生流动，都有动力推动。压延时推动物料流动的动力来自两个方面：一是物料与辊筒之间的摩擦作用产生的辊筒旋转拉力，它把物料带入辊筒间隙；二是辊筒间隙对物料的挤压力，它将物料推向前进。图 7-2-1 所示为物料在受压缩和压伸变形时的示意图。

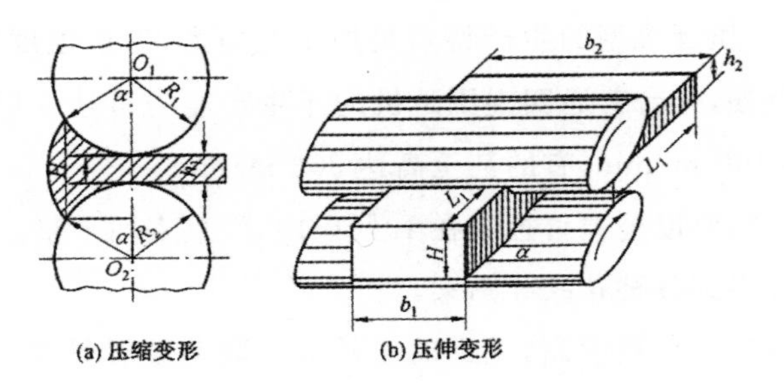

图 7-2-1　压延时物料的压缩变形和压伸变形

压延时，物料是被摩擦力带入辊缝而流动的。由于辊缝是逐渐缩小的，因此当物料向前行进时，其厚度越来越小，而辊筒对物料的压力就越来越大。然后胶料快速地流过辊距处。随着胶料的流动，压力逐渐下降，至胶料离开辊筒时，压力为零，其压力分布如图 7-2-2 所示。

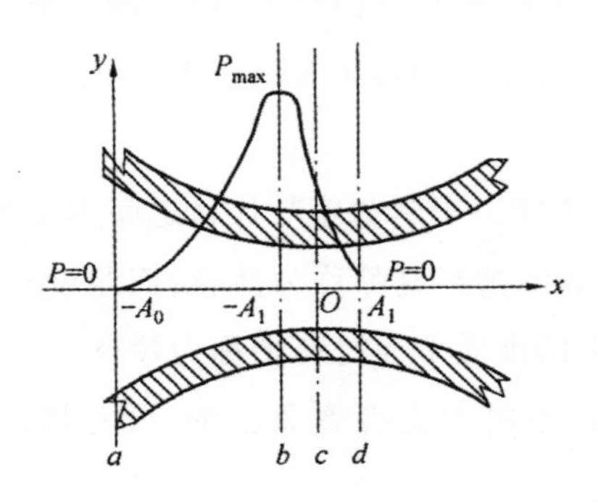

图 7-2-2　压延时物料所受压力分布

压延中物料受辊筒的挤压，其各点所受压力不同，如图 7-2-3 所示，受到压力的区域称为钳住区。辊筒开始对物料加压的点称为始钳住点，加压终止点为终钳住点，两辊中心（两辊

筒圆心连线的中点)称为中心钳住点,钳住区压力最大处为最大压力钳住点。

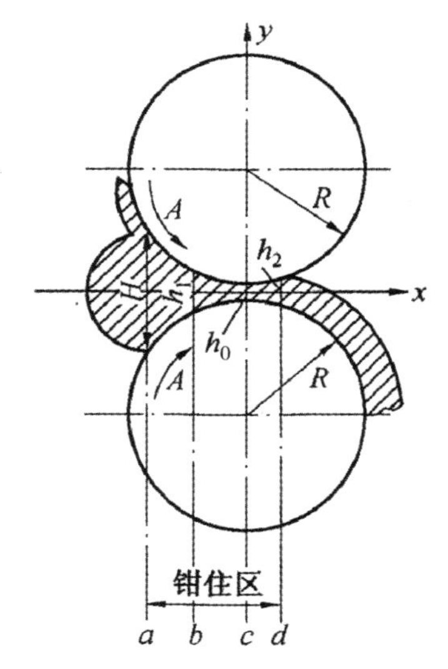

图 7-2-3 物料在辊筒间受到挤压时的情况

a—始钳住点 b—最大压力钳住点 c—中心钳住点 d—终钳住点

二、物料在压延辊筒间隙的流速分布

处于压延辊筒间隙中的物料主要受到辊筒的压力作用而产生流动,辊筒对物料的压力是随辊缝的位置不同而递变的,因而造成物料的流速也随辊缝的位置不同而递变。即在等速旋转的两个辊筒之间的物料,其流动不是等速前进的,而是存在一个与压力分布相应的速度分布,其流速分布如图 7-2-4 所示。

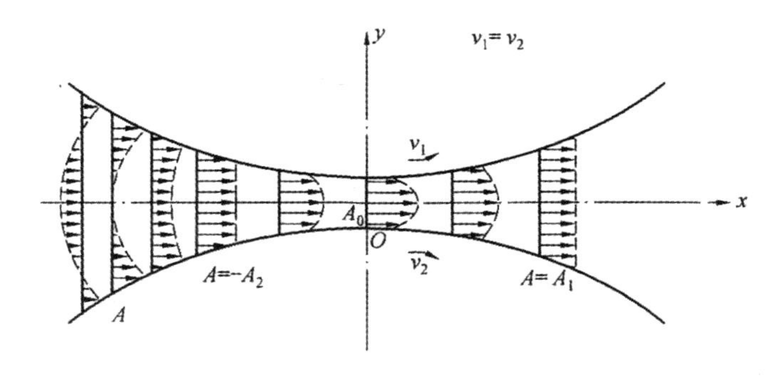

图 7-2-4 物料在辊筒间的速度分布

实际上辊筒大都是同一直径而有不同表面线速度,此时流动速度分布规律基本一样,只是物料的流动状况和流速分布在 y 轴上存在一个与两辊筒表面线速度差相对应的变化,其主要特点是改变速度梯度分布状态。这样就增加了剪切力和剪切变形,使物料的塑化混炼更好。

在中心钳住点 h_0 处，具有最大的速度梯度，而且物料所受到剪应力和剪切速率与物料在辊筒上的移动速度和物料的黏度成正比，而与两辊中心线上的辊间距 h_0 成反比，当物料流过此处时，受到最大的剪切作用，物料被拉伸、辗延而成薄片。但当物料一旦离开辊间距 h_0 后，由于弹性恢复的作用而使料片增厚，最后所得的压延料片的厚度都大于辊间距 h_0。

第三节　压延成型设备

一、压延成型设备

（一）压延成型设备的组成

压延成型设备一般由供料系统、压延机、压延辅机、加热冷却系统以及电气控制系统五大部分组成。供料系统主要由筛选、过滤装置、研磨装置、计量装置、混合装置、塑化装置、喂料装置、输送和检测装置等组成。压延辅机主要由引离装置、压花装置、冷却装置、测厚装置、输送装置、张力调节装置、切割装置和卷取装置等设备组成。如图 7-3-1 所示为压延膜（片）机组组成示意。

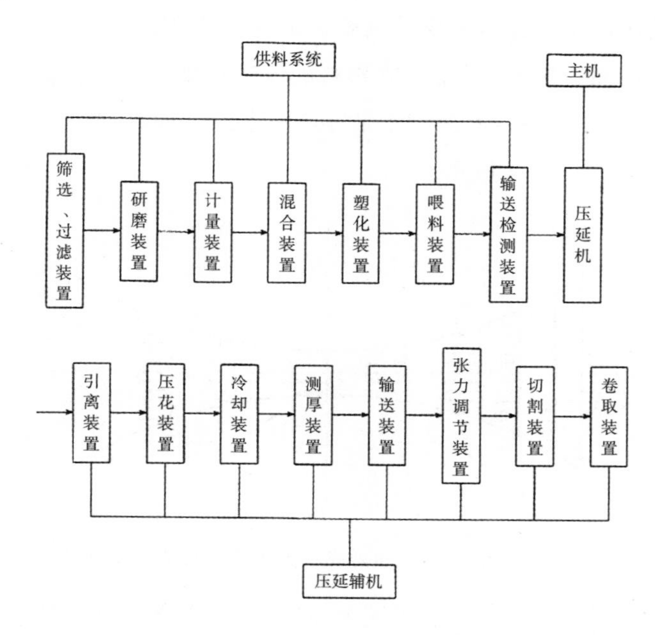

图 7-3-1　压延膜（片）机组组成示意图

（二）各部分的作用

1.供料系统　供料系统主要完成物料各组分的自动计量、物料配制与混合塑化，为压延机供给基本塑化均匀的物料。

筛选、过滤装置的作用一是除去物料中的杂质（尤其是金属杂质），以确保成型设备的安全；二是使物料的细度更加一致，以满足成型加工要求和保证制品的质量。

筛选装置主要采用单筛体式平动筛和电磁式振动筛两种。平动筛是利用偏心轮机构，使筛体发生平面圆周变速运动而达到筛选的目的；振动筛则是利用电磁振荡原理，使筛体因电磁铁的快速吸合与断开发生往复变速运动而产生振动，从而达到筛选的目的。

过滤装置主要采用由金属丝网和骨架构成的网式过滤器。

研磨装置是指对于某些多组分塑料（如 PVC 等）的成型加工，为了使不易分散的少量助剂在混合时能均匀分散在树脂中以提高混合效率所采用的一种装置。研磨可提高物料分散性，使树脂和助剂混合得更加均匀，改善物料的加工性。常用研磨设备主要有三辊研磨机与球磨机。三辊研磨机主要由辊筒、辊距调整装置、挡料装置、出料装置、传动装置和机架等组成，它主要用于浆状物料的研磨。对于球磨机，在圆筒内装有许多钢球，圆筒在驱动力作用下转动时，钢球对投入的物料进行碰撞冲击及滑动摩擦，达到均匀研细的目的。球磨机主要用于填料等固态助剂的研细处理。

计量装置的作用是将树脂和各种助剂进行称量以便于定量配制。

混合装置常采用高速混合机，它的作用是对配制好的物料进行充分的混合搅拌，使物料各组分混合均匀。

塑化装置常采用连续密炼机或双螺杆混炼挤塑机，它们的作用是对混合均匀的物料进行塑化。

喂料装置常采用喂料挤塑机，它的作用是进一步对物料均匀塑化，并阻止杂质和未塑化物料的输出，为压延机提供合乎质量要求的塑化料。

输送和检测装置的作用是将塑化好的物料均匀地输送至压延机的辊隙间；检测物料中是否混有金属杂质，以防止金属杂质进入压延机辊隙而破坏辊筒工作表面。常采用的是摇头式物料输送带和带有自动报警系统的金属检测器。

2.压延机　压延机（主机）是压延成型的核心设备，它的作用是将已塑化好的物料压延成具有一定规格尺寸和符合质量要求的连续片状制品。

3.压延辅机　压延辅机主要用于压延制品从辊筒上剥离、压花、冷却定型、输送、张力调节、厚度检测、切割与卷取。

4.加热冷却系统　加热冷却系统的作用是对压延成型设备进行加热或冷却，使温度控制在压延成型工艺所必需的温度范围内。主要有过热水循环加热冷却装置和热油循环加热冷却装置等。

5. 电气控制系统 电气控制系统的作用是控制整个压延成型机组的运行，保证压延成型设备按压延成型工艺过程预定的要求和程序准确有效地工作。

（三）压延机的结构组成

压延机的结构组成主要包括由底座、机架、辊筒、挡料板、辊距调节装置、辊筒轴承、传动系统、万向联轴节、润滑系统、辊筒温度调节装置和紧急停车装置等。此外四辊压延机还设有辊筒挠度补偿装置等。如图 7-3-2 所示为四辊压延机的结构组成。

(1)辊筒。辊筒是压延机的关键部件，是与物料直接接触并对物料施压和加热的成型部件。辊筒内可通入加热或冷却介质对辊筒进行加热和冷却。

(2)挡料板。在压延机辊筒上，使堆积物料保持在辊筒的给定位置内。其作用有两个：一是调节压延制品的幅宽；二是防止物料从辊筒端部挤出而污染传动系统和造成物料的浪费。

(3)辊距调节装置。其作用是调节辊距，以适应各种不同厚度制品的生产。

(4)辊筒挠度补偿装置。其作用是克服操作中辊筒因受力引起的弯曲变形，调节制品横向厚度均匀性，以保证产品的质量。

(5)辊筒轴承及其润滑系统。其作用是实现做回转运动的辊筒与机架的连接，承受辊筒强大的工作载荷，对辊筒轴承进行必要的润滑和冷却。

(6)万向联轴器。它是辊筒和减速器之间传动轴的连接部件，其作用是克服传动系统的误差对制品精度的影响，同时便于设备加工制造及安装维修。

(7)辊筒温度调节装置。其作用是在辊筒内通过冷热介质调节辊筒工作表面温度，使辊筒温度适应加工工艺要求。

(8)传动系统。其作用是为辊筒提供所需的转速与扭矩，确保压延机工作时所需的动力。

(9)紧急停车装置。为防止生产出现意外情况或需要紧急停车而设置，以保护人身和设备安全。

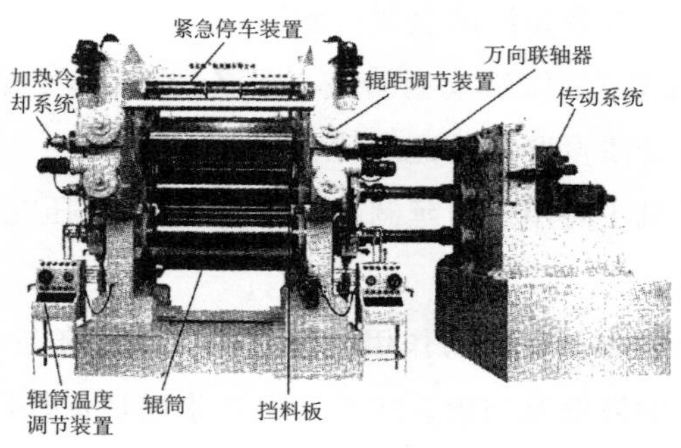

图 7-3-2 四辊压延机结构组成

二、压延成型设备分类及常用压延机的特点

(1)压延成型设备的类型。在塑料成型设备中,压延机是比较复杂的重型高精度机械,其类型繁多,结构复杂,分类方法也多种,通常可按压延机的功能、用途、辊筒数目和辊筒排列形式等方面分类。一般按辊筒数目可分为二辊、三辊、四辊、五辊和多辊压延机。其中以三辊和四辊压延机应用为主。按辊筒排列形式可为分 I 型、Γ 型、L 型、S 型压延机。目前普遍应用的是 S 型和倒 L 型四辊压延机。

(2)常用类型的特点。

①S 型四辊压延机的特点主要有:各辊筒互相独立,受力时可以不相互干扰,这样传动平稳,制品厚度容易调整和控制;物料和辊筒的接触时间短、受热少,不易分解;各辊筒拆卸方便,易于检修;加料方便,便于观察存料;厂房高度要求低;便于双面贴胶。

②倒 L 型压延机的特点主要有:物料包住辊筒的面积比较小,因此产品的表面光洁程度受到影响。采用倒 L 型压延机生产薄而透明的薄膜要比 S 型好。这是因为生产时中间辊筒受力不大(上下作用力差不多相等,相互抵消),因而辊筒挠度小、机架刚度好,牵引辊可离得近,只要补偿第四辊的挠度就可压出厚度均匀的制品。至于它所存在的中辊浮动和易过热等缺点,目前已由于采用零间隙精密滚柱轴承、钻孔辊筒、辊筒反弯曲装置以及轴交叉装置等办法而得到解决。但使用倒 L 型压延机时,杂物容易掉入辊筒间。

三、压延成型设备的基本参数

表征压延成型设备的参数主要有辊筒数目、辊筒直径、辊筒长度、辊筒线速度、辊筒速比、驱动功率、压延精度等。

1. 辊筒数目　分为两辊、三辊、四辊和五辊压延机。

2. 辊筒直径　即辊筒外径,用 D 表示,单位:mm。

3. 辊筒长度　指沿辊筒轴线方向与物料接触的有效长度,即生产制品的最大幅宽,用 L 表示,单位:mm。一般有效长度比实际长度短 20～30 mm。

4. 辊筒线速度　即辊筒工作表面上任一点的速度,用 v 表示,单位:m/min。

辊筒直径、辊筒长度和辊筒线速度是压延机生产能力和机械自动化水平的重要参数之一。辊筒直径越大,物料被压延作用的面积就越大,物料压延就越充分。在相同的转速下,辊筒直径越大,线速度就越大,因此相应压延产量也越高。而辊筒越长,允许加工制品的幅宽也就越宽,产量也越高。目前世界先进水平的压延机辊筒线速度已达 200～250 m/min。

5. 辊筒速比　即辊筒间工作表面线速度之比值,用 i 表示。

压延机辊筒间有一定的速比可使料片依次贴辊,而且能使物料受到更多的剪切作用,促使物料更好地塑化。此外，还可以使物料得到一定的延伸和定向，从而使薄膜厚度减小，并能提高制品的质量。

6. 驱动功率 即压延机驱动辊筒转动所需要的功率，用 P 表示，单位：kW。它是表征压延机可靠性和经济性的一个重要参数。

7. 压延精度 高精度的压延机是为了在高速下生产出符合质量要求的高精度制品，达到最好的经济效益和最佳的使用价值。因此，压延精度是表征压延机综合性能的重要参数。

四、压延成型时对压延机辊筒的结构要求

压延机辊筒是压延机的核心部件，对压延过程及产品质量影响较大。压延成型时对于压延辊筒的要求如下。

(1)辊筒应具有足够的刚性，以保证挠曲变形不超过许用值。

(2)辊筒工作表面应具有足够的硬度，应抵抗磨损。一般其工作表面硬度达到肖氏硬度 $H_S=65\sim75$，轴颈 $H_S=37\sim48$。

(3)辊筒工作表面应具有良好的抗剥落和耐腐蚀能力。

(4)辊筒工作表面应具有足够的光洁度，表面粗糙度 $R_a\leqslant0.1\ \mu m$。

(5)辊筒工作表面外径的加工应达到 GB 169-59 和 GB 174-59 基轴制 7 级以上精度。

(6)辊筒材料应具有良好的导热性。

(7)辊筒几何形状要合理，确保工作表面温度分布均匀一致，防止应力集中，便于机械加工。

(8)使用可靠，经济合理。

(9)辊筒材料一般选用冷硬铸铁，多采用离心浇铸。辊筒表面为白口铁，其组织细密、坚硬耐磨；内部为灰口铸铁，其韧性好，强度高；中间过渡部分为马口铁。铸铁价格比较低廉，国产普通冷硬铸铁标记为 LTG -P，合金冷硬铸铁为 LTG -H。铸铁辊筒加工含有增塑剂的塑料时，不易粘辊。由于冷硬铸铁组织较疏松，组织均匀性较差，在蒸汽压力很高时，将会产生渗漏现象，因此也有用铸钢或铬钼合金钢作为辊筒的，其强度比铸铁高，辊筒壁厚可减小，但其材料价格较高，且加工含增塑剂的物料时，粘辊现象较严重。目前普遍采用球墨铸铁双层浇铸或铬镍钼合金钢等材料制造辊筒，其白口层深度达(12±2) mm，弹性模量 E 达 $(1.2\sim1.4)\times10^5$ MPa。

五、压延辊筒的结构形式

辊筒的结构按照冷热介质流道形式可分为中空式和钻孔式两种。

中空式辊筒结构如图 7-3-3 所示。辊筒内径与外径之比为 0.55～0.62。其结构简单，易加工和维修，成本低，多以蒸汽加热。但辊筒壁较厚，传热面积小，导热效果差，温差较大(辊筒中部温度比两端温度高 10～15℃)，故一般只用于普通中小型低速压延机。

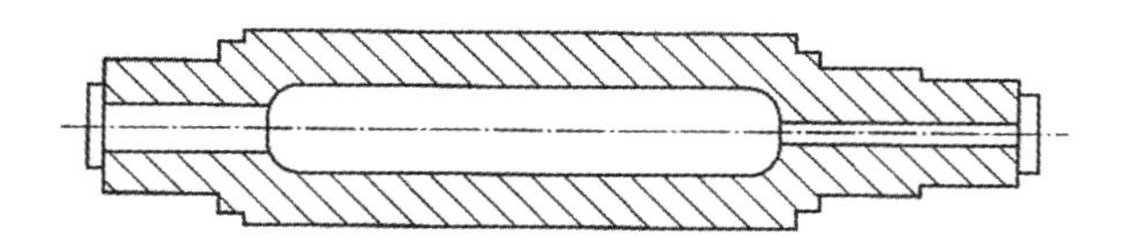

图 7-3-3　中空式辊筒的结构

钻孔辊筒的结构如图 7-3-4 所示。在靠近白口层和灰口层部分，沿圆周钻直径为 30 mm 左右的孔，其孔的中心线与辊筒工作表面距离约为 60 mm，并与辊筒冷热介质通道相通。钻孔辊筒冷热介质的流向如图 7-3-5 所示。

图 7-3-4　钻孔辊筒的结构

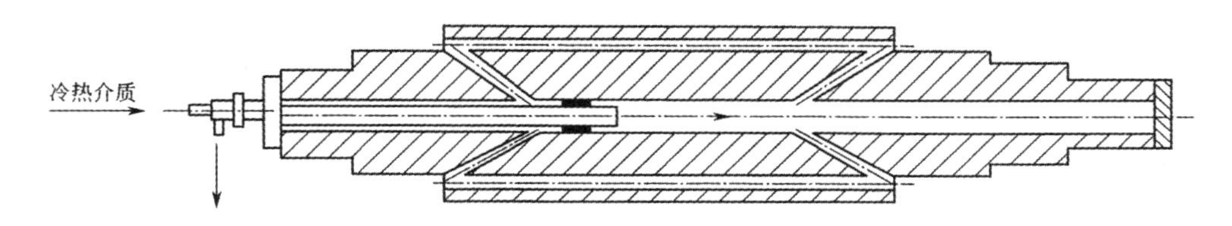

图 7-3-5　钻孔辊筒冷热介质的流向

钻孔辊筒的传热面积一般为中空辊筒的 2～2.5 倍。由于传热面积大，冷热介质又由接近辊筒外表面的许多孔道高速地加热或冷却，因此辊筒表面对温度的反应快，灵敏度高，温差小。钻孔辊筒在无辅助加热的情况下，可使辊筒工作表面沿轴向全长温差控制在 ±1℃ 内。另外，由于钻孔辊筒可以迅速改变辊筒表面的工作温度，所以容易实现温度自动控制；同时辊筒线速度可以远远超过临界转速，从而大大提高设备的生产能力和经济效益。尽管其结构复杂，制造困难，造价高，仍被广泛用于各种类型的压延机，特别是大型、精密、高速压延机。

六、横压力及其影响因素

1. 横压力　压延机工作时对物料进行挤压延展，物料则企图把相邻的两个辊筒分开，这种企图将辊筒分开的力称为分离力，而横压力则是各辊筒所受的分离力的矢量和，常用辊筒单位长度的作用力(N/cm)表示。

沿辊筒轴线方向，物料分布在辊筒整个工作长度上；从圆周方向看，物料被挤压是在物料与辊筒相接触的圆弧面积上。因此，横压力是分布载荷。通常把作用在一个辊筒上的横压力总和称为总横压力，即辊筒横压力乘以辊筒有效工作长度(kN)。

2. 影响横压力大小的主要因素 横压力的大小受设备、物料、工艺等诸多因素的影响，其主要影响因素有辊距、物料黏度、加工温度等。由于横压力是分布载荷，且横压力沿圆周方向的分布是极不均匀的，它随着辊距的缩小而逐渐增大，在最小间隙的前向 3°～6°达到最大值；在最小间隙处，由于物料的变形差不多已经结束，横压力变小；通过最小间隙后，横压力急剧下降，并趋于零。主要影响因素与横压力的变化关系见表 7-3-1。

表 7-3-1 主要影响因素与横压力的变化关系

主要影响因素	恒压力变化	主要影响因素	恒压力变化
辊距减小	增大	压延速度增大	不明显
物料黏度增大	增大	辊隙间的存料体积增大	增大
加工温度增高	减小	块状间歇式加料方式	增大
辊筒直径与长度增大	增大	辊筒不同的排列形式	各辊筒横压力不同

七、辊筒挠度及其影响因素和补偿方法

(一)辊筒的挠度

在生产中压延机辊筒由于横压力的作用会产生一定的弯曲变形，其变形量即称为辊筒的挠度，辊筒的挠度会引起压延机辊筒之间的辊隙发生变化，如图 7-3-6 所示。

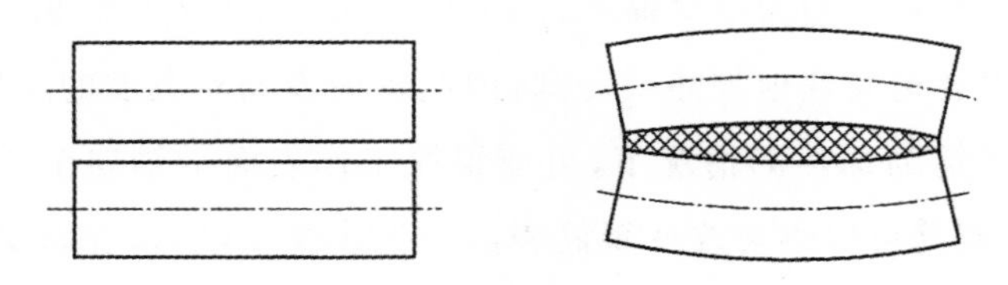

图 7-3-6 辊筒的挠度引起辊隙的变化

(二)影响辊筒挠度的因素

1. 辊筒排列形式 压延机辊筒有多种排列形式，不同排列形式的辊筒所受横压力的大小、方向也有所不同，因此其辊筒挠度也会有所不同。如图 7-3-7 所示为倒 L 型和 S 型四辊压延机各辊筒所受横压力的情况。由图 7-3-7 可知，辊筒为倒 L 型排列时，3 号辊筒受力最小，挠度较小。而辊筒为 S 型排列时，3 号辊筒受力较大，因此挠度也较大。

2. 辊筒的轴向位置 压延机工作时，通常辊筒在轴向不同位置所受横压力的大小是不

同的。横压力的最大值一般在辊筒轴向中点处，因此，辊筒在轴向中点处的挠度最大，因而使辊筒辊隙出现中间大而两端小，压延成型的制品幅宽方向厚度不一，呈现中间厚两端薄，影响制品的尺寸精度。

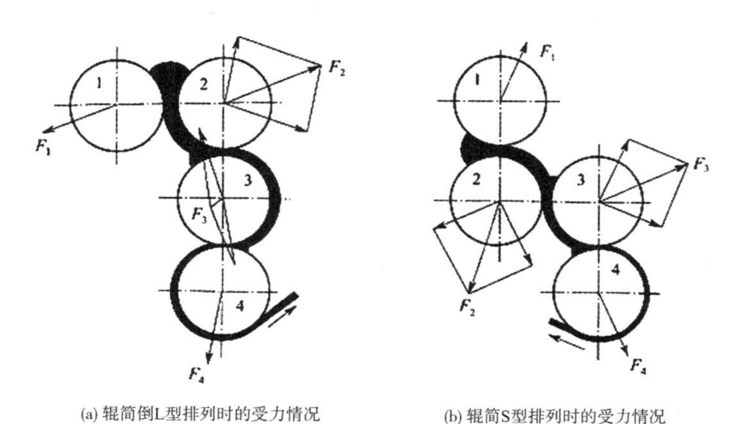

(a) 辊筒倒L型排列时的受力情况　　(b) 辊筒S型排列时的受力情况

图 7-3-7　四辊压延机各辊筒所受的横压力情况

1～4—辊筒

3. 辊筒材料的弹性模量　在辊筒结构、尺寸、受力大小都相同的情况下，辊筒材料的弹性模量越大，辊筒的挠度越小。

(三)辊筒挠度补偿的方法

辊筒挠度补偿的方法主要有中高度法、轴交叉法、反弯曲法三种。

1. 中高度法　把辊筒工作表面加工成中部直径大、两端直径小的腰鼓形，以补偿辊筒的挠度的方法称为中高度法。其辊筒工作部分中间半径与两端半径的差值，称为辊筒中高度，如图 7-3-8 所示的高度 h 即为辊筒中的高度。

中高度曲线最理想的形状应是辊筒的挠度曲线。但是，由于影响横压力大小因素的复杂多样性，导致挠度在生产过程中的多变性。对于固定不变的中高度曲线来说，即使是很精确的曲线也很难达到很好的补偿效果。通常辊筒中高度的补偿曲线是采用圆弧、椭圆、抛物曲线来近似补偿。中高度值 h 一般在 0.02～0.1 mm 范围，最大不大于 0.2 mm。由于压延机各辊筒在工作过程中受力情况不同，故各辊筒中高度的补偿也有所不同。

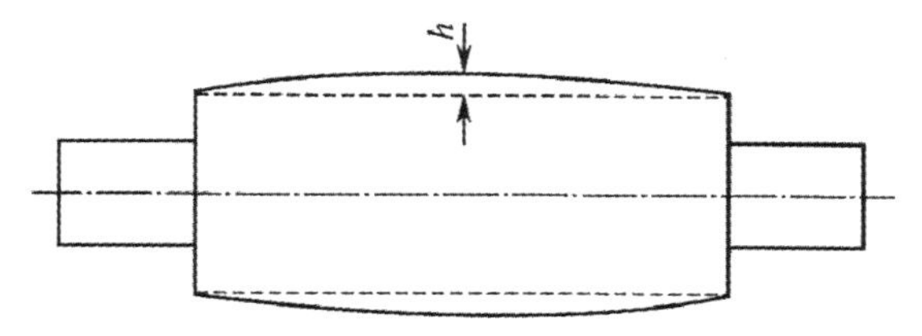

图 7-3-8　中高度辊筒

由于中高度曲线与辊筒挠度曲线并非完全相同，加之在生产过程中辊筒的挠度曲线是随横压力的变化而变化的，所以，中高度法通常应与其他补偿方法配合使用，而不宜单独采用。中高度法与其他补偿方法配合使用时，中高度值 h 取 0.02～0.06 mm。

2. 轴交叉法　轴交叉法是指将相邻两辊筒中的一个绕两辊筒轴线中点的连线旋转一个微小的角度，使两辊筒的轴线呈空间交叉状态而形成辊隙“中间小两端大”的挠度补偿方法。与中高度法相比，由于其交叉量随时可调，故在挠度补偿上具有较好的灵活性和适应性。轴交叉后辊筒中部间隙无变化，越靠近辊筒两端间隙的增量越大。

由于辊筒的挠度曲线是轴线中部变形量大、两端小，若与轴交叉曲线叠加起来，可使辊筒弯曲变形造成的制品中间厚、两边薄的状况变为中部和两端厚，靠近中部两侧薄的“三高两低”状况，从而提高了制品幅宽方向厚度的均匀程度。

由于轴交叉轴后制品仍存在“三高两低”现象，且轴交叉量越大，“三高两低”现象越严重。因此，轴交叉角 φ 不宜太大，一般为 0.5°～2°。

3. 反弯曲法　反弯曲法是在辊筒轴承外侧两端施以外加负荷，使辊筒产生微量弯曲，以补偿辊筒挠度的一种方法。用这种方法使辊筒产生的弯曲方向正好与辊筒工作负荷引起的变形方向相反，从而可以抵消一部分形变，达到挠度补偿的目的。

由于反弯曲补偿曲线比较接近辊筒在负载工作下的实际挠度曲线，因此反弯曲法产生的挠度补偿效果要比中高度法和轴交叉法好。但是由于反弯曲法对挠度的补偿作用范围非常小，挠度补偿值通常不超过 0.075 mm，因此一般反弯曲法不单独使用，仅用于精密压延机在压延高精度制品时做最后精密微调。因为过大的外加负荷和应力集中，使辊筒轴承磨损加重，难以保证正常的工作寿命。

第四节　聚氯乙烯膜(片)压延成型实例

一、软质聚氯乙烯膜(片)压延成型的工艺过程

软质聚氯乙烯膜(片)的压延成型工艺过程比较复杂，它由多道工序构成，且不同产品其工艺路线有所不同，相同产品也存在不同的工艺路线。通常按各道工序的作用可将压延成型的工艺过程分为备料和压延成型两个阶段。

备料阶段主要包括所用塑料的配制、塑化和向压延机供料等，它是以聚氯乙烯树脂为主要原料，根据产品要求添加各种助剂进行配方设计，再将各种物料进行预处理后，按确定的配方进行计量，在高温条件下经高速混合机混合均匀，再经塑化后，输送至压延机。

压延成型的主要阶段是将前阶段供压延机的物料在压延机辊筒的加热和挤压作用下，进一步塑化均匀并延展成型，经剥离、压花、冷却定型、牵引、卷取得到成品。

其工艺流程可表示如下。

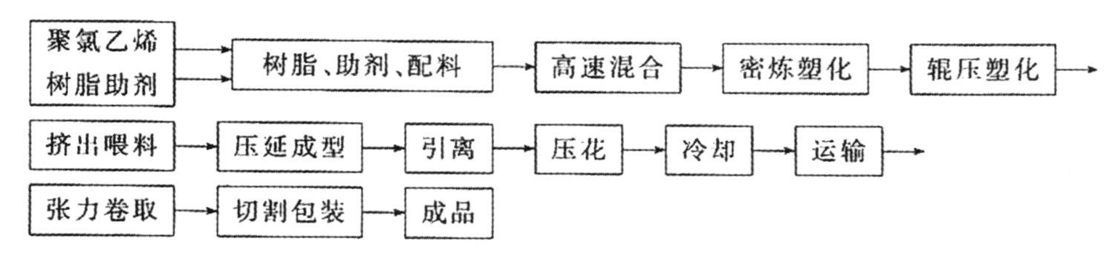

软质聚氯乙烯膜(片)压延工艺的备料阶段是对各种原辅材料进行筛选、干燥、储存和输送,将各种原、辅材料按配方比例进行计量,并充分混合、塑化均匀,成为压延成型塑化物料。物料的混合一般采用高速混合,这种混合方法混合效率高,分散性好,可以实现自动操作。通常混合先是在一定温度下进行热混合,使助剂与树脂及各种助剂之间能互相扩散、渗透、吸收,分散均匀,同时还可加快低熔点的固体助剂熔融。然后在冷混合机中进行冷混合,一方面可促使树脂在短时间内充分吸收增塑剂,并与其他助剂进一步混合;另一方面还可以避免因热混合后由于物料温度高、散热性差而引起树脂的过热分解。

在压延软质聚氯乙烯膜(片)的工艺过程中,物料混炼塑化的方式主要有双辊开炼和挤出塑炼等多种。采用双辊开炼机工作时粉尘飞扬大,操作劳动强度大,混炼塑化时间较长,均匀性、稳定性较差,因此一般不单独使用,通常需两台或三台双辊开炼机串联使用或者与挤出机一起配合使用。采用挤出机塑炼时,用于混炼塑化的挤出机一般为混炼型挤出机,与普通成型用的挤出机相比,其螺杆的长径比和压缩比要小,一般不设过滤网,混炼塑化快,且均匀性好,可实现连续、自动化的操作。

压延机的供料一般采用的供料装置主要有双辊开炼机和挤出机。双辊开炼机是将物料经双辊机辊压,切成带状的形式为压延机供料。采用挤出机供料时是将物料先用挤出机挤成条或带的形状,随后趁热用适当的输送装置均匀连续地供给压延机。用于供料的挤出机的长径比和压缩比一般都较小,且必须设置过滤网,以清除物料中的杂质和排除气泡。物料在进入压延机之前,必须经过金属检测装置检测,以防止物料中混入的金属杂质进入压延机辊筒间隙而损伤辊筒表面。

压延成型阶段是将受热塑化好的物料连续通过压延机各道辊隙,使物料被挤压而发生塑性变形,使其成为具有一定厚度和宽度的薄膜。从压延机辊筒上剥离下来后,牵引至压花装置对表面进行压花,再经冷却定型,通过卷取装置卷取得到制品。压延成型阶段决定制品的质量、产量、规格尺寸等。压延成型阶段所需的设备及装置主要有压延机、贴合、引离、轧花、冷却、卷取、切割等装置,它们的结构形式直接影响压延的工艺和产品质量等。

二、硬质聚氯乙烯片材压延生产工艺过程

压延生产硬质聚氯乙烯片材的工艺流程与软质聚氯乙烯薄膜生产工艺过程大致相同,

通常也分为备料阶段和成型阶段。备料阶段主要包括物料的配制、塑化和向压延机供料等；成型阶段是压延成型的主要阶段，包括压延、牵引、冷却、切割、堆放等。

在压延硬质聚氯乙烯片材的工艺过程中，物料的混炼塑化方式有密炼、双辊开炼或挤出等多种方式。采用密炼机混炼塑化时，由于混炼塑化后物料呈较大的团状或块状，因此一般其需与一台或两台双辊开炼机串联使用，以便进一步均匀塑化物料，并将物料拉成片状，以便向压延机均匀稳定地供料。但密炼机是一种密闭式的加压混炼设备，因此混炼塑化时间短，塑化质量均匀、稳定，粉尘飞扬少。

采用双辊开炼机混炼时，粉尘飞扬大，操作劳动强度大，混炼塑化时间较长，均匀性、稳定性较差，因此一般不单独使用，通常需两台或三台双辊开炼机串联使用或者与密炼机、挤出机一起配合使用。

用于混炼塑化的挤出机为混炼型挤出机，与一般成型的挤出机相比，其螺杆的长径比和压缩比要小，一般不设过滤网，混炼塑化快，且均匀性好，可实现连续、自动化的操作。

压延的片材种类有很多，如有透明、半透明、不透明、本色、彩色等，可用于医药、服装、玩具、食品等的包装。由于不同的片材要求不同，其工艺流程也会有所不同。生产透明片材时，对于物料的塑化要求十分严格，要求干混料能在短时间内达到塑化要求，亦即应尽量缩短混炼时间和降低混炼温度，应避免物料分解而导致制品发黄。因此采用密炼机和一般挤出机难以达到这样的要求，通常采用专用双螺杆挤出机或行星式挤出机，它们可在130～140℃的温度下把干混料挤出成初步塑化的物料，然后再经双辊开炼机塑化给压延机供料。

三、压延成型过程中辊筒温度控制

辊筒温度是保证塑料塑化的一个主要因素，辊筒温度的热量主要于辊体内的加热介质的热量传递。另外来自辊筒对塑料的压延摩擦和物料间剪切摩擦作用产生的热量。因此压延时辊筒的温度控制与物料的性质、辊筒的转速有较大关系。物料黏度大、辊筒转速高时，产生的摩擦热多，辊筒温度高。

在压延生产时，压延机辊筒的温度应控制在物料的熔融温度至分解温度之间。由于物料常黏附于温度高、速度快的辊筒上，因此为了能使物料依次贴合辊筒，避免夹入空气而使制品出现泡孔，各辊筒的温度一般应有所不同，一般从上至下应依次增高，即Ⅱ辊大于Ⅰ辊，Ⅲ辊大于或等于Ⅱ辊，但Ⅲ辊、Ⅳ辊的辊温一般相近，这样有利于引离。辊筒之间的温差一般控制在5～10℃。

四、压延成型过程中压延机辊筒的转速及速比控制

1. 辊筒转速的控制 压延成型过程中辊筒转速的快慢会影响物料所受剪切、延伸作用，

而且影响到物料间的摩擦热，从而会导致辊筒表面温度的变化。因此控制辊筒的转速应注意与其辊筒温度的相互影响。

在正常生产的情况下，提高辊筒转速则需要降低辊温，因为此时辊筒转速增大，摩擦剪切增加，会使物料的温度上升，否则将易导致因物料温度过高而引起包辊，甚至物料过热分解等；反之，如果降低辊速则应适当提高辊温，以补充因摩擦热减少而导致辊筒温度过低，物料塑化不良，从而使制品表面粗糙、有气泡甚至出现孔洞。生产过程中辊筒转速的控制还要根据物料的性质和制品的厚度来决定。根据经验，一般软质聚氯乙烯辊筒的速度范围控制在 10～100 m/min。

2. 辊筒速比的控制　辊筒的速比是指压延机相邻两辊筒线速度之比。压延成型时通常辊筒间需要有一定的速比，以使物料能顺利贴附于快速辊筒上，同时相邻两辊筒间存在一定的速度差还可增加对物料的剪切、延展作用，以改善物料的塑化质量，从而提高产品的质量。

辊筒的速比与辊筒转速和制品厚度有关。压延时辊筒速比要控制适当，过大易出现包辊现象，过小则会出现物料不易吸辊，以致带入空气使制品产生气泡。速比大小的调节以能包辊、不吸辊为标准。

四辊压延机一般以Ⅲ辊的线速度为标准，其他三个辊筒都对Ⅲ号辊维持一定的速度差，Ⅲ辊又称为基准辊，即作为确定速比关系、调节辊筒工作位置等的基准。

在压延过程中还应注意：压延各辊筒之间的速比大小应考虑辅机各转辊筒之间的速比大小。一般引离辊、冷却辊、卷取辊的线速度依次增加，并都大于压延机主辊筒（如四辊压延机中的Ⅲ辊）的线速度，以使压延制品得到一定的拉伸和取向，从而减小制品的厚度，提高制品的质量。但不能太大，否则将会影响制品厚度的均匀性，同时还会出现冷拉伸而使制品的内应力增加。

五、压延效应

在压延片（膜）过程中，出现的一种纵、横方向力学性能差异的现象，即沿着压延方向的拉伸强度、伸长率、收缩率大，垂直于压延方向的拉伸强度、伸长率、收缩率要小。这种纵横方向性能差异的现象就称为压延效应。产生这种现象的原因主要是由于压延辊筒速比的存在，使塑料高分子链及针状或片状的填料粒子受到拉伸延展的作用，从而产生了取向排列。

压延效应使制品的纵、横向力学性能不一致，从而会导致制品纵、横向收缩不一致，造成制品的变形，给操作带来困难。从加工角度和制品强度分布均匀的角度来考虑，生产中应尽量消除。由于针状（如碳酸钙）和片状（如陶土、滑石粉）填料粒子是各向异性的，因此由它们所引起的压延效应一般都难以消除，所以对这种原因导致的压延效应称为粒子效应，其解决办法是避免使用这类填料。而对于由高分子链取向产生的压延效应，则是因为分子链取向后不易恢复到原来的自由状态。一般要采用提高温度、增加分子链的活动能量的办法来加以解决。

六、压延生产过程中对辊距和辊隙存料的控制

1. 辊距的控制 相邻压延辊筒表面之间的距离称为辊距或辊隙。辊距的大小决定压延产品厚度及物料受剪切作用的大小，通常辊距越大，产品厚度越大。而物料压延时受剪切作用的大小则是与辊距成反比，辊距小，有利于形成致密而且表面平滑的产品。

通常压延辊筒的辊距除最后一道与产品厚度大致相同外，其他各道辊距都大于这一道辊距值，而且按压延辊筒的排列次序自下而上应逐渐增大，即第二道辊距大于第三道，第一道大于第二道，这样可以使辊距间留有少量存料。

2. 辊隙存料的控制 辊隙存料是指压延机两个相邻辊筒的辊隙间多余的没有包覆辊筒的那部分物料。辊隙存料能起到压延贮备、补充物料和进一步塑化物料的作用，并且还能使物料在进入辊隙时有一定的松弛时间。压延成型时，辊隙存料一定要控制适当，辊隙存料的多少及其旋转状况均会影响产品的质量。辊隙存料过多时，制品表面会出现毛糙和云纹，还容易产生气泡。同时辊隙存料过多时会增大辊筒的负荷，从而对设备也有不利影响。而辊隙存料太少，又会因物料在辊筒间受的挤压力不足而造成制品表面毛糙，甚至还可能引起边料的断裂，不易引离回收。

辊隙存料旋转不佳时，会使制品横向厚度不均匀，出现气泡或冷疤。压延过程中存料旋转不佳的原因通常是由于物料或辊筒温度太低或辊距调节不当等。

因此压延成型过程中应经常观察辊隙存料状况，并适时加以调节辊距，以保证辊隙间有合适的辊隙存料量及良好的旋转状态。通常辊距和辊隙存料应根据制品厚度、各辊筒速比的大小等进行调节。

七、压延生产过程中工艺的控制

1. 引离 引离是将压延成型的薄膜或片材从辊筒上剥离输送至压花或冷却装置，同时对制品进行一定的牵伸。引离时，引离辊的线速度要高于压延机出膜辊的线速度，对制品产生一定的拉伸而提高制品的强度和产量。若引离辊的转速过慢则会出现包辊现象，若引离辊的转速过快则易出现制品拉伸过大的现象。一般引离辊的线速度比压延机出料辊的线速度应高出 30%～40%。在正常工作时，一般引离辊的转速与辊筒（四辊压延机的Ⅲ辊筒）转速的比值是 1.3∶1 左右。

引离辊应尽量靠近压延机的出料辊，一般引离辊距压延机最后出料辊 70～150 mm。

引离辊内需通入适量的加热介质进行加热，以控制制品的温度，避免制品受到过度冷却及冷拉伸。引离辊的温度应根据材料及制品厚度来控制，一般对于普通的聚氯乙烯薄膜，引离辊的温度应控制在 130℃左右，而对于透明的聚氯乙烯片材，引离辊的辊温则应低一些。

采用多辊引离时，应按顺序逐渐递减。

2. 压花　薄膜需要加工出凹凸花纹或压光时，则要设置压花装置。为了保证压出的花纹定型且具有良好的表面光泽，压花辊内部一般需通入温度为 20～70℃的冷却水，并且应保持恒温状态。同时还应控制一定的压花压力，对于普通薄膜，通常压花压力控制在0.5～0.8 MPa。

3. 冷却　在压延生产中，要注意控制冷却辊筒的温度和线速度。冷却辊的辊温过低或辊速过小，易造成冷却过度而使辊面产生水珠；反之，辊温过高或辊速过大，则易造成冷却不足使制品发黏、发皱，还可能出现冷拉伸，造成制品的内应力。为防止有些制品骤冷时析出增塑剂等添加剂而影响制品质量，可在冷却装置之前设置缓冷装置，使制品先行缓冷。冷却辊通入的冷却水一般应为经过处理的软化水，以防止辊筒内壁结垢，影响冷却效果，冷却辊的水温应控制在 10～25℃。

多辊冷却时，一般将冷却辊分成几组，每组通入不同温度的冷却水，使薄膜冷却的温度梯度变缓，达到逐步、缓慢冷却的目的，保证薄膜的理想状况。有时，还在冷却装置之前设置几个预冷辊，其中通入温度较高的冷却水，使薄膜在进入冷却辊筒之前有一个缓慢降温过程。这样在冷却时，温度梯度就可以减小，其内部应力也相应降低。

冷却辊的转速应比引离辊稍快一些，并且按制品的运行路线冷却辊中各辊的辊速应按顺序逐渐加快。调整冷却辊的转速时，应以制品不出现较大的内应力和较大的收缩率及不易出现冷拉伸现象为准。通常冷却辊的线速度比前面的压花辊快 20%～30%。对于硬质聚氯乙烯透明片，牵引速度不能太大，通常比压延机线速度快 15%左右。

4. 卷取　卷取是把经冷却定型的软质制品连续地收卷成捆。卷取时，卷取辊的转速比冷却辊的转速应略高。卷取时应密切注意卷取的松紧程度，保持恒定的卷取张力。如果膜卷较松，则说明卷取张力过小，制品长时间放置后容易起皱。如果膜卷过紧，则是张力过大，制品出现冷拉伸，会导致制品放卷后出现卷筒现象，很难摊平。采用中心卷取方式来卷取薄膜时，在卷轴速度不变的情况下，随着料卷直径的加大，薄膜的张力也增大，致使膜卷内松外紧。为了使薄膜保持合适的张力，且前后一致，一般需增设张力控制装置以使卷取过程中张力稳定，防止出现膜卷内松外紧的现象。

为了使压延过程能顺利进行，引离、压花、冷却和卷取的转速及温度一定要与压延机辊筒的转速及温度相匹配，协调一致，否则也会影响制品的压延成型过程及制品的质量。

第八章　注塑成型

第一节　概　述

注塑成型又称注塑模塑，到目前为止除氟塑料外，几乎所有的热塑性塑料都可以采用此法成型，部分热固性塑料也可以采用注塑成型。

注塑成型的原理：首先将颗粒或粉状的塑料加入料斗，然后输送到外侧装有电加热的料筒中塑化。螺杆在料筒前端原地转动，使被加热预塑的塑料在螺杆的转动作用下通过螺旋槽输送至料筒前端的喷嘴附近。螺杆的转动使塑料进一步塑化，料温在剪切摩擦热的作用下进一步提高并得以均匀化，如图 8-1-1 所示。

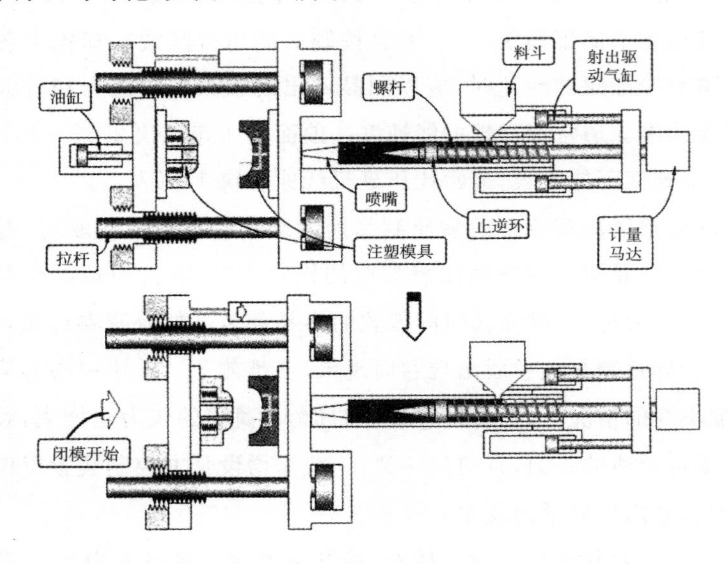

图 8-1-1　注塑机注射并开始闭模

当料筒前端堆积的熔体对螺杆产生一定的压力时(称为螺杆的背压)，螺杆将转动后退，直至与调整好的行程开关接触，从而使螺母与螺杆锁紧，模具一次注射量的塑料预塑和储料过程结束。

这时，电动机带动气缸前进，与液压缸活塞相连接的螺杆以一定的速度和压力将熔料通过料筒前端的喷嘴注入温度较低的闭合模具型腔中，如图 8-1-2 所示。

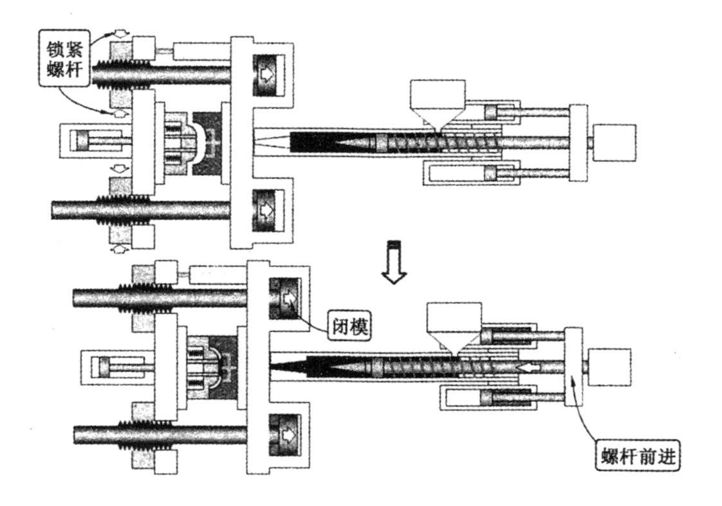

图 8-1-2 注塑机锁紧并注射

熔体通过喷嘴注入闭合模具型腔后，必须经过一定时间的保压，熔融塑料才能冷却固化，保持模具型腔所赋予的形状和尺寸。当合模机构打开时，在推出机构的作用下，即可顶出注塑成型的塑料制品，如图 8-1-3 所示。

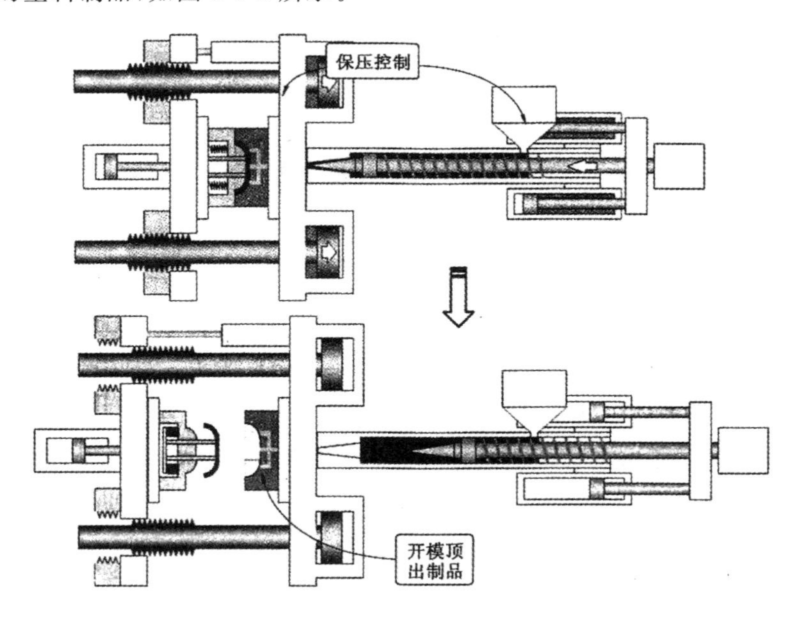

图 8-1-3 保压后开模顶出制品

以上操作过程就是一个成型周期，即注塑机工作循环过程，如图 8-1-4 所示。整个过程通常从几秒钟至几分钟不等，时间的长短取决于塑件的大小、形状和厚度，模具的结构，注塑机类型及塑料的品种和成型工艺条件等因素。

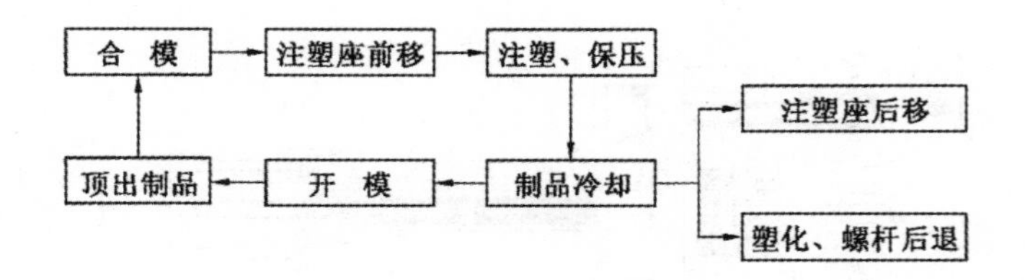

图 8-1-4 注塑成型工作循环示意图

注塑成型的优点：成型周期短，能一次成型外形复杂、尺寸精确、带有金属或非金属嵌件的塑料制件，对各种塑料的适应性强，生产效率高，易于实现全自动化生产等。因此，注塑成型广泛地应用于塑件的生产中，其产品占目前塑件生产量的 30%左右，随着工程塑料的发展，工程塑料的 80%是经注射加工成制品。但是注塑成型也有其缺点，设备和模具投入较高，模具设计、制造和试模的时间较长，缺乏专门的技术和良好的保养会产生较高的启动费和运作费，涉及的技术和交叉学科较多，掌握难度大。

第二节 注塑机结构

一、注塑机的类型

注塑机的种类繁多，其分类的方法也较多，常见的分类方法及主要类型有如下几种。

1. 按塑化和注塑方式分 按塑化和注塑方式可分为柱塞式、螺杆式和螺杆柱塞式注塑机。柱塞式注塑机是通过柱塞依次将落入料筒中的颗粒状物料推向料筒前端的塑化室，依靠料筒外部加热器提供的热量将物料塑化成黏流状态，而后在柱塞的推挤作用下，注入模具的型腔中。螺杆式注塑机中其物料的熔融塑化和注塑全部都是由螺杆来完成的，是目前生产量最大、应用最广泛的注塑机。螺杆柱塞式注塑机的塑化装置与注塑装置是分开的，起塑化作用的部件为螺杆和料筒，注塑部分为柱塞。

2. 按注塑机外形特征分 按注塑机外形特征分类主要是根据注塑和合模装置的排列方式来进行分类。通常可分为立式、卧式、角式及多模式注塑机等类型。

立式注塑机的注塑系统与合模系统的轴线呈一垂直排列。其优点是：占地面积小、模具拆装方便、制品嵌件易于安放而且不易倾斜或坠落。缺点是：因机身高，注塑机稳定性差，加料和维修不方便，制件顶出后不易自动脱落，难实现全自动操作。所以，立式注塑机主要用于注塑量在 60 cm^3 以下，成型多嵌件的制品。

卧式注塑机的注塑系统与合模系统的轴线呈一水平排列。与立式注塑机相比，具有机身低，稳定性好；便于操作和维修；制件顶出后可自动落下，易于实现全自动操作；但模具装拆较麻烦，安放嵌件不方便；占地面积大的特点。此种形式的注塑机目前使用最广、产量最

大，对大、中、小型都适用，是国内外注塑机最基本的形式。

角式注塑机的注塑系统和合模系统的轴线呈相互垂直排列。其优点是结构简单，便于自制，适用于单体生产，中心部位不允许留有浇口痕迹的平面制品。缺点是制件顶出后不能自动落下，有碍于全自动操作，占地面积介于立式、卧式之间。目前，国内许多小型机械传动的注塑机，多属于这一类。大、中型注塑机一般不采用这一类形式。

多模式注塑机是一种多工位操作的特殊注塑机。根据注塑机注塑量和用途，可将注塑系统和合模系统进行多种排列。

3. 按合模系统特征分　按合模系统特征可把注塑机分为液压式、液压—机械式和电动式三种类型。

液压式合模系统即全液压式，指从机构的动作到合模力的产生和保持全由液压传动来完成。液压式合模装置工作安全可靠、噪声低，能方便实现移模速度有合模力的变换与调节。

但液压油容易泄漏和产生压力的波动。目前被广泛用于较大型的注塑机。

液压—机械式合模系统是液压和机械联合的传动形式，通常以液压力产生初始运动，再通过曲轴连杆机构的运动、力的放大和自锁来达到平稳、快速合模；综合了液压式和机械式合模系统两者的优点，在通用热塑性塑料的注塑机中最为常见。

电动式注塑机是指注塑过程中，注塑机螺杆的预塑、注塑动作以及开合模装置的开合模动作都由电动机来带动，如伺服电动机。其注塑精密度和重复精度高，生产周期短，噪声小。

4. 按注塑机加工能力分　根据注塑机的加工能力可把注塑机分为超小型（合模力在160 kN以下、注塑容量在16 cm^3 以下）；小型（合模力在 160～2 000 kN、注塑容量在16～630 cm^3）；中型（合模力在2 500～4 000 kN、注塑容量在 800～3 150cm^3）；大型（合模力在5 000～12 500 kN、注塑容量在 4 000～10 000 cm^3）；超大型（合模力在 16 000 kN 以上、注塑容量在 16 000 cm^3 以上）。

5. 按注塑机的用途分　按注塑机的用途可分为热塑性塑料的注塑机、热固性塑料的注塑机、排气式注塑机、气体辅助注塑机、发泡注塑机、多组分注塑机、注塑吹塑成型机等。

二、普通注塑机的结构组成及工作过程

1. 结构组成　普通注塑机一般根据其各组成部分的功能和作用，可分为注塑系统、合模系统、液压传动系统与电气控制系统等四大组成部分。

（1）注塑系统。注塑系统的主要作用是完成加料并使之均匀地塑化、熔融，并以一定的压力和速度将定量的熔料注入模具型腔中。它主要由塑化装置、加料装置、计量装置、驱动装置、注塑座、注塑座整体移动装置及行程限位装置等组成。

（2）合模系统。合模系统主要作用是固定模具，实现模具的灵活、准确、迅速、可靠、安全

地启闭以及脱出制品。合模系统主要由前模板、后模板、移动模板、拉杆、合模机构、调模机构、制品顶出机构和安全保护机构等组成。

(3)液压传动系统。液压传动系统的作用是保证注塑机按工艺过程预定的要求(压力、温度、速度、时间)和动作程序准确有效地工作。液压传动系统主要由各种液压元件、液压管路和其他附属装置所组成。

(4)电气控制系统。电气控制系统与液压传动系统有机地结合在一起,相互协调,对注塑机提供动力完成注塑机各项预定动作并实现其控制。它主要由各种电气元件、仪表、电控系统(加热、测量)、微机控制系统等组成。

2. 工作过程 注塑成型时,首先注塑机将模具合拢,然后螺杆开始旋转,料斗中的物料在螺杆旋转的作用下从加料口落入到料筒,经过料筒的加热作用以及螺杆对其剪切、压缩、混合及输送作用,使之均匀塑化,塑化好的熔融物料在喷嘴的阻挡作用下,积聚在料筒的前端,然后在螺杆或柱塞的推力作用下,经喷嘴与模具的浇注系统进入并充满闭合好的低温模腔中,在模腔中受到一定压力的作用,固化成型后,开启模具取出制品。即为一个成型周期。

不同类型的注塑由于其结构不同,完成注塑成型时的动作程序可能不完全一致,但其动作大致可分以下几种基本程序。

(1)合模和锁紧。注塑机的成型周期一般从模具闭合时为起点。合模动作由注塑机合模机构来完成,为了缩短成型周期,合模机构首先以低压快速推动动模板及模具的动模部分进行闭合。当动模与定模快要接触时,为了保护模具不受损坏,合模机构的动力系统自动切换成低压慢速,在确认模内无异物存在或模内嵌件无松动时,再切换成高压低速将模具锁紧,以保证注塑、保压时模具紧密闭合。

(2)注塑座前移和注塑。在确认模具达到所要求的锁紧程度后,注塑座整体移动,油缸内通入压力油,带动注塑系统前移,使喷嘴与模具主浇道口紧密贴合;然后向注塑油缸内通入高压油,推动与注塑油缸活塞杆相连接的螺杆前移,从而将料筒前端的熔料以高压高速注入模具的型腔中,并将模具型腔中的气体从模具的分型面排除出去。

(3)保压。当熔料充满模具型腔后,为防止模具型腔内的熔料反流和因低温模具的冷却作用,使模具型腔内的熔料产生体积收缩;为保证制品的致密性、尺寸精度和力学、机械性能,螺杆还需对模具型腔内的熔料保持一定的压力进行补缩,以填补塑料熔体在模腔中收缩的空间。此时,螺杆作用于熔料上的压力称为保压压力。在保压时,螺杆因补充模内熔料而有少量的前移。当保压进行到浇口处的熔料冻结为止,模具型腔内的熔料失去了从浇口回流的可能性时(即浇口处熔料冷凝封口),注塑油缸内的油压即可卸去,保压终止。

(4)制品冷却和预塑化。保压完毕后,制品在模具型腔内充分冷却定型。为了缩短成型周期,在制品冷却定型的同时,注塑螺杆在螺杆传动装置的驱动下转动,从料斗内落入料筒中的物料随着螺杆的转动而向前输送。物料在输送过程中被逐渐压实,物料中的空气从加

料口排出。进入料筒中的物料，在料筒外部加热器的加热和螺杆剪切摩擦产生的热量共同作用下，被塑化成熔融状态，并建立起一定的压力。当螺杆头部的熔料压力达到能够克服注塑油缸活塞后退时的阻力(即预塑背压)时，螺杆开始后退，计量装置开始计量。螺杆不停地转动，螺杆头部的熔料逐渐增多，当螺杆后退到设定的计量值时，螺杆即停止转动和后退。因制品冷却和螺杆预塑化是同时进行的，所以，在一般情况下要求螺杆预塑计量时间不超过制品的冷却时间。

(5)注塑座后退。螺杆预塑化计量结束后，为了不使喷嘴长时间与冷的模具接触形成冷料而影响下一次注塑和制品的质量，有些塑料制品需要将喷嘴离开模具，即注塑座后退。在试模时也经常使用这一动作。此动作进行与否或先后次序，根据所加工物料的工艺条件而定，机器均可进行选择。

(6)开模和顶出制品。模具型腔内的制品经充分冷却定型后，合模系统就开始打开模具，在注塑机顶出装置和模具的推出机构共同作用下而自动顶落制品，为下一个成型过程做好准备。

三、注塑机主要技术参数

1. 主要技术参数　注塑机的基本参数能较好地反映出注塑机所能成型制品的大小、注塑机的生产能力，并且是对所加工物料的种类、品级范围和制品质量的评估，也是设计、制造、选择和使用注塑机的依据。注塑机的参数主要包括注塑量，注塑压力，注塑速率和注塑时间，塑化能力，锁模力，开、合模速度，空循环时间，合模系统的基本尺寸等。

2. 主要技术参数的意义

(1)注塑量。注塑量是注塑机的重要性能参数之一，它在一定程度上反映了注塑机的加工能力，标志着该注塑机能成型制品的最大范围。注塑量一般有注塑容积和注塑质量两种表示方法。

注塑容积是指在对空注塑条件下，注塑螺杆或柱塞做一次最大注塑行程时，注塑系统所能注出的最大容积。我国注塑机的理论注塑容积(cm^3)的系列标准有16、25、40、63、100、160、200、250、320、400、500、630、800、1 000、1 250、1 600、2 000、2 500、3 200、4 000、5 000、6 300、8 000、10 000、16 000、25 000、40 000等。

注塑质量是指在对空注塑条件下，注塑螺杆或柱塞做一次最大注塑行程时，注塑系统所能注出的最大质量。它通常是用PS为标准料(密度ρ为1.05 g/cm^3)一次所能注出的熔料质量(g)表示。

(2)注塑压力。注塑压力是指注塑时螺杆或柱塞对物料单位面积上所施加的作用力，单位为MPa。注塑压力在注塑中起着重要的作用，它能使熔料克服流经喷嘴、流道和模腔时的流动阻力，给予熔料必要的充模速度，并对熔体进行压实。注塑机注塑压力的大小会影响熔体的充模流动、成型制品的大小及结构。在成型过程中，注塑压力的大小取决于模具流道阻力、制品的形状、塑料的性能、塑化方式、塑化温度、模具结构、模具温度和对制品精度的要求等因素。在实际生产中，制品所需的注塑压力应在注塑机允许的范围内调节。

(3)注塑速率和注塑时间。为了得到密实均匀和高精度的制品，必须在短时间内快速将熔料充满模具型腔。它除了必须有足够的注塑压力外，还必须有一定的流动速率。用来表示熔料充模速度快慢特性的参数有注塑速率和注塑时间。注塑速率是指在注塑时，单位时间内所能达到的体积流率。注塑时间是指螺杆或柱塞在完成一次最大注塑行程时所用的最短时间。

(4)塑化能力。塑化能力是指塑化装置在单位时间内所能塑化的物料量。一般螺杆的塑化能力与螺杆转速、驱动功率、螺杆结构、物料的性能有关。

注塑机的塑化装置应能在规定的时间内保证能够提供足够量的塑化均匀的熔料。塑化能力应与注塑机整个成型周期配合协调，否则不能发挥塑化装置的能力。若塑化能力高而注塑机空循环时间长，提高螺杆转速、增大驱动功率、改进螺杆的结构形式等都可以提高塑化能力和改进塑化质量。一般注塑机的理论塑化能力大于实际所需量的20%左右。

(5)锁模力。锁模力是指注塑机合模机构施于模具上的最大夹紧力。在此力作用下，模具不应被熔料顶开。它在一定程度上反映出注塑机所能加工制品的大小，是一个重要参数。有些国家采用最大锁模力作为注塑机的规格标称。

(6)开、合模速度。开、合模速度是反映注塑机工作效率的参数。它直接影响成型周期的长短。为了使动模板开启和闭合平稳以及在顶出制品时不致使塑料制品顶坏，防止模内有异物或因嵌件松动、脱落而损坏模具，要求动模板慢速运行；而为了提高生产能力，缩短成型周期，又要求动模板快速运行。因此，在整个成型过程中，动模板的运行速度是变化的，即闭模时先快后慢、开模时先慢后快再慢。同时还要求速度变化的位置能够调节，以适应不同结构制品的生产需要。

(7)空循环时间。注塑机的空循环时间是指在没有塑化、注塑、保压与冷却和取出制品等动作的情况下，完成一次动作循环所需要的时间。它是由移模、注塑座前移和后退、开模以及动作间的切换时间所组成，有的直接用开合模时间来表示。空循环时间反映了机械、液压、电气三部分的性能好坏(如灵敏度、重复性、稳定性等)，也表示了注塑机的工作效率，是表征注塑机综合性能的参数。

(8)合模系统的基本尺寸。合模系统的基本尺寸直接关系到所能加工制品的范围和模具的安装、定位等。主要包括模板尺寸与拉杆间距、模板间最大开距、动模板行程、模具最大(小)厚度、调模行程等。

模板尺寸和拉杆间距均表示模具安装面积的主要参数。注塑机的模板尺寸决定注塑模具的长度和宽度，模板面积是注塑机最大成型面积的4～10倍，并能用常规方法将模具安装

到模板上。可以说模板尺寸限制了注塑机的最大成型面积，拉杆间距限制了模具的尺寸。

模板间最大开距是用来表示注塑机所能加工制品最大高度的特征参数。它是指开模时，固定模板与动模板之间，包括调模行程在内所能达到的最大距离 L_{max}。

动模板行程是指动模板移动距离的最大值。对于轴杆式合模装置，动模板行程是固定的；对于液压式合模装置，动模板行程随安装模具厚度的变化而变化。一般动模板行程要大于制品最大高度的 2 倍，便于取出制品。为了减少机械磨损的动力损耗，成型时应尽量使用最短的动模板行程。

模具最大(小)厚度是指动模板闭合后，达到规定合模力时动模板与固定模板间的最大(小)距离。如果所成型制品的模具厚度小于模具最小厚度，应加垫块(板)，否则不能形成合模力，使注塑机不能正常生产。反之，同样也不能形成合模力，也不能正常生产。

调模行程即模具最大厚度(H_{max})与最小厚度(H_{min})之差。为了成型不同高度的制品，模板间距应能调节，调节范围是最大模具厚度的 30%～50%。

四、注塑螺杆的类型及选用

1. 注塑螺杆类型　注塑螺杆有多种类型，常见的主要有渐变型、突变型和通用型螺杆三种类型。

2. 螺杆的选用

(1)生产中选用螺杆一般应根据原料的性质等来选取。渐变型螺杆的螺槽深度由加料段较深螺槽向均化段较浅螺槽过渡的过程是在一个较长的轴向距离内完成的，故压缩段较长，一般占螺杆总长的 40%甚至 50%以上，塑化时能量转换缓和。该类螺杆主要用于加工具有较宽的熔融温度范围的、高黏度、非结晶性物料，如 PVC、PC 等。

突变型螺杆指螺槽深度由深变浅的过程是在一个较短的距离内完成的。故压缩段较短，占螺杆总长的 5%～15%，塑化时能量转换较剧烈，多用于聚烯烃、PA 等结晶型塑料，故突变型螺杆又称为结晶型螺杆。

通用型螺杆是适应性比较强的螺杆，其螺杆的压缩段长度介于突变型和渐变型螺杆之间，在注塑过程中，可以通过背压来进行调节，从而容易对物料的塑化质量进行控制，以适应多种塑料的成型加工。

(2)在生产过程中，螺杆类型的选择应根据企业生产加工的情况来确定。如果企业主要成型加工的是 PC、PVC、PMMA 等非结晶性塑料时，应选择渐变型螺杆以提高塑料质量。如果主要生产的是聚烯烃类、PA 等结晶性塑料时，则应选择突变型螺杆。如果企业生产原料品种不够固定，变化性较大时，则应选择通用型螺杆。

(3)可通过更换螺杆头的办法来适应不同性质的物料成型加工。注塑机配置的螺杆一般只有一根，在生产中，为了扩大注塑螺杆的使用范围，降低生产成本，一般可通过更换螺杆头的办法来适应不同性质的物料成型加工。注塑螺杆头常见形式主要有锥形或头部带有螺纹的锥形螺杆头、止逆环螺杆头。锥形或头部带有螺纹的螺杆头主要用于加工黏度高、热稳定性差的物料,可以防止在注塑时因排料不干净而造成滞料分解现象。止逆环螺杆头主要用于中、低黏度的物料,可防止在注塑时螺杆前端压力过高,使部分熔料在压力下沿螺槽回流,造成生产能力下降、注塑压力损失增加、保压困难及制品质量降低等。

五、注塑机的喷嘴类型及其特点

1. 喷嘴类型 注塑机喷嘴是注塑机料筒(大口)向模具流道(小口)过渡的一个过渡部件,它在注塑和成型模具之间起桥梁作用。注塑时,料筒内的熔料在螺杆或柱塞的作用下以高压、高速通过喷嘴注入模具的型腔。当熔料高速流经喷嘴时有压力损失,产生的压力降转变为热能,同时,熔料还受到较大的剪切,产生的剪切热使熔料温度升高。此外,还有部分压力能转变为速度能,使熔料高速注入模具型腔。在保压时,还需少量熔料通过喷嘴向模具型腔内补缩。

因此,喷嘴的结构形式、喷孔大小和制造精度将直接影响熔料的压力损失、熔体温度的高低、补缩作用的大小、射程的远近以及产生“流延”与否等。喷嘴的类型很多,按结构可分为直通式喷嘴、锁闭式喷嘴和特殊用途喷嘴三大类型。

2. 喷嘴类型的特点

(1)直通式喷嘴。直通式喷嘴是指熔料从料筒内到喷嘴口的通道始终是敞开的,根据使用要求的不同又可分为短式、延长型和远射程式三种结构。

短式直通式喷嘴。这种喷嘴结构简单,制造容易,压力损失小。但当喷嘴离开模具时,低黏度的物料易从喷嘴口流出,产生“流延”现象(即预塑时熔料自喷嘴口流出)。另外,因喷嘴长度有限,不能安装加热器,熔料容易冷却。因此,这种喷嘴主要用于加工厚壁制品和热稳定性差的高黏度物料。

延长型直通式喷嘴。它是短式喷嘴的改进型,其结构简单,制造容易。由于加长了喷嘴的长度,可安装加热器,熔料不易冷却,补缩作用大,射程较远,但“流延”现象仍未克服。主要用于加工厚壁制品和高黏度的物料。

远射程式直通式喷嘴。它除了设有加热器外,还扩大了喷嘴的储料室以防止熔料冷却。这种喷嘴的口径小,射程远,“流延”现象有所克服。主要用于加工形状复杂的薄壁制品。

(2)锁闭式喷嘴。锁闭式喷嘴是指在注塑、保压动作完成以后,为克服熔料的“流延”现象,对喷嘴通道实行暂时关闭的一种喷嘴。锁闭式喷嘴结构复杂,制造困难,压力损失大,补缩作用小,有时可能会引起熔料的滞流分解。主要用于加工低黏度的物料。锁闭式喷嘴结构形式主要有弹簧针阀式、液控锁闭式两种。弹簧针阀式是依靠弹簧力通过挡圈和导杆压合针阀芯实现喷嘴锁闭的,是目前应用较广的一种喷嘴。这种形式的喷嘴结构比较复杂,注

塑压力损失大，补缩作用小，射程较短，对弹簧的要求高。液控锁闭式喷嘴是依靠液压控制的小油缸通过杠杆联动机构来控制阀芯启闭的。这种喷嘴使用方便，锁闭可靠，压力损失小，计量准确，但增加了液压系统的复杂性。

(3)特殊用途喷嘴。特殊用途喷嘴是适用于特殊场合下使用的喷嘴。主要有混色、双流道、热流道喷嘴等几种类型。

第三节　注塑机操作

一、注塑机操作前的准备工作

1. 熟悉注塑机的特性及各开关、按钮的位置　操作前必须详细阅读所用注塑机的操作说明书，了解各部分结构与动作过程，了解各有关控制元、部件的作用，熟悉液压油路图与电气原理图，并熟悉电源开关、冷却水阀及各控制按钮的功能及操作。

2. 注塑机操作前的检查

(1)检查各按钮电器开关、操作手柄、手轮等有无损坏或失灵现象。开机前，各开关手柄或按钮均应处于"断开"的位置。

(2)检查安全门在轨道上滑动是否灵活，在设定位置是否能触及行程限位开关。检查各紧固部位的紧固情况，若有松动，必须立即板紧。

(3)检查各冷却水管接头是否可靠，试通水，是否有渗漏现象；若有水渗漏应立即修理，杜绝渗漏现象。

(4)检查电源电压是否与电气设备额定电压相符，否则应调整至两者相同。

(5)检查注塑机工作台面清洁状况，清除设备调试所用的各种工具杂物，尤其对传动部分及滑动部分应必须保持整洁。

(6)检查油箱是否充满液压油，若未注油应先将油箱清理整洁，再将规定型号的液压油从滤油器注入箱内，并使油位达到油标上下线之间。使注塑机的自动润滑系统能自动润滑各部位。

(7)检查料斗有无异物，清洁料斗。

3. 成型物料的准备

(1)根据生产任务单确认生产原料的种类，并熟悉该原料的特点及生产工艺情况。

(2)检查原料的外观(色泽、颗粒形状、粒子大小、有无杂质等)，如发现异常，应及时上报生产管理人员。

(3)物料的预热干燥。对于需要预热干燥的物料，成型前一定要预热干燥好。若采用料斗式预热干燥的方法，在机筒清洗完毕以后，关闭料斗开合门，将料斗加足物料。打开料斗加热的电源开关，根据物料设定预热的时间，对物料进行预热。

(4)检查确认注塑机上次成型物料的种类，并确定合适的机筒清洗方法，为机筒的清洗做好准备。

4. 模具的准备 根据生产任务单选择生产模具。清洁注塑机模板，为模具安装做好准备。准备好模具安装、清理所必需的工具(吊车、推车、吊环、扳手等各种工具)。安装调试及清洁模具。对于所生产的制品含有嵌件的，必须熟悉嵌件的性质及安放情况。如果嵌件安放前要求预热的，应根据要求先进行预热。

二、注塑机料筒的清洗

对注塑机料筒进行清洗时应先设定料筒加热温度，待温度升至可开机状态后，加入清洗料，再连续进行对空注塑，直至机筒内的存留料清洗完毕后，再调整温度进行正常生产。若一次清洗不理想，应重复清洗。注意当料筒中物料处于冷态时绝不可预塑物料，一定要使料筒达到设定温度后才能进行，否则螺杆会被损坏；当向空料筒加料时，螺杆应慢速旋转，一般不超过 30 r/min。当确认物料已从注塑喷嘴中被挤出时，再把转数调到正常。料筒清洗时应针对不同物料情况采用不同的清洗方法，方便、快捷地清洗干净机筒。

(1)注塑成型时若前面加工的物料温度低于现在所要加工物料的温度时，则应采用直接清洗法。即先将料筒和喷嘴温度升高到所需加工物料的最低加工温度，然后加入所需加工的物料(也可用要加工物料的回料)，进行连续的对空注塑，直至料筒内的存留料清洗完毕后，再调整温度进行正常生产。

(2)如果现在所需加工物料的成型温度高，而料筒内存留有热敏性的物料，如聚氯乙烯、聚甲醛等，为防止塑料分解应采用二步法清洗(又称间接换料清洗法)。即采用热稳定性好的聚苯乙烯、低密度聚乙烯塑料作为过渡清洗料。清洗时，先将料筒加热至过渡清洗料的成型温度，加入过渡料，进行过渡换料清洗，待清洗干净后，然后再提高料筒温度至现在要加工物料的成型温度，加入现在所需加工的物料置换出过渡清洗料。

(3)由于直接换料和间接换料清洗料筒要浪费大量的塑料原料，因此，目前已广泛采用料筒清洗剂来清洗料筒。使用料筒清洗剂清洗料筒时必须首先将料筒温度升至比物料正常生产温度高 10～20℃后，再注净料筒内的存留料，然后加入清洗剂(用量为 50～200 g)，最后加入所要加工物料，用预塑的方式连续挤一段时间即可。若一次清洗不理想，可重复清洗。采用料筒清洗剂清洗的效果一般比较好，但价格比较高。

三、正常情况下注塑机开机操作步骤及注意事项

1. 注塑机开机操作步骤 正常情况下注塑机开机操作步骤为：检查料斗并清理干净→关闭下料口→打开电源→设定各区温度→按电加热键→加热机筒→按设定键→设定开合

模、熔胶、注塑、脱模、中子等参数→按油泵键→启动油泵→按手动键→检查开合模、顶进退和射台进退等动作→按射座进退键→调整注塑座移动行程→按调模键→调模→按温度显示键→检查实际温度，达到设定温度后保温 30 min 左右→打开下料口→按座退键→按熔胶键→预塑→按射出键→对空注塑，检查物料的塑化状况→打开冷却水→冷却油温和料斗座→关安全门→按合模键→合模→按座进键→注塑座与模具流道接触→按半自动或手动键→试模→按半自动或全自动键→关安全门投入正常生产。

(1)开机与机筒预热升温。接通电源，打开电热开关，对机筒进行预热。设定喷嘴及机筒各段的加热温度及各成型工艺参数。如果先要进行机筒清洗，首先应根据清洗料的工艺要求设定。各段温度都达到所设定的温度后，再恒温 30 min 以上，使机筒、螺杆内外温度均匀一致。

(2)机筒清洗。将机筒清洗料加入机筒，打开料斗开合门。选择注塑机手动操作方式，启动油泵，按下手动操作功能区中的座退键，使注塑座后退。按下手动操作功能区中的“熔胶”键，使螺杆后退并塑化物料。再按下手动操作功能区中的“射出”键，进行对空注塑。重复“熔胶”与“射出”步骤，直至喷嘴口所射出的物料不含上次的残存物料为止。

(3)参数设定。根据生产要求设定好各工艺参数。

(4)加料及料斗座冷却。机筒清洗完毕后，清除料斗中的机筒清洗余料，向料斗中再加足已预热干燥好的生产物料。打开料斗座冷却循环水阀，观察出水量并进行适中调节；冷却水过小，易造成加料口物料黏结，即“架桥”；反之则带走太多机筒热能。

(5)对空注射。采用手动熔胶塑化物料和手动注塑动作进行对空注射，观察预塑化物料的质量。若塑化质量欠佳时，应调整塑化工艺参数(塑化温度、背压、螺杆转速等)，以改善塑化质量，直至达到工艺的塑化要求。对空注射时，所注射出的物料如果表面光滑、有光泽，断面物料细腻、均匀，无气孔，物料的塑化质量为佳。如果表面无光泽、粗糙，有气孔等可能塑化不良。若对空注塑的物料像“粥样化”，则塑化温度过高。

(6)试模与调试。当物料达到塑化要求后，检查模具内是否有异物，如无异常情况，则关闭安全门，再按下手动操作功能区中的“合模”键，使合模系统合模并高压锁紧模具。再按下手动操作功能区中的“座进”键，使注塑座前移，并使喷嘴与模具主流道衬套保持良好接触。按下“半自动”操作键，或者“手动”操作下，进行产品试生产，开模后取出产品。检查产品的质量，并根据产品情况适当调整各工艺参数，直至产品符合生产质量要求。

(7)正常生产。制品生产质量基本稳定后，将操作方式转为“半自动”或“全自动”操作，即可正常生产。

2. 开机操作的注意事项

(1)液压油一般用 20 号或 30 号机械或液压油，在操作过程中，应保持油液的清洁。要注意观察油箱中的液压油温度，控制在 50℃以下，若油温太低或太高，应立即启动其加热或冷却装置。

(2)要定时检查注油器的油面及润滑部位的润滑情况,保证供给足量的润滑油,尤其对曲肘式合模装置的肘杆铰接部位,缺润滑油可能会导致卡死。

(3)注塑机系统的工作压力,出厂时已经调好,在使用中无特殊需要,一般不必更改,在操作过程中也不能随意敲打或脚踏液压元件。

(4)在注塑机运转中若出现机械运动、液压传动和电气系统异常时,应立即按下急停按钮,及时停机检查,保证设备始终处于良好的工作状态。

(5)在操作过程中要定时对注塑机各参数做好记录,发现异常情况,要及时上报相关技术管理人员。

(6)螺杆空转要采取低速启动,空转时间一般不超过 30 min,待物料熔料从喷嘴口挤出时,再将转速调至规定值,以免过度空转损坏机筒和螺杆。

(7)采用全自动操作生产时要注意,在操作过程的中途不要打开安全门,否则全自动操作中断。

(8)要及时加料,料斗中要保持一定的料位。

(9)若选用电眼感应,应注意不要遮蔽电眼。

(10)采用点动操作时,注塑机上各种保护装置都会暂时停止工作,如在不关安全门的情况下,合模装置仍能进行开、合模动作,故在点动操作时必须小心谨慎,防止意外事故的发生。

四、正常情况下注塑机停机操作步骤及注意事项

1. 注塑机停机操作步骤 正常情况下注塑机停机操作步骤为:关闭下料口→停止加料→按手动键→切换至手动操作状态→按电热键→关电热→按座退键→注塑座后退→按熔胶参数设定键→显示熔胶设定面→降低注塑速率→按熔胶键→预塑→按射出键→对空注塑,清除料筒余料(反复多次)→开模→清理模具、涂防锈油→合模→模具闭合,但不完全合拢→按油泵键→关油泵→关电源开关→切断电源→关冷却水阀→关油温、模温→做注塑机保养→清理场地。

(1)关闭料斗开合门,停止向机筒供料。

(2)把操作方式选择开关转到手动位置,转为手动操作,以防止整个循环周期的误动作,确保人身、设备安全。

(3)停止加热机筒。按电热键,关电热,停止继续给机筒加热。

(4)注塑座后退。按座退键,使注塑座退回,使喷嘴脱离模具。

(5)降低螺杆转速。按储料设定键,使显示屏画面切换至储料射退资料设定画面,按游标键将游标移至储料速度参数设定项,将速度值减小。

(6)清除机筒中的余料。按熔胶键,塑化物料,再按射出键,进行对空注塑。反复多次此动作,直到物料不再从喷嘴流出为止。

(7)将模具清理干净后，如较长时间不用，则需喷上防锈油。然后关上安全门，合拢模具，让模具分型面保留有适当缝隙，而不处于锁紧状态。

(8)把所有操作开关和按钮置于断开位置，关闭油泵、电源开关及冷却水阀。

(9)擦净注塑机各部位，对注塑机进行保养工作，并做好注塑机周围的环境卫生。

2. 停机操作注意事项

(1)首先停止加料，关闭料斗闸板，注空料筒中的余料，注塑成型座退回，关闭冷却水。

(2)用压力空气冲干模具冷却水道，对模具成型部分进行清洁，喷防锈剂，手动合模。

(3)关油泵电动机，切断所有的电源开关。

(4)做好机台的清洁和周围的环境卫生工作。

五、注塑机在手动操作状态下的操作

1. 开合模操作　在手动操作状态下如果要进行开合模动作的操作，首先必须设定好开合模位置、压力、速度及锁模低压保护时间；其次要关闭好前、后安全门；然后再按下手动操作区中的“合模”或“开模”键，即可进行开锁模动作。注意合模时脱模顶针一般应完全复位，否则不进行合模动作。

2. 熔胶操作　在手动操作状态下要进行熔胶（物料的预塑）时，首先，必须设定好熔胶温度、压力、速度、位置及时间；其次，机筒的温度必须要达到设定温度。

当机筒温度达到要求后，按下手动“熔胶”键即执行动作，再按下手动“熔胶”键即停止熔胶动作。当机筒温度未达到设定温度时，则不会执行此动作。

3. 注塑操作　在手动操作状态下如要进行注塑动作，必须视实际需要决定射出段数，设定好注塑压力、速度、位置或时间；注意射出的位置点要小于现在的位置；当熔胶完成后，按手动操作区中“射出”键即执行动作。熔胶未完成时，不会有射出动作。

4. 螺杆松退　在手动操作状态下如要进行螺杆松退动作，首先必须选择螺杆的松退功能，再设定好射退的压力、速度及位置，且射退的位置点要大于现在的位置。当机筒的温度达到设定温度，按手动“松退”键即执行动作。

六、注塑机状态转换

如果要将注塑机转换至全自动操作，首先要设定好各种功能所需的参数及选择执行的功能形式键；再将前、后安全门及其他安全装置完全关闭；按下手动操作“闭模”键，手动闭模后，再按下系统动作模式的“全自动”操作键，注塑机即按动作顺序进行周期动作循环。

此动作在手动操作时如果出错，则在全自动操作时无法启动；在全自动操作规程下，如果在一段时间内未使用按键，操作面板的显示屏会自动消失；若要恢复显示功能，只要按任一功能选择键，显示屏会重新恢复显示。

七、注塑机操作过程中安全门的使用

注塑机通常为防止操作人员在取出制品、放置嵌件及安装模具等操作过程中的压伤，一般都设有安全门进行保护。安全门处于打开状态时，注塑机不能进行合模动作。安全门设有机械、液压、电气等多重保护措施。电气、液压安全保护装置，通常是在注塑机前固定模板的操作面上端侧面及在移动模板下端的机架上分别各设置行程开关。这些行程开关起连锁保护作用，几只行程开关同时动作，移动模板才能进行合模动作（当前后两扇安全门同时关上时，几只行程开关即可同时动作）。只要任一只行程开关不动作，即有一扇安全门不关上，闭模电源就不接通，注塑机就不会进行合模动作，即起到合模保护作用。

安全门的机械保护装置是在移动模板上装锁定螺母来固定保险杆，同定模板上装挡板和保险杆罩。当安全门打开，移动模板后退进行开模时，保险杆从保险杆罩内移出，保险挡板落下，此时即使移动模板进行合模动作，由于保险杆在随移动模板前进，很快会撞在保险挡板上而阻止其继续前移，使移动模板不能闭合。这样即使在安全门打开，且其他闭模装置失灵的情况下，模具也不会闭合，从而可保护操作人员在取制品、安放嵌件或清理模具等操作时的人身安全等。注塑机操作过程中安全门使用应注意以下几方面。

（1）操作时不要随意按动安全门的各行程开关，以免意外合模而造成伤人事故。

（2）操作人员在操作设备前一定要检查安全门的各安全装置是否正常，如有失灵情况不能鲁莽开机。

（3）检修合模装置或上下模具时，一定要在打开安全门的情况下进行。

（4）如遇到紧急意外情况，应立即按注塑机操作面板的紧急停止按钮，紧急停机处理。

第四节　注塑制品质量

一、注塑成型制品的外观质量检验

对于注塑制品质量的评价主要有三个方面：一是外观质量，包括完整性、颜色、光泽等；二是制品尺寸和相对位置间的准确性；三是与用途相应的力学性能、化学性能、电性能等。

1. 外观质量检验的内容　制品的外观质量主要是指制品的完整性、颜色的均匀性及色差、光泽性等方面。由于制品的用途和大小不同，对外观的要求也会有所不同，因此对制品外观质量的检验标准也会有所不相同，但检验时的光源和亮度一般都有统一的规定。外观质量判断标准是由制品的部位而定，可见部分（制品的表面与装配后外露面）与不可见部分（制品里面与零件装配后的非外露面）有明显的区别。

塑料制品的外观质量不用数据表示，通常用实物表示允许限度或做标样。标样（限度标

准）最好每种缺陷封一个样。过高要求塑料制品的外观质量是不可能的，一般粗看不十分明显的缺陷（裂缝除外）便可作为合格品。在正式投产前，供、需双方在限度标样上刻字认可，避免日后出现质量纠纷。外观检验的主要内容包括熔接痕、凹陷、料流痕、银丝（气痕）、白化、裂纹、杂质、色彩、光泽、透明度（折射率）、划伤、浇口加工痕迹、溢边（飞边）、文字和符号等。

2. 外观质量检验方法

（1）熔接痕。熔接痕明显程度是由深度、长度、数量和位置决定的，其中深度对明显程度的影响最大。可用限度一般均参照样品，根据综合印象判断。深度一般以指甲划，感觉不出为合格。

（2）凹陷。将制品倾斜一个角度，能清楚地看出凹陷缺陷，但通常不用苛刻的检验方法，而是通过垂直目测判断凹陷的严重程度。

（3）料流痕。制品的正面和最高凸出部位上的料流痕在外观上不允许存在，其他部位的料流痕明显程度根据样品判断。

（4）银丝（气痕）。白色制品上的少量银丝不明显，颜色越深，银丝越明显。白色制品上的银丝尽管不影响外观，但银丝是导致喷漆和烫印中涂层剥落的因素。因此，需喷漆和烫印的制品上不允许有银丝存在。

（5）白化。白化是制品上的某些部位受到过大外力的结果（如顶出位置），白化不仅影响外观，而且强度也降低了。

（6）裂纹。裂纹是外观缺陷，更是强度上的弱点，因此，制品上不允许有裂纹存在。裂纹常发生在浇口周围、尖角与锐边部位，重点检查这些部位。

（7）杂质。透明制品或浅色制品中，各个面的杂质大小和数量必须明确规定。例如，侧面允许有 5 个直径在 0.5 mm 以下的杂质点，每两点之间的距离不得小于 50 mm 等。

（8）色彩。按色板或样品检验，不允许有明显色差和色泽不均现象。

（9）光泽。光泽度按反射率或粗糙度样板对各个面分别检验。以机壳塑件为例，为提高商品价值，外观要求较高，为此，正面和最高凸出部位的光泽度应严格检查。测定方法可参考 GB/T 8807—1988《塑料镜面光泽试验方法》。测定方法是采用镜面光泽仪在常温、常压下进行测试。测定时首先制备尺寸为 100 mm×100 mm 的试样，每组试样应不少于 3 个。试样的表面应光滑平整、无脏物、划伤等缺陷。再校正镜面光泽仪，对一级工作标准板定标，再检验二级工作标准板的镜面光泽，要求二级工作标准板的测量读数不能超过标称值一个光泽单位，否则镜面光泽仪必须重新调整校正。然后测量待测试样的镜面光泽值。最后测量结果以每组试样的算术平均值来表示。

（10）透明度（折射率）。透明制品最忌混浊。透明度通过测定光线的透过率，一般按标样检验。测定方法按 GB/T 2410—2008《透明塑料透光率和雾度的测定》。透光率是指透过试样的光通量和射到试样上的光通量之比。雾度是指透过试样而偏离入射光方向的散射光通量与透射光通量之比。测定方法是采用积分球式雾度计在温度为 23℃±5℃，相对湿度为

50%±20%的条件下进行测试。测定时首先制备尺寸为50 mm×50 mm的原厚试样，每组试样应不少于3个。试样应均匀、无气泡，表面光滑平整，无脏物、划伤等缺陷。再接通积分球式雾度计电源，使仪器稳定10 min以上，将试样放入积分球式雾度计。然后调节零点旋钮，使积分球在暗色时检流计的指示为零。当光线无阻挡时，调节仪器检流计的指示为100，然后按表8-4-1所示内容操作，读取检流计的指示刻度，并记录表中。再计算出透光率(T_t)和雾度值(H)，最后测量结果以每组试样的算术平均值来表示。

透光率(T_t)计算式为

$$T_t = \frac{T_2}{T_1} \times 100\%$$

雾度值(H)计算式为

$$H = \left(\frac{T_4}{T_2} - \frac{T_3}{T_1}\right) \times 100\%$$

表8-4-1　透光率和雾度测试记录

检流计的读数	试样是否在位置上	陷阱是否在位置上	标准白板是否在位置上	得到的量
T_1	不在	不在	在	入射光通量(100)
T_2	在	不在	在	透射光通量
T_3	不在	在	不在	仪器的散射光通量
T_4	在	在	不在	仪器和试样的散射光通量

(11)划伤。制品出模后，在工序周转、二次加工及存放中相互碰撞划伤，有台阶和棱角的制品特别易碰伤。正面和凸出部位的划伤判为不合格品，其他部位按协议规定。

(12)浇口加工痕迹。用尺测量的方法检验浇口加工痕迹。

(13)溢边(飞边)。制品上不允许存在溢边，产生溢边的制品要用刀修净，溢边加工痕迹对照样品检验，不允许有溢边加工痕迹的面上一旦出现溢边，应立即停产检验原因。

(14)文字和符号。文字和符号应清晰，如果擦毛或缺损、模糊不清则不但影响外观，而且缺少重要的指示功能，影响使用。

二、注塑成型制品的尺寸检验

1. 尺寸检验要求

(1)测量尺寸的制品必须是在批量生产中的注塑机上加工，用批量生产的原料制造，因为上述两项因素变动后，尺寸会跟着变化。

(2)测量尺寸的环境温度必须预先规定，塑件在测量尺寸前先按规定进行试样状态调节。精密塑件应在恒温室内(23℃±2℃)测量。

(3)检验普通制品的尺寸，取一个在稳定工艺参数下成型的制品，对照图纸测量。精密

制品的尺寸检验是在稳定工艺条件下连续成型100件，测量其尺寸并画出统计图，确认在标准偏差的3倍标准内，中间值应在标准的1/3范围内。

(4)测量塑料制品时要做好记录，根据图纸、技术协议成相关标准判断合格与否。

2. 制品尺寸测量方法

(1)普通塑件尺寸的测量。测量塑件尺寸的测量工具常用钢直尺、游标卡尺、千分尺、百分表等。必须注意的是：测量金属用的百分表等，测量时的接触压力高，塑料易变形，最好使用测量塑料专用的量具。量具和测量仪表要定期鉴定，贴合格标签。工厂内对于精度要求不高的制品尺寸，多用自制测量工具，如卡板等，但要保证尺寸精度。

(2)自攻螺纹孔的测量。自攻螺纹孔必须严格控制。太小，自攻螺钉拧入时凸台开裂；太大，则螺钉掉出。常用量规检验(过端通过，止端通不过)。自攻螺钉孔直径的精度一般为0.05～0.1 mm。用量规检验时要注意用力大小，不能硬塞。

(3)配合尺寸的检验。两个以上零件需互相配合使用时，同零件间要有互换性。配合程度以两个零件配合后不变形，轻敲侧面不松动落下为好。

(4)翘曲零件的测量。把制品放在平板上用厚薄规测量，小制品用游标卡尺(不要加压)测量。

(5)工具显微镜检验尺寸。这是不接触制品的光学测量，属于精密测量方法，塑件在测量中不变形。缺点是需要在一定温度的环境中测量，设备价格昂贵。是精密制品测量中不可缺少的方法。

三、注塑成型制品的强度检验

1. 强度检验内容　注塑成型制品的强度检验内容主要包括冲击强度、弯曲强度、蠕变与疲劳强度、自攻螺钉凸台强度、冷热循环综合强度、气候老化性能、环境应力开裂性能等方面。

2. 强度检验方法

(1)冲击强度。塑料制品在冬季容易开裂的原因是：温度低，大分子活动空间减少、活动能力减弱，因此，塑料冲击强度变小。从实用角度出发，用落球冲击试验为好。该法是将试样水平放置在试验支架上，使1 kg重的钢球自由落下，冲击试样，观察是否造成损伤，求得50%的破坏能量，并由落下的高度表示强度。凸台、熔接痕周围、浇口周围等都是冲击强度弱的部位。

检验装配后的塑料制品强度或检验制品在运输过程中是否会振裂，可进行跌落试验。

(2)弯曲强度。测定塑件刚性的实用试验方法，一般用挠曲量表示。测试时把试样支撑成横梁，使其在跨度中心以恒定速度弯曲，直到发生裂纹或变形达到预定值，测量该过程中对试样施加的压力。测试浇口部位的强度时，对浇口部位加载荷，直至发生裂纹的载荷为浇口强度。

(3)蠕变与疲劳强度。在常温下塑料也会疲劳和蠕变,塑件疲劳的界限不明显,必须预先做蠕变试验测定。蠕变试验使用蠕变试验仪。疲劳试验是将塑件反复弯曲,测定被破坏时的折弯次数。

(4)自攻螺钉凸台强度。用装有扭矩仪的螺丝刀把自攻螺钉拧入凸台,直至打滑时测出的扭矩即为自攻螺钉凸台强度。如打滑时凸台上出现裂纹,则该制品判为不合格。自攻螺钉的强度与刚性有关,且随温度而变化:温度升高,强度下降。

(5)冷热循环综合强度。作为制品综合强度试验,冷热循环试验十分有效,试样可以是单件塑件,也可以是组装后的塑料制品。冷热循环试验中塑件发生周期性伸缩,产生应力,破坏塑件。

冷热循环试验:用两台恒温槽,一台为65℃,另一台为-20℃。先把试样放入-20℃槽内1 h,然后立即移入65℃槽1 h,以此作为1个循环。一般进行3个循环试验。大部分塑件在第3个循环中受到破坏,有条件的最好多做几个循环(如10个循环)。

(6)气候老化性能。塑料的老化是指塑料在加工、储存和使用过程中,由于自身的因素加上外界光、热、氧、水、机械应力以及微生物等的作用,引起化学结构的变化和破坏,逐渐失去原有的优良性能。

塑料发生老化大致有四种原因:光和紫外线、热、臭氧和空气中的其他成分、微生物等。老化的机理是从氧化开始。制品使用环境(室内或室外)对耐气候性要求是完全不同的。室内使用的制品处于阳光直射的位置也应考虑耐气候性要求。制作灯具之类的光源塑件,尽管是室内使用,也要符合耐气候性中的耐光性要求。

塑料耐气候性试验使用老化试验机,模拟天然气候,促进塑料老化。但老化试验机的试验结果与塑料天然暴露试验需要2个月左右的时间。

(7)环境应力开裂性能。环境应力开裂是指塑料试样或部件由于受到应力和相接触的环境介质的作用,发生开裂而破坏的现象。在常用的塑料中,PE是易于发生环境应力开裂的塑料。发生环境应力开裂现象需要几个条件,首先是“应力集中”或“缺口”,同时还需要弯曲应力或外部应力;其次是外部活化剂,即环境介质,如溶剂、油和药物等。应力开裂情况根据塑料种类、内应力程度及使用环境不同而显著不同。

应力开裂试验方法有1/4椭圆夹具法、弯曲夹具法、蠕变试验机法和重锤拉伸法等。较简单的方法是弯曲夹具法和重锤拉伸法。

弯曲夹具法是同定试样的两端,用螺钉顶试样的中心部位,加上弯曲强度试验30%左右的负载为应力,当变形稳定,应力逐渐缓和,塑件上涂以溶剂、油或药物等,观察1周以上时间。内应力大的制品大约1周时间发生应力开裂。

重锤拉伸法是将重锤吊在塑料试样上,与简单的蠕变试验方法相同,初载为拉伸强度

30%左右的应力，试验中负载恒定。

四、影响注塑制品质量的因素

注塑过程中影响制品质量与尺寸精度的因素主要有：物料的性质、模具结构的设计与制造、注塑成型设备、成型工艺、操作环境、操作者水平及生产管理水平等。其中任何一项出现问题，都将影响制品的质量，使制品产生欠注、气泡、银纹、裂纹等缺陷。一般在分析制品缺陷时主要从原料、注塑成型设备、模具和成型条件等方面来考虑，其各方面主要考虑的因素如图 8-4-1 所示。

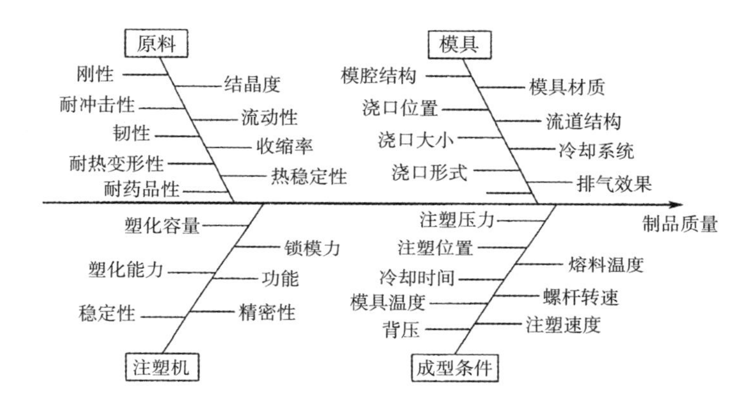

图 8-4-1　影响注塑制品质量的因素

第九章　中空吹塑成型

1949年，德国的Norbert和Reinold Hagen兄弟发明了用热塑性塑料生产瓶子的加工方法和装置，并于1950年5月获得了德国专利(971333号)，从此挤出中空成型在欧洲开始发展。60多年过去了，热塑性塑料中空吹塑技术有了长足的进步，中空吹塑不仅用于成型各种瓶子，而且用于成型大小不同、形状各异的生活品和工业品的容器，以及各种形状复杂的中空工业零部件，特别是汽车工业的零部件(三维中空吹塑)；成型用的材料从单层发展到双层和多层；吹塑工艺有挤出吹塑、注射吹塑以及挤出或注射拉伸吹塑等多种变异。近年来，吹塑工艺继续向着更大和更多样性的中空制品以及更快的生产速度和更高的品质方向发展，计算机模拟技术在中空吹塑的进一步发展过程中成为越来越重要的手段。

第一节　概　述

一、中空吹塑成型的基本概念

中空吹塑是继挤出成型和注射成型之后的第三种最常用的塑料加工方法，同时也是发展较快的一种塑料成型方法。中空吹塑成型是制造空心塑料制品的成型方法，是借助气体压力使闭合在模腔内尚处于半熔融态的型坯吹胀成为中空制品的二次成型技术。吹塑制品生产由塑料型坯制造、型坯吹胀与制品冷却三个阶段构成。

中空吹塑成型可以有不同的分类方法，根据管坯成型方法不同分挤出吹塑和注射吹塑；根据成型工艺不同分普通吹塑、拉伸吹塑、挤出拉伸吹塑和注射拉伸吹塑；根据管坯层数不同分单层吹塑和多层吹塑。此外，还有三维吹塑、压制吹塑、蘸涂吹塑和发泡吹塑等。吹塑制品的75%用挤出吹塑成型，24%用注射吹塑成型，1%用其他吹塑成型。在所有的吹塑产品中，75%属于双向拉伸产品。

注射吹塑是用注射成型法先将塑料制成有底型坯，再把型坯移入吹塑模内进行吹塑成形。该方法生产的制品精度高，质量好，适于大批量产品，但价格较高。注射吹塑的优点是：加工过程中没有废料产生，能很好地控制制品的壁厚和物料的分散，细颈产品成型精度高，产品表面光洁，能经济地进行小批量生产。缺点是：成型设备成本高，而且在一定程度上仅适合于成型小制品。

挤出吹塑成型过程，管坯直接由挤出机挤出，并垂挂在安装于机头正下方的预先分开的型腔中；当下垂的型坯达到规定的长度后立即合模，并靠模具的切口将管坯切断；从模具分型面的小孔通入压缩空气，使型坯吹胀紧贴模壁而成型；保压，待制品在型腔中冷却定型后开模取出制品。该生产方法简单，产量高，精度低，应用较多，主要用于未被支撑的型坯加工。挤出吹塑的优点是：生产效率高，设备成本低，模具和机械的选择范围广。缺点是：废品率较高，废料的回收、利用差，制品的厚度控制和原料的分散性受限制，成型后必须进行修边操作。挤出吹塑与注射吹塑的比较见表 9-1-1。

表 9-1-1　挤出吹塑与注射吹塑的比较

挤出吹塑	注射吹塑
成型较大制品，特别是容积 ≥ 240 cm^3 的制品	成型较小制品
可加工具有一定熔体强度的树脂、特别适合加工聚氯乙烯	可以加工大部分树脂，尤其适合加工 PP
对制品性能的限制少，成型制品长和宽的范围大	无溢料，无截坯口边角料，制品不用修边
可成型双臂制品，如手、异形制品等	注射成型的细颈产品成型精度高，制品的件重和厚度控制准确并具有可重复性，制品表面光洁
尺寸和造型和多样性	可形成形状复杂的制品
模具成本低	制品厚度均匀，尺寸精度高
设备成本低，可成型大型容器	自动化程度高，人工费用低
易成形不规制品	没有废料
树脂塑化效果好	螺纹口密封好，没有明显的拼缝线
制品冷却分布较均匀	透明度高，光泽度好
挤出工艺较容易掌握	制品定向性好

拉伸吹塑成型是双轴定向拉伸的一种吹塑成型方法，其方法是先将型坯进行纵向拉伸，然后用压缩空气进行吹胀达到横向拉伸。产品经拉伸后强度高，气密性好，可加工双轴取向的制品，极大地降低生产成本及改进制品性能。

多层吹塑是中空吹塑的高端技术，是通过复合机头把几种不同的原料挤出吹制成中空制品，主要产品有高档汽车燃油箱、毒性较大的农药包装等，层数为 2～6 层不等。制品综合性能好，适于包装要求高的产品。

在国际上，塑料中空成型机正向着多品种、大型化、高效、高速、节能、环保、智能化方向发展。在国内，塑料中空成型机是继注塑机、挤出机之后的第三大塑料机械主导产品，年产 5 000台以上，主要包括：挤吹机，主要用于生产 HDPE、PP、PVC 等低档瓶；注吹机，主要用于生产 HDPE、PP 等中档瓶；注拉吹二步法设备（在瓶坯注塑机上生产瓶坯，然后在拉吹成型机上生产瓶子），主要用于生产 PET、PC 等中档瓶。

吹塑的概念除了中空制品的成型方法——中空吹塑，也可指塑料薄膜的吹塑成型。薄膜的吹塑可简称为吹膜，吹膜一般不称为中空成型。中空吹塑和薄膜吹塑（吹膜）二者在概念、成型设备、工艺、制品结构特点方面都有较大差别。

二、中空吹塑所用原料

大量的中空吹塑容器,目前主要用作各种液体货物的包装,为此吹塑用塑料应具有良好的阻透性、耐挤压性和耐环境应力开裂性。此外,有些包装特殊液体货物的吹塑容器,还要求其所用塑料具有耐化学药品性和抗静电性。耐环境应力开裂是指作为容器,当与表面活性剂接触时具有防止龟裂的能力。阻透性(气密性)指阻止氧气、二氧化碳、氮气及水汽等向外扩散的特性。

虽然大多数热塑性聚合物都可用中空吹塑方法成型,但最常用的原料是聚乙烯、聚丙烯、聚氯乙烯和热塑性聚酯等,其中PE所占的比重最大,高分子量聚乙烯适用于制造大型燃料罐和桶等。1996年,美国中空吹塑消耗总量约为100亿磅,其中PE占2/3左右,其次为PET,消耗量占20亿磅。其他如PVC、PP、PC和ABS塑料用于中空吹塑的消耗量大致相同,它广泛应用于食品、化工和处理液体的包装。

线形聚酯PET材料是近几年进入中空吹塑领域的新型材料。由于其制品具有光泽的外观、优良的透明性、较高的力学强度和容器内物品保存性较好,废弃物焚烧处理时不污染环境等方面的优点,所以在包装瓶方面发展很快,尤其在耐压塑料食品容器方面的使用最为广泛。

三、中空吹塑成型的制品

中空吹塑模具与塑料挤吹中空成型机配套,能够生产出所要求的塑料吹塑制品,如中小型吹塑制品有:各种食品、药品、化工产品、日化产品、汽车配件、润滑油等产品的包装瓶、包装桶等,以及大量的工业、民用塑料吹塑产品等;大型吹塑制品主要有:200 L系列塑料桶、吹塑托盘、1 000 L IBC塑料桶、汽车燃油箱、汽车扰流板、汽车吹塑配件、大型工具箱、大型储水箱、包装箱、大型塑料浮体等。目前吹塑模具涉及的容积范围较大,从几毫升的眼药水瓶到10 000 L的大型储油箱,规格品种包含的种类已经十分繁多,它们与中空成型机配套。形成各种不同规格、品种的生产线,生产出种类繁多的吹塑制品及产品包装物。通常把中空吹塑产品分为日用品容器和工业及结构用制品。日用容器约占其中85%的市场份额,每年增长约4%,其中容器包括:包装容器、大容积储桶/储罐以及可折叠容器。但随着吹塑工艺的成熟,工业制件的吹塑制品越来越多,应用范围也日益广泛,工业及结构用制品占总量的15%,估计每年增长速度为12%。由于塑料容器的应用范围不断扩大,引起了日用品容器消耗量的增长,而工业用制品的消耗量增长则主要是由新型加工技术的改进所致,如多层型坯共挤、双轴取向挤出、非轴对称吹塑等。

第二节 挤出中空吹塑成型

一、挤出中空吹塑成型过程及其适用性

1. 挤出中空吹塑成型过程 挤出中空吹塑成型是将塑料在挤出机中熔融塑化后，经管状机头挤出成型管状型坯，当型坯达到一定长度时，趁热将型坯送入吹塑模中，再通入压缩空气进行吹胀，使型坯紧贴模腔壁面而获得模腔形状，并在保持一定压力的情况下，经冷却定型，脱模即得到吹塑制品。挤出中空吹塑成型的过程如下。

塑料→塑化挤出→管状型坯→模具闭模→吹胀成型→冷却→开模→取出制品。

挤出中空吹塑成型一般可分为下列五个步骤。

(1)通过挤出机使聚合物熔融，并使熔体通过机头成型为管状型坯。

(2)型坯达到预定长度时，吹塑模具闭合，将型坯夹持在两半模具之间，并切断后移至另一工位。

(3)把压缩空气注入型坯内，吹胀型坯，使之贴紧模具型腔成型。

(4)冷却。

(5)开模，取出成型制品。

2. 适用性 挤出中空吹塑成型由于生产的产品成本低、工艺简单、效益高，是目前成型塑料容器应用最多的一种工艺。目前80%～90%的中空容器是采用挤出中空吹塑成型方法来成型。它适用于成型容量最小为几毫升、最大可达几万毫升的容器。挤出中空吹塑成型制品主要用于牛奶瓶、饮料瓶、洗涤剂瓶等瓶类容器；化学试剂桶、农用化学品桶、饮料桶、矿泉水桶等桶类容器；以及 200 L、1 000 L 的大容量包装桶和储槽。

挤出中空吹塑成型适用的塑料品种主要是低密度聚乙烯(LDPE)、高密度聚乙烯(HDPE)、聚氯乙烯(PVC)、聚丙烯(PP)、乙烯—乙酸乙烯酯共聚物(EVA)、聚碳酸酯(PC)等聚合物、尼龙(PA)等。

二、挤出中空吹塑成型方式及其特点与适用性

1. 挤出中空吹塑成型方式 挤出中空吹塑成型按型坯成型的方式可分为连续挤出中空吹塑成型和间歇挤出中空吹塑成型。连续挤出中空吹塑成型主要是指塑料的塑化、挤出及型坯的形成是不间断地进行的；与此同时，型坯的吹胀、冷却及制品脱模，仍在周期性地间断进行。因此，从整个成型过程来看，制品的制造是连续进行的。为保证连续挤出吹塑的正常运作，型坯的挤出时间必须等于或略大于型坯吹胀、冷却时间以及非生产时间(机械手进出、升降、模具等)之和。间歇挤出中空吹塑成型主要是指型坯的形成是间断地进行的，而物料

的塑化、挤出可以是连续式或间断式。

2. 特点与适用性

(1)连续挤出中空吹塑成型的特点与适用性。连续挤出中空吹塑成型的成型设备简单，投资少，容易操作，是目前国内中、小型企业普遍采用的成型方法。连续挤出中空吹塑成型，可以采用多种设备和运转方式实现，它包括一个或多个型坯的挤出；使用两个以上的模具；使用一个以上的锁模装置；使用往复式、平面转盘式、垂直转盘式的锁模装置等。连续挤出中空吹塑成型适用于中等容量的容器或中空制品、大批量的小容器、PVC 等热敏性塑料瓶及中空制品等。

中等容量的容器或中空制品需要较大挤出型坯，其型坯挤出时间也较长，这样有利于使型坯的挤出与型坯的吹胀、冷却及制品脱模同步进行，并在同一时间内完成，实现连续挤出中空吹塑成型。这种成型方式，可连续吹塑成型 5～50L 容器，若选用熔体黏度高、强度高的塑料材料(如 HDPE、HMWHDPE)，由于型坯自重下垂现象的改善，则可成型更大容积的容器。

大批量的小容器，如瓶类容器，由于型坯量小，挤出型坯所需的时间少，通常型坯的挤出与型坯的吹胀成型不能在同一时间内同步完成。但当大批量生产小容器时，采用两个甚至更多的模具及锁模装置，就可以相对地延迟吹塑容器的成型周期，实现连续挤出中空吹塑成型。

对于 PVC 等热敏性塑料的中空制品，由于是连续挤出型坯，物料在挤出过程中的停留时间短，不易降解，因此使 PVC 等塑料的吹塑成型能长期、稳定地进行。这种成型方式也适用于 LDPE、HDPE、PP 等塑料的吹塑成型。

(2)间歇挤出中空吹塑成型的特点与适用性。间歇挤出中空吹塑成型可分为三种方式，即挤出机间歇运转、储料装置与机头分离的间歇挤出中空吹塑成型、储料装置与机头一体的间歇挤出中空吹塑成型。采用挤出机间歇运转、间歇成型型坯的方式，生产效率低。而且由于挤出机在较短的时间内频繁启动，能源消耗大，挤出机易损坏，因此目前很少采用。但它具有成型设备简单、维修方便、售价低的特点。储料装置与机头分离的间歇挤出中空吹塑成型方式主要采用往复螺杆及采用柱塞储料腔两类，这类方式的型坯挤出速度大，可改善型坯自重下垂及型坯壁厚的均匀度，可使用熔体强度较低的材料。储料装置与机头成一体的间歇挤出吹塑成型方式应用非常广泛，它包括带储料缸直角机头、带程序控制装置的储料缸直角机头的间歇挤出吹塑。这种方式把储料腔设置在机头内，即储料腔与机头流道成一体化，向下移动环形活塞压出熔体即可快速成型型坯。这种机头的储料腔容积可达 250 L 以上，可吹塑大型制品，可用多台挤出机来给机头供料。间歇挤出吹塑成型的适用范围如下。

①型坯的熔体强度较低，连续挤出时型坯会因自重而下垂过量，使制品壁变薄。

②对于大型吹塑制品，需要挤出较大容量的熔体。

③连续缓慢挤出时型坯会冷却过量。间歇挤出中空吹塑成型的周期一般比连续挤出中空吹塑成型长，它不适宜 PVC 等热敏性塑料的吹塑成型。主要用于聚烯烃、工程塑料等非热敏性的塑料，主要用于生产大型制品及工业制件，是工业制件吹塑所普遍采用，也是优先采用的方法。

三、挤出中空吹塑成型机

1. 挤出中空吹塑成型机的类型　挤出中空吹塑成型机的类型较多，按工位数来分可分为单工位和双工位挤出中空吹塑机；按模头的数目分可分为单模头、双模头和多模头挤出中空吹塑机。

2. 挤出中空吹塑成型机的组成　挤出中空吹塑成型机主要由挤出机、模头（机头）、合模装置、吹气装置、液压传动装置、电气控制装置和加热冷却系统等组成。

挤出机主要完成物料的塑化挤出。模头是成型型坯的主要部件，熔融塑料通过它获得管状的几何截面和一定的尺寸。合模装置是对吹塑模的开、合动作进行控制的装置，通常是通过液压或气压控制与机械肘杆机构相连的合模板来使模具开启与闭合。

吹气装置是在机头口模挤出的型坯进入模具并闭合后，将压缩空气吹入型坯内，使型坯吹胀成模腔所具有的精确形状的装置。根据吹气嘴不同的位置分为针管吹气、型芯顶吹和型芯底吹三种形式。

四、单螺杆挤出机组成部分

（一）主要组成

单螺杆挤出机由挤压系统、传动系统、加热冷却系统和加料装置所组成，如图 9-2-1 所示。

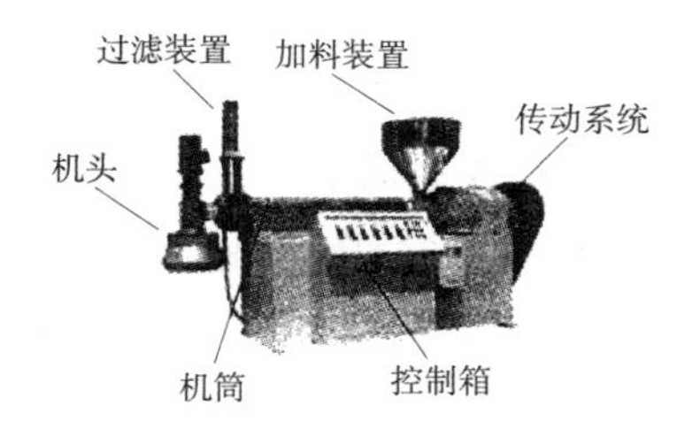

图 9-2-1　单螺杆挤出机组成

（二）各组成部分的功能

(1)挤压系统。主要由机筒、螺杆、分流板和过滤网等组成。其作用是将粒状、粉状或其他形状的塑料原料在温度和压力的作用下塑化成均匀的熔体，然后被螺杆定温、定压、定量、连续地挤入机头。

（2）传动系统。主要由电动机、齿轮减速箱和轴承等组成。其作用是驱动螺杆，并使螺杆在给定的工艺条件（如温度、压力和转速等）下获得所必需的扭矩和转速并能均匀地旋转，完成挤塑过程。

（3）加热冷却系统。主要由机筒外部所设置的加热器、冷却装置等组成。其作用是通过对机筒、螺杆等部件进行加热或冷却，保证成型过程在工艺要求的温度范围内完成。

（4）加料装置。主要由料斗和自动上料装置等组成。其作用是向挤压系统稳定且连续不断地提供所需的物料。

（三）挤出螺杆的结构形式及其特点

1. 结构形式 螺杆是挤出机的关键部件，挤出机螺杆的结构形式比较多，包括普通螺杆和新型螺杆。新型螺杆又可分为分离型螺杆、屏障型螺杆、分流型螺杆及波型螺杆等。

普通螺杆按其螺纹升程和螺槽深度的变化不同，一般分为等距变深螺杆、等深变距螺杆和变深变距螺杆等。其中等距变深螺杆按其螺槽深度变化快慢，又分为等距渐变螺杆和等距突变螺杆。等距渐变深型螺杆又包括两种形式：一种是从加料段的第一个螺槽开始直至均化段的最后一个螺槽的深度是逐渐变浅；另一种是加料段和均化段是等深螺槽，熔融段的螺槽深度逐渐变浅，且熔融段长度较长。其加工容易，比较常用，主要用于熔融温度范围较宽的塑料，如非结晶性物料 PVC 等的加工。

等距突变深型螺杆是指加料段和均化段的螺槽等深，熔融段的螺槽深度突然变浅，且熔融段长度较短的螺杆。变距等深型螺杆是指螺槽的深度不变，螺距从加料段的第一个螺槽开始直至均化段末端宽度逐渐变窄的螺杆。

变距变深型螺杆指螺槽深度和螺纹升程从加料段开始至均化段末端都是逐渐由宽变窄或由深变浅的螺杆。

2. 各类螺杆的特点

（1）普通螺杆。目前挤出中空吹塑成型机中常用的是普通螺杆，特别是加料段和均化段是等深螺槽的渐变型螺杆，其特点是加工容易，且能很好地满足非结晶型高聚物（如 PVC、PS）的工艺要求。对于结晶型高聚物（如 PE、PP、PET），在温度升高至其熔点之前，没有明显的高弹态，或者说其软化温度范围较窄（如 LDPE、PA），因此一般选用等距突变型螺杆。

（2）分离型螺杆。分离型螺杆是指在挤出塑化过程中能将螺槽中固体颗粒和塑料熔体相分离的一类螺杆。根据塑料熔体与固体颗粒分离的方式不同，分离型螺杆又分为 BM 螺杆、Barr 螺杆和熔体槽螺杆等。分离型螺杆的加料段和均化段与普通螺杆的结构相似，不同

的是在熔融段增加了一条起屏障作用的附加螺棱（简称副螺棱），其外径小于主螺棱，这两条螺棱把原来一条螺棱形成的螺槽分成两个螺槽以达到固液分离的目的。一条螺槽与加料段相通，称为固相槽，其螺槽深度由加料段螺槽深度变化至均化段螺槽深度；另一条螺槽与均化段相通，称为液相槽，其螺槽深度与均化段螺槽深度相等。副螺棱与主螺棱的相交始于加料段末，终于均化段初。

当固体床形成并在输送过程中开始熔融时，因副螺棱与机筒的间隙大于主螺棱与机筒的间隙，使固相槽中已熔的物料越过副螺棱与机筒的间隙而进入液相槽，未熔的固体物料不能通过该间隙而留在固相槽中，这样就形成了固、液相的分离。由于副螺棱与主螺棱的螺距不等，在熔融段形成了固相槽由宽变窄至均化段消失，而液相槽则逐渐变宽直至均化段整个螺槽的宽度。

分离型螺杆塑化效率高，塑化质量好；由于附加螺棱形成的固、液相分离而没有固体床破碎；温度、压力和产量的波动都比较小；排气性能好；单耗低；适应性强；能实现低温挤出。

(3)屏障型螺杆。所谓屏障型螺杆，就是在普通螺杆的某一位置设置屏障段，使未熔的固相物料不能通过，并促使固相物料彻底熔融和均化的一类螺杆。典型的屏障段有直槽形、斜槽形、三角形等。屏障段是在一段外径等于螺杆直径的圆柱上交替开出数量相等的进、出料槽，按螺杆转动方向，进入出料槽前面的凸棱比螺杆外半径小一径向间隙值 C，C 称为屏障间隙，这是每一对进、出料槽的唯一通道，这条凸棱称为屏障棱。当物料从熔融段进入均化段后，含有未熔物料的熔体流到屏障段时，被分成若干股料流进入屏障段的进料槽，熔体和粒度小于屏障间隙 C 的固态小颗粒料越过屏障棱进入出料槽。塑化不良的小颗粒料在屏障间隙中受到剪切作用，大量的机械能转变为热能，使小颗粒物料熔融。另外，由于在进、出料槽中的物料一方面做轴向运动，另一方面由于螺杆的旋转作用又使这些物料做圆周运动，两种运动使物料在进、出料槽中做涡流运动。

其结果在进料槽中的熔融物料和塑化不良的固体物料进行热交换，促使固体物料熔融；在出料槽中物料的环流运动也同样使熔融物料进一步地混合和均化。物料进入进料槽，被若干条进料槽分成小料流（视进料槽数量）越过屏障间隙进入出料槽之后又汇合在一起，加上在进、出料槽中的环流运动，物料在屏障段得到进一步的混合作用。

屏障段是以剪切作用为主、混合作用为辅的元件。屏障段通常是用螺纹连接于螺杆主体上，替换方便，屏障段可以是一段，也可以将两个屏障段串接起来，形成双屏障段，可以得到最佳匹配来改造普通螺杆。它适于加工聚烯烃类物料。屏障型螺杆的产量、质量、单耗等项指标都优于普通螺杆。

(4)分流型螺杆。所谓分流型螺杆，是指在普通螺杆的某一位置上设置分流元件，将螺槽内的料流分割，以改变物料的流动状况，促进熔融、增强混炼和均化的一类新型螺杆。其中利用销钉起分流作用的简称销钉型螺杆；利用通孔起分流作用的则称为DIS螺杆。

销钉螺杆是在普通螺杆的熔融段或均化段的螺槽中设置一定数量的销钉，且按照一定的相隔间距或方式排列。销钉可以是圆柱形的，也可以是方形或菱形的；可以是装上去的，也可以是铣出来的。由于在螺杆的螺槽中设置了一些销钉，故易将固体床打碎，破坏熔池，打乱两相流动，并将料流反复地分割，改变螺槽中料流的方向和速度分布，使固相物料和液相物料充分混合，增大固体床碎片与熔体之间的传热面积，对料流产生一定阻力和摩擦剪切，从而增加对物料的混炼、均化。

销钉螺杆是以混合作用为主，剪切作用为辅。这种形式的螺杆在挤出过程中不仅温度低、波动小，而且在高速下这个特点更为明显。可以提高产量，改善塑化质量，提高混合均匀性和填料分散性，获得低温挤出。

(5)波型螺杆。波型螺杆是螺杆螺棱呈波浪状的一类螺杆。常见的是偏心波型螺杆。它一般设置在普通螺杆原来的熔融段后半部至均化段上。

波型段螺槽底圆的圆心不完全在螺杆轴线上，是偏心地按螺旋形移动，因此，螺槽深度沿螺杆轴向改变，并以2D的轴向周期出现，槽底呈波浪形，所以称为偏心波状螺杆。物料在螺槽深度呈周期性变化的流道中流动，通过波峰时受到强烈的挤压和剪切，得到由机械功转换来的能量(包括热能)，到波谷时，物料又膨胀，使其得到松弛和能量平衡。其结果加速了固体床破碎，促进了物料的熔融和均化。

由于物料在螺槽较深之处停留时间长，受到剪切作用小，而在螺槽较浅处受到剪切作用虽强烈，但停留时间短。因此，物料温升不大，可以达到低温挤出。另外，波状螺杆物料流道没有死角，不会引起物料的停滞而分解，因此，可以实现高速挤塑，提高挤塑机的产量。

五、分流板和过滤网

1. 设置分流板和过滤网的目的 在螺杆头部和口模之间设置分流板和过滤网的目的是使料流由螺旋运动变为直线运动，阻止未熔融的粒子进入口模，滤去金属等杂质。同时，分流板和过滤网还可提高熔体压力，使制品比较密实。另外，当物料通过孔眼时能进一步塑化均匀，从而提高物料的塑化质量。但应注意，在挤出硬质PVC等黏度大而热稳定性差的塑料时，一般不宜采用过滤网，甚至也不用分流板。

2. 分流板和过滤网的设置方法 分流板有各种形式，目前使用较多的是结构简单、制造方便的平板式分流板。分流板多用不锈钢板制成，其孔眼的分布一般是中间疏，边缘密，或者边缘孔的直径大，中间孔的直径小，以使物料流经时的流速均匀，因为料筒的中间阻力小，边缘阻力大。分流板孔眼多按同心圆周排列，或按同心六角形排列。孔眼的直径一般为

3～7 mm，孔眼的总面积为分流板总面积的30%～50%。分流板的厚度由挤出机的尺寸及分流板承受的压力而定，根据经验取为料筒内径的20%左右。孔道应光滑无死角，为便于清理物料，孔道进料端要倒出斜角。

在制品质量要求高或需要较高的压力时，例如，生产电缆、透明制品、薄膜、医用管、单丝等，一般放置过滤网。一般使用不锈钢丝编织粗过滤网，铜丝编织细过滤网。网的细度为20～120目，层数为1～5层。具体层数应根据塑料性能、制品要求来叠放。

分流板及过滤网安放位置一般为：螺杆—过渡区—过滤—分流板。分流板至螺杆头的距离不宜过大，否则易造成物料积存，使热敏性塑料分解；距离太小，则料流不稳定，对制品质量不利，一般为0.1D（D为螺杆直径）。

设置过滤网时，如果采用两层过滤网，则应将细的过滤网放在靠螺杆一侧，粗的靠分流板放，若采用多层过滤网，可将细的过滤网放在中间，两边放粗的。这样可以支承细的过滤网，防止细的过滤网被料流冲破。

第三节　注—吹中空成型

一、注—吹中空成型过程

1. 注—吹中空成型过程　注—吹中空成型由注射型坯、吹胀成型和制品脱模三个过程组成。注—吹中空成型的基本工艺过程为：原料混合→加料→注射成型型坯→适当冷却→吹胀成型→制品冷却定型→开模取出制品→检验。

（1）注射型坯。注射型坯是将熔融的物料注入一个装有芯棒的注塑模腔，并使之局部或不完全冷却，收缩在芯棒上，形成黏弹性的预塑型坯。开模后型坯留在型芯上，然后由机械装置将型芯上的型坯转至吹胀工位，进行吹胀成型。

（2）吹胀成型。吹胀成型是将芯棒和预塑型坯转至吹胀工位后，置于吹胀模具中，合拢模具，再在芯棒的吹气通道通入压缩空气，压缩空气压力为0.2～0.7 MPa。在压缩空气压力的作用下，使型坯从芯棒壁上分离，并被逐渐吹胀，最后贴紧模腔壁，获取模腔的轮廓形状，经冷却成型为中空制品，然后转移到脱模工位。

（3）制品脱模。坯在吹胀模具中经吹胀冷却后，即可脱模取出制品。为了提高生产效率，制品的脱模一般是在专门的脱模工位上进行，即吹胀成型后，由芯棒将制品转送至脱模工位上，再从型芯上顶出制品。

2. 注—吹中空成型与挤—吹中空成型的不同之处　注—吹中空成型与挤—吹中空成型主要的不同之处在于：注射中空吹塑的型坯是采用注射的方法制备的。注射中空吹塑是利用对开式模具将型坯注射到芯棒上；待型坯适当冷却，即型坯表层固化，移动芯棒不致使型坯形状破坏或变形时，将芯棒与型坯一起送到吹塑模具中，使吹塑模具闭合；通过芯棒导入压缩空气，使型坯吹胀而形成所需要的制品，冷却定型后取出。

挤—吹中空成型是将塑料在挤出机中熔融塑化后，经管状机头挤出成型管状型坯，当型坯达到一定长度时，趁热将型坯送入吹塑模中，再通入压缩空气进行吹胀，使型坯紧贴模腔壁面而获得模腔形状，并在保持一定压力的情况下，经冷却定型，脱模即得到吹塑制品。

二、注—吹中空成型机

1. 结构组成 注—吹中空成型机与普通注射机的区别在于合模装置带有注射型坯成型模具和吹塑成型两副模具以及模具工位的回转装置等。注—吹中空成型机主要由注射装置、合模装置（包括注射合模、吹塑合模）、回转工作台、脱模装置、模具系统、辅助装置和控制系统（电、液、气）等组成。

2. 注—吹中空成型机的类型 注—吹中空成型机类型较多，其分类的方法可以按塑料型坯从注射模具到吹塑模具传递方法来分，或按工位数来分。按塑料型坯从注射模具到吹塑模具传递方法的不同，通常可把注—吹中空成型机分为往复移动式与旋转运动式两大类型。按注射中空吹塑机的工位数来分通常分为二工位、三工位、四工位等类型，目前注—吹中空成型机通常以三工位居多。采用往复式传送的设备一般只有注射工位和吹塑工位两个工位，而旋转式传送的设备通常有注射工位、吹塑工位和脱模工位等三个工位，有的还可能有注射、吹塑、脱模和辅助工位等四个工位。一般注—吹中空成型机的辅助工位主要是用于安装嵌件、安全检查或对吹塑容器进行修饰及表面处理，如烫印及火焰处理等。安全检查主要是检查芯棒转入注射工位之前容器是否已经脱模，或者在该工位进行芯棒调温处理，使芯棒在进入注射工位时处于最佳温度状态。辅助工位用于吹塑容器的修饰及表面处理时，一般是设置在吹塑工位与脱模工位之间。

3. 工作原理 注射吹塑中空成型时是先通过注射部件中的机筒、螺杆，依靠外加热和螺杆旋转的剪切热使塑料塑化成黏流态的熔体，间歇地由注射座移动将料注入注塑模定温度的型坯，通过机械传动转入吹塑模内，依靠直接自动调温装置，使型坯符合吹塑温度。合模后，利用芯棒内的通道引入 0.2～2 MPa 的压缩空气吹胀型坯，使其紧贴模腔内壁。经迅速冷却后脱模，即获得注射吹塑中空制品。如三工位注—吹成型机，其结构如图 9-3-1 所示，注射型坯模具合拢后，芯棒在型坯模具中，当熔融树脂被注射到注射型坯模具中后，型坯包覆在芯棒上。冷却开模后，该型坯随芯棒旋转 120°到吹胀工位，在吹胀模具中被吹胀成型，成型后的制品再随芯棒旋转到脱模工位进行脱模，最后沿输送带经火焰处理后送入包装工位。

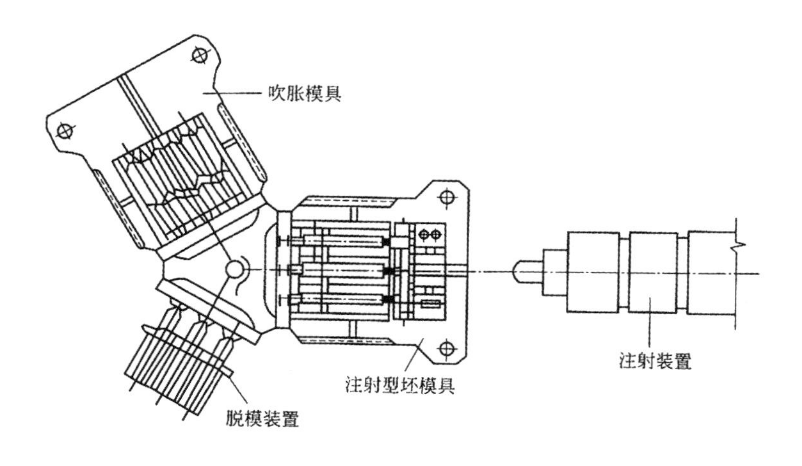

图 9-3-1 三工位水平回转结构

三、注—吹中空成型机的注射装置

1. 注射装置类型 注射装置的作用主要是完成对物料的预塑化、计量，并以足够的压力和速度将熔料注射到模具型腔中，注射完毕后能对模腔中的熔料进一步保持压力，进行补缩和增加型坯的致密度。注射吹塑中空成型机的注射装置一般要求能在规定的时间内，提供定量的塑化均匀的熔料；还能根据塑料性能和制品结构情况，提供合适的压力，将定量的熔料注入模腔。

目前注射吹塑中空成型机的注射装置主要有往复螺杆预塑式注射装置和带储料器的注射装置两大类型。往复螺杆预塑式注射装置是目前应用最广泛的一种形式。

2. 各类注射装置特点

(1)往复螺杆预塑式注射装置。往复螺杆预塑式注射装置工作时是将从料斗落入的物料，依靠螺杆转动不断地带入机筒并向前输送，在机筒外部加热器和剪切摩擦热的作用下，逐渐熔融塑化。随着螺杆的转动，塑化的熔料被输送到螺杆前端，随着螺杆头部的熔料越积越多，压力也越来越大，当熔料压力达到能够克服注射油缸活塞后退的阻力时，螺杆一边旋转一边后退，并开始计量。当螺杆前端熔料达到预定注射量时，计量装置撞击行程开关，使螺杆停止转动，为注射做好准备(此过程又称为预塑)。注射时，液压系统压力油进入注射油缸，推动油缸活塞带动螺杆以一定的速度和压力将螺杆头前端的熔料注入模具型腔中，随后进行保压、补缩，保压结束后注射系统又开始下一个循环。

该注射装置的主要特点是：塑化效率高，物料塑化时不仅有外部加热器的加热，而且螺杆还对物料进行剪切摩擦加热，因而塑化效率高；塑化均匀性好，螺杆的旋转使物料得到了搅拌混合，提高了组分和温度的均匀性；压力损失小，由于螺杆式注塑系统在注塑时，螺杆前端的物料已塑化成熔融状态，而且机筒内也没有分流梭，因此压力损失小；由于螺杆有刮料作用,可以减小熔料的滞留和分解,机筒易于清理;由于螺杆同时具有塑化和注射两个功能,螺杆不仅要回转塑化,同时还要往复注射的轴向位移,因此结构较为复杂。

(2)带储料器的注射装置。带储料器的注射装置是在预塑式往复螺杆式注射装置的螺杆头部和喷嘴之间设置一个储料缸,储料缸外安装固定板,储料缸的一侧有一进料口,进料口与机筒相通,在储料缸中安装推料活塞杆,推料活塞杆顶部连接注射活塞杆,注射活塞杆由注射油缸带动。物料塑化时,熔料被挤入储料缸内,储料缸内的活塞在熔料压力的作用下向后退,当熔料达到型坯所要求的数量时,限制开关启动,螺杆停止转动。然后,喷嘴打开,注射活塞前进开始进行注射。储存量的多少要根据活塞后退的距离大小来确定。由于储料缸的作用,可以满足小注射装置生产比较大的型坯的需要。

四、螺杆式注射装置的结构组成

螺杆式注射装置主要是由螺杆、机筒和喷嘴等组成。

1. 螺杆的基本结构 注射螺杆是注射系统中的核心零部件。在注射过程中的作用主要是对物料进行预塑和将熔料注入模腔,并对模腔熔料进行保压与补缩。注射螺杆主要由螺杆杆身和螺杆头两部分组成,普通螺杆的杆身通常根据各部分的功能可分为三段,即加料段、压缩段(熔融段)及均化段(计量段)三段。

2. 机筒的结构 机筒在型坯成型过程中的作用主要是与螺杆共同完成对物料的输送、塑化和注射。注塑螺杆与机筒的材料必须选择耐高温、耐磨损、耐腐蚀、高强度的材料,以满足其使用要求。机筒的结构有整体式和分体式两种,目前大多采用整体式结构。开设有加料口。

加料口的断面形状必须保证重力加料时的输送能力。为了加大输送能力,加料口应尽量增加螺杆的吸料面积和螺杆与机筒的接触面积。机筒通常外部安装有加热器,为了满足加工工艺对温度的要求,需要对机筒的加热分段进行控制,一般分为 3~5 段,每段长(3~5)D(D 为螺杆直径)。温度的检测与控制常采用热电偶,温控精度一般不超过 5℃,对热敏性物料最好不大于 2℃。

机筒壁厚要保证在工作压力下有足够的强度,同时还要具有一定热惯性,以维持温度的稳定。机筒壁厚小时虽然升温快,重量轻,节省材料,但容易受周围环境温度变化的影响,机筒温度稳定性差。厚的机筒壁厚不仅结构笨重,升温慢,热惯性大,在温度调节过程中易产生比较严重的滞后现象,一般机筒外径与内径之比为 2~2.5。

螺杆与机筒的径向间隙,即螺杆外径与机筒内径之差,称为径向间隙。如果这个值较大,则物料的塑化质量和塑化能力降低,注射时熔料的回流量增加,影响注射量的准确性。如果径向间隙太小,会给螺杆和机筒的机械加工和装配带来较大的难度。我国塑料注射成型机国家标准 JB/T 7267—2004 对此做出了规定。

3. 喷嘴　喷嘴是注射装置和成型模具连接的部件。其主要是注射时将部分压力能转变为速度能，使熔料高速、高压注入模具型腔；在保压时，还需少量的熔料通过喷嘴向模具型腔内补缩；熔料高速流经喷嘴时受到较大的剪切，产生的剪切热使熔料温度升高。喷嘴按其结构可分为直通式喷嘴、锁闭式喷嘴和特殊用途喷嘴几种类型。

五、注射螺杆

1. 螺杆类型　注射螺杆的类型主要有渐变型螺杆、突变型螺杆、通用型螺杆及新型螺杆等。

2. 各类特点

(1)渐变型螺杆是指螺槽深度由加料段较深螺槽向均化段较浅螺槽过渡，是在一个较长的轴向距离内完成。主要用于加工具有较宽的熔融温度范围、高黏度非结晶型物料，如PVC等。

(2)突变型螺杆是指螺槽深度由深变浅的过程是在一个较短的距离内完成的。主要用于黏度低、熔融温度范围较窄的结晶型物料的加工，如PE、PP等。

(3)通用型螺杆的压缩段长度介于渐变型和突变型之间，一般为(4～5)D。在生产中可以通过调整工艺参数(温度、螺杆转速、背压等)来满足不同塑料品种的加工要求，这样可避免因更换物料而更换螺杆所带来的麻烦。但通用型螺杆在塑化能力和功率消耗方面不及专用螺杆优越。

(4)新型注射螺杆是在普通螺杆的均化段上增设一些混炼剪切元件，对物料能提供较大的剪切力，从而获得熔料温度均匀的低温熔体，可在不改变合模力的情况下提高螺杆的注射量和塑化能力，可获得表面质量较高的制品，同时节省能耗，如波状型、销钉型、DIS型、屏障型的混炼螺杆、组合螺杆等。

第四节　拉伸吹塑中空成型

一、拉伸吹塑中空成型概述

1. 拉伸吹塑中空成型定义　拉伸吹塑中空成型是通过挤出或注射成型型坯，然后再对型坯进行调温处理，使其达到适合拉伸的温度，经内部(拉伸芯棒)或外部(拉伸夹具)机械力的作用，进行纵向拉伸，再经压缩空气吹胀进行径向拉伸而制得具有纵向与径向高强度的中空容器的成型方法。由于塑料实现的纵向与径向的拉伸取向，所以该法又称为双轴取向吹塑中空成型。拉伸吹塑中空成型工艺过程主要有以下五步。

(1)按生型坯生产工艺要求对塑料原料进行塑化，并通过注射或挤出加工得到型坯。

(2)对型坯进行调温处理,使其达到适合拉伸的温度,根据采用的是一步法还是两步法工艺不同,达到拉伸温度的方法不一样,一步法是直接从高于拉伸温度的状态冷却到拉伸温度,两步法则是生产的型坯已经冷却,需要再次加热升温到合适的拉伸温度以便进行拉伸操作。

(3)采用机械方法对已经加热的型坯进行纵向拉伸。

(4)用压缩空气对已经纵向拉伸的型坯进行径向吹胀。

(5)将成型的中空制品冷却到室温脱模,并对塑件进行后处理。

拉伸吹塑中空成型与普通非拉伸中空吹塑成型相比,拉伸吹塑成型能使其大分子处于取向状态,从而很大程度上提高了中空制品的力学性能。经过双向拉伸取向的制品其抗冲击强度、透明性、表面粗糙度、刚性及阻隔性等都能明显提高。同时通过拉伸制品壁厚变薄,可节约原料,降低成本。

2. 拉伸吹塑中空成型方法分类 拉伸吹塑中空成型根据型坯成型方法不同,可分为挤出拉伸中空吹塑与注射拉伸中空吹塑两大类型。前者型坯采用挤出法生产,简称挤—拉—吹工艺,后者型坯采用注射法生产,简称注—拉—吹工艺。根据型坯生产与拉伸吹塑是否连续还可分为一步法工艺与两步法工艺,一步法工艺是型坯生产与拉伸吹塑在一台设备中连续完成,显然一步法使用的是热型坯,所以又称热型坯法。热型坯法的设备可以是挤出机与拉伸吹塑机或注射机与拉伸吹塑机的组合。两步法是先挤出或注射成型型坯,经冷却后即可得到型坯半成品。进行吹塑成型时,再将冷型坯加热至一定温度,然后进行拉伸、吹塑,所以有时又称为冷型坯法。拉伸吹塑中空成型具体分类如图 9-4-1 所示。

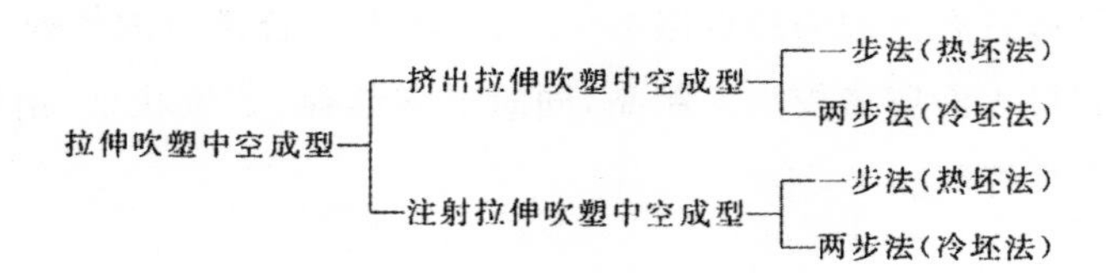

图 9-4-1 拉伸吹塑中空成型工艺分类

二、注射拉伸吹塑中空成型过程

注射拉伸吹塑中空成型是将注射成型的有底型坯置于吹塑模内,先用拉伸杆进行纵向拉伸后,再通入压缩空气吹胀成型的加工方法。与注射吹塑成型相比,注射拉伸吹塑成型在吹塑成型工位增加了拉伸工序,塑件的透明度、抗冲击强度、表面硬度、刚度和气体阻隔性能都有较大提高。

一步法与两步法注射拉伸吹塑中空成型过程有所不同,一步法又称为热坯法,其成型过程如图 9-4-2 所示。首先在注射工位注射一个空心有底的型坯,接着将型坯迅速移到拉伸和

吹塑工位，进行拉伸和吹塑成型，最后经保压、冷却后开模取出塑件。这种成型方法省去了冷型坯的再加热，节省了能源，同时由于型坯的制取和拉伸吹塑在同一台设备上进行，因而占地面积小，易于连续生产，自动化程度高。

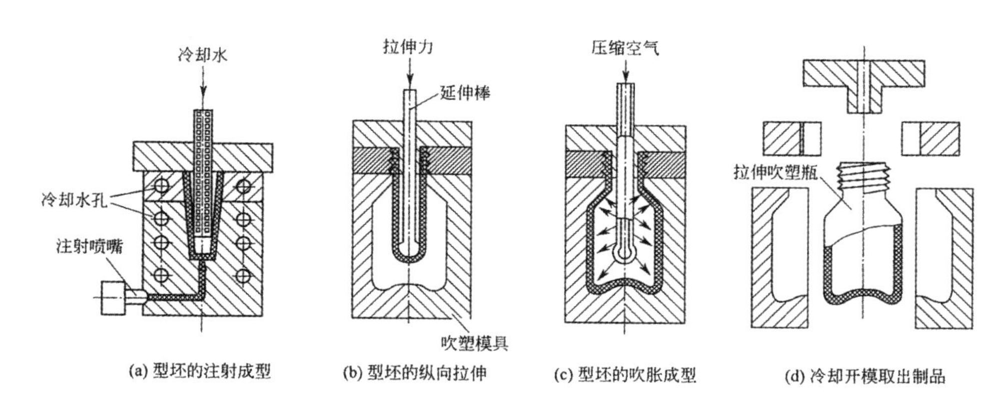

(a) 型坯的注射成型　(b) 型坯的纵向拉伸　(c) 型坯的吹胀成型　(d) 冷却开模取出制品

图 9-4-2　一步法注射拉伸吹塑中空成型工艺过程

两步法又称为冷坯法，其工艺过程如图 9-4-3 所示。该工艺是将整个生产过程分为两步，先采用注射法生产可用于拉伸吹塑成型的型坯，再将型坯加热到合适的温度后将其置于吹塑模中进行拉伸吹塑的成型方法。成型过程中，型坯的注射和中空塑件的拉伸吹塑成型分别在不同的设备上进行，为了补偿型坯冷却散发的热量，需要进行二次加热。这种方法的主要特点是设备结构相对比较简单。

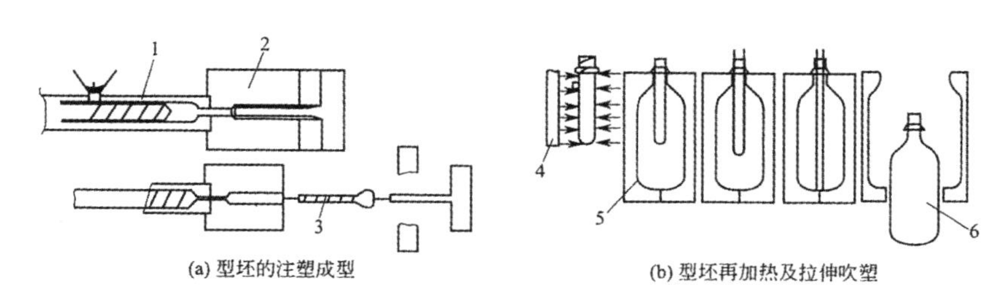

(a) 型坯的注塑成型　(b) 型坯再加热及拉伸吹塑

图 9-4-3　两步法注射拉伸吹塑中空成型工艺过程

1—注射成型　2—型坯模具　3—型坯　4—型坯加热装置　5—拉伸吹塑装置　6—制品

三、一步法注射拉伸吹塑中空成型机组成

一步法注射拉伸吹塑成型机，实际上是一台具有特殊功用的注射成型机。它主要由注射装置、回转机构、液压装置、气动装置和电气控制系统等组成。

一步法注射拉伸吹塑成型机以三工位居多，它包括型坯的注射成型，型坯的拉伸吹塑和制品取出等。其工位的转换是通过液压传动装置驱动，带动间隙回转工作圆盘。圆盘上安装了预型坯唇模（预型坯颈部螺纹模具），由唇模支承着预型坯回转运动，转角为 120°，转动机构有液压缸齿轮齿条机构、液压缸曲柄连杆机构或伺服系统机构等。

1. 型坯的注射装置 注射装置采用双缸结构，注射压力大且均匀；预塑液压电动机采用低速大转矩，结构紧凑、调速方便；螺杆根据塑料性能的不同，其结构各有特点，保证有良好的塑化性能；液压控制采用压力、流量双比例阀，控制精度高，计量精确，制品性能好；操作采用可编程序控制器或计算机操作，便捷准确。

在注射工位，注射装置向模具注入熔融树脂，成型预型坯。注射模具的芯棒及型腔在垂直方向上相对闭合，冷却结束，芯棒向上，型腔向下运动，随后唇模夹持着未完全冷却的预型坯旋转 120°，到达拉伸吹塑工位。

2. 型坯的拉伸吹塑装置 型坯从预成型工位转位 120°到达拉伸吹塑工位后，吹塑模闭合，拉伸杆下降至预塑型坯内底部，实现快速拉伸，同时经拉伸杆进气吹塑成型。

3. 脱模装置 拉伸吹塑结束后，成型制品开模后转位 120°至制品取出工位，唇模分开制品脱模取出。

从型坯成型至制品取出，唇模始终夹持并保护预型坯的螺纹部分回转，使制品封口精度不受损坏。典型的三工位一步法成型机具有先进的直接调温方式，它不仅缩短了成型周期，降低了能耗，而且最终能够获得低成本、高效益的中空制品。除三工位一步法成型机外，还有四工位一步法成型机。两者差别是后者增加了一个型坯加热工序，以保证拉伸吹塑时有最合适的成型温度。

四、三工位和四工位成型工序的不同

一步法注射拉伸中空吹塑中三工位和四工位的不同主要是三工位注射拉伸中空吹塑成型一般分为注射管坯、型坯拉伸吹胀和冷却脱模三个工序。型坯的注射成型是在注射机里将塑料原料熔融，注射成型得到有底的管状型坯；型坯拉伸吹塑是将型坯转到吹塑模具内，采用直接调温法，将型坯各部位的温度调节和控制在适合吹塑的温度范围内，然后进行纵向拉伸与径向吹胀。经拉伸吹胀的制品，冷却定型后转到脱模工位；最后是打开模具颈环，脱模得到制品。

一步法注射拉伸吹塑中四工位成型一般可分为型坯注射成型、型坯加热调温、型坯拉伸吹胀和制件脱模等四道工序。型坯注射成型是将塑料原料加入注射机料斗，原料在料筒内熔融塑化后经过注射喷嘴注射进入型坯模具，冷却定型得到有底的管状型坯。型坯芯棒抽出后，型坯由颈部模环夹持，转动 90°至加热工位，对型坯进行温度调节与控制，型坯的加热是从内外壁分段进行的，以便型坯在拉伸吹塑时能通过温度局部地调节相关部位的制品壁的厚度。经调温的型坯，转动 90°至吹塑模具内，型坯纵向机械拉伸的同时，被压缩空气吹胀成型。模颈环夹持制品，转动 90°至脱模工位，打开模颈环，取出制品。

五、拉伸吹塑中空成型机的结构组成

拉伸吹塑中空成型机的结构主要由大料斗、提升机、取向机、型坯进给装置、型坯加热炉、机械手、吹轮、主传动部分、机架、输出装置、电控系统、吹塑模具、拉伸机构、空气吹塑机构、冷却成型系统等组成。

1. 大料斗　大料斗主要是用于承装型坯的大容器，并将斗内的型坯送给提升机。采用塑料大料斗，重量轻，减少型坯碰伤程度，但刚性差。料斗内有型坯的进给结构，常用的进给结构有三种形式。第一种是料斗底部有一平面输送带，由电动机经减速器减速带动皮带输送辊转动，输送辊再将转动传递给平皮带，落在平皮带上的型坯慢速直线运动进给，料斗内型坯数量的多少对送坯速度影响较大。第二种结构是料斗靠后的斜面装有一凸轮振动装置，定时进行振动，靠振动将型坯送给提升装置，此种装置的振幅比较大，对型坯的碰损也大一些，料斗容积稍小，底部为尖形。第三种结构是料斗靠后的斜面装有一电动机高频振动装置，靠振动将型坯送给提升装置，此种装置的振幅比较小，对型坯的碰损改善较多，料斗容积大，底部也为尖形。

2. 提升机　提升机主要是将型坯从低处提升到高处。提升机的结构形式有两种：一种是电动机经减速器减速带动链轮，链轮带动长的双排平行提升链，双排链间挂有一定数量的塑料小料斗，小料斗循环转动，将型坯从低处提到高处倒入取向辊的高端，该结构型坯的提升连续性差，容易卡机，型坯碰伤程度大；另一种是电动机经减速器减速带动平面输送皮带辊转动，输送辊再将转动传递给平皮带，平皮带外侧垂直粘有一定数量胶板，呈 T 形，整条皮带倾斜安装并循环转动，将落在皮带外侧 T 形直角处上的型坯从低处提到高处倒入取向辊的高端，该结构型坯的提升连续性好，型坯碰伤程度小，但皮带容易跑偏，如果跑偏未及时调整，很容易将整条皮带损坏。

提升机的提升速度一般要求是型坯供给稍大于吹塑速度。提升速度的控制一般是通过取向辊处的光电管控制，当取向辊监视处无坯时，光电管灯亮，信号接通，通过电器控制系统给提升电动机通电，电动机工作进行型坯提升，当取向辊监视处有坯时，光电管灯灭，信号断开，通过电器控制系统给提升电动机断电，电动机停止工作停止型坯的提升。

3. 取向机　取向机主要是对型坯进行整理，将杂乱无序的型坯整理成型坯口朝上，坯身向下的统一方向，并排列整齐送给加热炉。取向机的基本结构主要是由电动机经减速器、皮带轮、取向辊、拨坯装置、回流装置等组成。取向机工作时由电动机经减速器减速带动皮带轮，皮带轮再经皮带带动取向辊，两条取向辊旋转方向在内侧是相反，但均朝上转动。在取向辊的末端均装有一多叶片的拨坯装置，将取向不成功的型坯拨到取向辊高处重新取向。有的设备还开有溢流口，并装有回流装置，将多余的、取向不好的型坯拨出溢流口，落入回流输送带，送回大料斗再使用。一般取向辊的长度根据机型大小长短不同，机型越大、速度越快，取向辊的长度越长。取向机工作时根据型坯支撑环直径尺寸大小，两条平行旋转的取向辊间隙调整略小于支撑环直径而大于坯身直径，型坯往下落到取向辊处，由于重心在坯身，当支撑环被挡在两条取向辊上坯身仍然往下落，所有的型坯便挂在了两条取向辊上。另外两条取向辊倾斜安装并旋转，使型坯从高端滑向低端。

4. 型坯进给装置 型坯进给装置是将取向机整理好的型坯依次送入加热炉，控制型坯的进入或停止，监视型坯的供给。结构是在取向辊末端，安装两条平行的导轨，与加热炉的入口端相连。型坯的进给力来自型坯的自重，取向辊末端与加热炉的入口端高度差在1～1.5 m。关键是取向辊的接口要保证平滑过渡，型坯流动顺畅。根据机型及安装布局的不同，该段导轨有多种样式，只是形状不同而已。导轨间隙宽度调整小于支撑环外径2～3 mm为宜。在垂直于炉子入口处的导轨段上平面安装有上下两个光电管，作用分别是上光电管监视无型坯时报警提示，下光电管监视无型坯时停机。另在垂直于炉子入口处的导轨段下平面上安装有一可调节的限位杆，可防止长度超长的型坯进入加热炉。在垂直于炉子入口处的导轨末段上面安装有一气缸，气缸主轴端装有一尖的锥头，由电磁阀控制，其功能是控制型坯的进入或停止。

5. 加热炉 加热炉对型坯进行加热。它主要是由主轴、芯轴、进坯小星轮、加热装置、冷却导轨、弯曲坯检测装置等部分组成。主轴部分是由来自主电动机方向的同步齿型皮带拖动，安装同步皮带轮的主轴中部装有一大型的送坯盘，上端装有上载、下载型坯及拉动芯轴链的机构，该主轴中部还装有一力矩限制器，当炉子部分的传动件卡住或炉子转动力超过力矩限制器的转矩时该力矩限制器将炉子部分的传动与主电动机部分脱开，并通过限位开关报警和停机。主轴底部有调节炉子与机械手的同步装置。

芯轴部分的芯轴数量根据机型的大小各不相同。芯轴与芯轴之间采用球连接。球连接的作用是芯轴链要旋转同时在型坯上载和下载前要进行180°的翻转。翻转运动靠翻转轨道和芯轴上的滚子来实现。芯轴底部装有一链轮，在炉子的两直段以及后端转弯半径段安装有一条固定链条，芯轴链轮在链条作用下做自转运动。芯轴的主轴可伸缩，上端装有一卸坯套，当芯轴加热完毕进入下载装置时，下载叉提起链轮端，芯轴主轴上升，芯轴头缩入卸坯套内，型坯脱离芯轴。当芯轴进入上载装置时，上载叉压下链轮端，芯轴主轴下降，芯轴头伸出卸坯套进入型坯口内，型坯装载入芯轴。

进坯小星轮的作用是缓冲型坯轨道上型坯下落的冲击力，减少卡机。进坯小星轮是通过加热炉主轴上的同步齿型皮带传动，高度及位置需与主轴上的大型送坯盘一致，也装有力矩保护装置。当出现卡机时传动件脱离主轴，报警并停机。

加热炉末端芯轴链转盘是从动盘，盘上的叉齿叉住芯轴做旋转运动，该盘位置可调，由一张紧汽缸来实现，当芯轴链卡住过载时汽缸会压缩产生一定距离的移动，限位开关会报警并停机，防止将芯轴链拉坏。

加热原理是采用红外线灯管加热，照射移动并自转动的型坯，灯管对面安装有反射板，将部分光能反射回来再加热型坯。型坯靠吸收红外线光能而加热使温度升高。另外加热炉安装有通风装置，均匀炉内热量。加热炉最上层灯管处装有一热电偶，用来检测炉内温度。

灯管水平安装，垂直方向8～9层灯管，最下1层灯管称作1区，依次往上称为2区、3区……水平方向上灯管数量与机型有关，数量多少不一，一般1个模具1只灯管，如SBO10有10只灯管，SBO20有20只灯管。从型坯进入加热炉端开始，第1只灯管称作1炉，依次往后称作2炉、3炉……一般灯管装在灯架上，灯架高度可调节，以调整灯管与型坯的相对位置，同时还可调节灯管的垫块及支架，调整灯管和型坯的距离。灯管的线接头采用吹风予以保护。

加热灯管功率一般2～9区采用功率为2 500 W，1区功率为3 000 W。1区的灯管功率大主要是由于1区靠近冷却装置，散失的热量多，型坯易出现加热不充分，因而需加大此区的加热功率。连续生产过程中的总加热功率系数控制，采用自动调节的控制方式进行跟踪调整的情况比较多，保证出坯温度在设定的出坯温度值上下波动，调整频率和幅度可设定。出坯温度由装于型坯卸载处的红外测温仪检测。

冷却导轨采用铝材，中间钻孔通循环冷却水，一般通6～12℃的冷冻水效果更佳。水温越高，坯口的保护越差；水温越低，型口的保护越好，但冷凝水较多，坯身可能出现水斑，特别在南方地区的夏季，湿度大，冷凝水相当严重。

弯曲坯检测：在型坯上载位置后与翻转轨道之间有一弯曲坯检测装置，它由电动机带动减速机减速，在减速机输出端轴上装有一胶轮，当芯轴通过时摩擦芯轴转动，装载在芯轴上的型坯也跟着转动，如型坯弯曲则会触动限位开关，主机控制系统会接通弹坯汽缸电磁阀线圈，汽缸动作弹出该弯曲坯，防止弯曲坯进入炉内损坏灯管。

6. 机械手　机械手是通过机械手座上的法兰装于转动盘上，高度通过法兰间的可剥式垫片调整。机械手座上装有做直线运动的轴承，在轴或导轨上装有速度和位置滚子，机械手在绕主轴旋转的同时一方面做水平方向的伸缩运动，另一方面对旋转的速度进行调整。在轴或导轨前端装有夹头、夹子。主轴的动力源来自主电动机方向的同步皮带，同步皮带带动机械手主轴上的同步带齿轮，机械手主轴转动。在主轴下方有力矩保护器，一代机还有调整机械手与主吹轮同步的调节器。

在主轴上方是机械手转动盘，盘与主轴采用锥度圈固定，高度及水平位置可调整，一般不需调整，机械手转动盘上装有多套机械手，机型不同机械手数量不同。转动盘下面有一固定盘，盘上有凸轮轨道，称作速度凸轮，机械手的速度控制滚子在此凸轮上运动，作用是保证机械手夹口在夹坯、送坯到模具、到模具上夹制品、卸制品这四个位置段速度的同步。

7. 吹轮　吹轮是实现模具工位的旋转连续工作的装置。吹轮底部装有一大的轴承，与主机架装配，承载主吹轮的重量，同时保证转动。轴承上方装有一大型齿轮，与主电动机方向的小齿轮啮合传动。吹轮中心底部有两路循环水的旋转接头，接头上方安装的是两路循环水的分水盘，将循环水通向各模具工位。吹轮中部是模架安装工位，模架上方是吹嘴工位，再上方是拉伸工位，相同的工位要保证同轴度的一致。吹轮中心上部的压缩空气旋转接头，接头下方安装压缩空气的管路、阀门、分气管等，将各种不同大小压力的压缩空气通向各模具工位。

模具工位是实现模具的开、合、锁、解锁的装置。模具工位上部由一副可开合的模架构成，模架的转动轴装于吹轮上，开合模具由开合臂控制，开合臂上装有滚子，滚子在机架上的开合凸轮上运动，实现臂的转动，臂将转动传给开合模轴，轴再将转动传给开合铰链控制模架的开合。模架上安装模托，模托上再安装吹瓶模具的模身，左右各安装半模。

吹嘴工位的功能是吹嘴能上下运动，下运动压紧并封住型坯口进行预吹、高吹、排气，上运动脱离型坯便于制品从模具中脱离。吹嘴的上下运动一般由吹嘴汽缸控制，预吹、高吹、补偿、排气是由电磁阀控制。

拉伸工位是拉升杆的上下运动，对型坯进行拉伸。拉伸工位在最上面装有一拉伸汽缸，拉伸汽缸的轴端通过球连接与拉伸座相连，拉伸座安装在直线轴承上，拉伸座上有装拉伸杆的夹具。在直线轴承的下方，有汽缸行程限制器并加装减震器作碰撞缓冲，拉伸杆的高度也通过调整限制器高度来调节。另外，拉伸座上装有滚子，拉伸时滚子在拉伸凸轮上运动，保证拉伸的位置、速度固定，在拉伸回程时如遇卡住或动作缓慢可被拉伸安全凸轮强行抬起来，避免损坏设备。

8. 主传动部分 主传动部分的功能是将运动传递到各转动件。一般采用交流电动机，速度由变频器调节。主电动机的转动经变速器减速后经同步皮带分别传到机械手主轴、主吹轮过渡小齿轮轴、刹车盘主轴等各部。所有的传动件均采用齿传轮传动，以保证准确的传动比，即保证各机件的相对位置(同步)不变。

9. 输出装置 输出装置是将制品从机械手上刮掉，依次拨动制品往机外输送。在机械手靠外位置的机架上装有一星轮盘主轴，由机械手方向的同步皮带传动。轴下部装有力矩过载保护器，当制品输出不顺卡机时与主机运动脱离，避免损坏机件。轴上部安装塑料拨动星轮板，星轮板可在轴上进行垂直高度和水平角度的调整，星轮板有不同的型号，以适合不同大小的制品。输出装置还有输出导轨和栏杆或板，导轨与机械手相交处为弧形，高度调整在制品支撑环下平面 2 mm 处，作用是将制品从机械手上刮掉，刮掉的制品支撑环挂在导轨上，被星轮盘拨动往外送。

10. 随机辅机 随机辅机主要包括水温机、油温机等。水温机的调节温度在 10～90℃范围内，介质为水，循环流动。冷坯机型为模托提供冷却水，水温一般较低，一般在 15～45℃范围内，通常在 20℃左右。热坯机为底模提供热水，温度较高，一般在 80℃左右。冷却水温度可设定并自动调节，升温靠机内的电加热管，降温靠机内的热交换器，热交换冷源介质为外

部的冷冻水，另外冷冻水也是模温循环水的补给水源。

油温机为热坯机模身提供高温热油，温度较高，一般控制在160℃左右。油温机的介质为耐高温特殊油，循环流动，通常调节温度最高可达180℃。热油温度可设定并自动调节，升温靠机内的电加热管，功率高达50 kW，降温靠机内的热交换器，热交换冷源介质为外部的冷冻水。油温机也可作水温机用，但要防止温度设定大于100℃，否则水会形成蒸汽，发生安全事故。

六、选用注射拉伸吹塑中空成型机应注意的问题

在选用注射拉伸吹塑中空成型机时，一般应注意以下几方面的问题。

(1)根据市场、厂房、资金等条件，决定选择一步法还是二步法注射拉伸吹塑中空成型机。一般对于产品品种较多、批量又不大的制品，应考虑选用一步法设备。

(2)在选用一步法注射拉伸吹塑中空成型机时，应注意注射装置、塑化能力和一次注射量必须平衡；选用二步法设备时，应注意注射成型机加工型坯的能力和吹塑成型机要相匹配。

(3)注射拉伸吹塑中空成型机的注射装置应考虑采用一线式往复螺杆结构，并配有合适的螺杆和喷嘴，以保证均匀的塑化质量，使型坯的尺寸和热变形控制在较窄的范围内。如成型PET制品时，采用一线式往复螺杆结构可以减少黏度损失。一般成型PET的螺杆长径比多采用18～20，压缩比通常取2.3左右。

(4)为了缩短成型周期，提高生产率，对一步法设备必须考虑所用模具应具有充分、有效的冷却，尤其是在一模多腔的情况下。型坯受模具热流道的影响较大，因此模具设计，包括热流道、阀式浇口等，都必须从保证各个型坯的均一性方面着手。对于二步法注射拉伸吹塑中空成型机，缩短成型周期的主要措施是提高加热效率，缩短加热时间。

(5)选择加热方法时，除考虑经济性外，还应尽可能采用速度快、加热均匀的加热方式。要求型坯在厚度方向上加热均匀，且四周加热均一时，可考虑采用波长较长的红外线加热法。

对一步法可采用加热芯和加热罐，在靠近型坯内、外表面加热时，保证加热芯或加热罐处于中心的位置。对二步法设备，可考虑采用夹持型坯的芯轴，带着型坯旋转进行加热的方式。型坯的轴向温度分布可预先设定，并能严格控制，轴向温度控制可设3～8段，甚至更多。

(6)拉伸速度、时间、吹塑能力和吹塑时间对制品的成型性能影响很大，设计选型对拉伸行程、拉伸汽缸进气量、吹塑气压、吹塑时间能进行控制和调整。

(7)在选用一步法注射拉伸吹塑中空成型机时，必须同时考虑物料干燥、冷却水和压缩空气供应等方面的辅助配套设备。选用二步法注射拉伸吹塑中空成型机还要考虑型坯输

送、对中及配套设备。

七、注射拉伸吹塑中空成型机安全保护措施

拉伸吹塑中空成型机的安全保护措施主要有安全门、模具保护装置、液压系统的安全报警装置，并且操作台附近设有紧急停车红色按钮，供有意外事故紧急停车时使用。

1. 安全门 操作工在注射成型生产过程中，经常要到两开合模具间取制件、调试模具或清理成型模具内异物。为防止在开合模过程中模具伤害到操作人员，保护操作人员的人身安全，在合模装置上都设有安全门。关上安全门时合模动作方可进行，打开安全门或没完全关紧时，合模动作不能进行，若正在合模过程中也会立即停止。

安全门主要由行程开关限制动作，门关闭，压合合模行程开关，合模油缸才能工作，开始注射动作。打开安全门、合模行程开关复位断电，这时才能接通开模开关，模具才能动作。如果两种开关同时压合或不压合，便会发出故障报警。行程开关应安装在隐蔽处，以避免人为碰撞或误压，造成事故。

2. 模具保护装置 模具是注射制品的主要成型部件，它的结构形状和制造工艺比较复杂，造价费用高。如果模具出现问题，不仅会影响塑料制品的质量，甚至会使生产无法进行，所以，模具的安全也应重点保护。为了防止模具闭合时有冲撞现象，合模至模具要接触时，行程速度要放慢，同时要低压合模，待两模具接触并碰到微行程开关时才能升高压合模。如在低压合模过程中，两模间有异物，两模具面不能接触，碰不到微行程开关，则不能高压锁模。这样，即可达到保护模具不受损坏的目的。

3. 液压系统的安全报警装置 液压系统的安全报警装置主要有以下几方面。

（1）润滑油不足报警，以保证各相互运动配合部位有良好润滑。

（2）液压油量不足报警，防止因吸油量不足而影响液压传动工作。

（3）液压油温过高报警，防止液压传动各元件损坏，保证液压传动工作正常运行。

（4）吸油管路部位滤油器供油不足报警，防止因空气混入液压油中而影响液压传动工作。

八、拉伸吹塑中空成型机的安装及维护应注意的问题

1. 安装应注意的问题 对于拉伸吹塑中空成型机的安装，要根据公司厂房具体情况及产品要求进行，安装时应注意以下几方面。

（1）安装机器的车间必须清洁、通风，应按地基平面图的要求提前准备好，做到地基平整，承载能力符合要求并留有地脚螺栓安装孔。

（2）机器安装时应校调水平，以保证机器平稳工作。对二步法设备，应考虑整条流水线，包括制坯、输送、二次加热、拉伸吹塑、贴标、制品收集等配套设备的合理布置。

(3)机器的辅助设备，包括物料干燥装置、空压机以及制冷设备等另室安装。

(4)应配备有足够压力和流量的冷却水接口，用于冷却液压系统的液压油等。用于冷却模具的冷水管道应包覆隔热材料。

2. 维护应注意的问题　为了确保拉伸吹塑中空成型机能随时投入正常生产及延长其使用寿命，必须对其进行定期维护保养。维护保养应注意以下几方面。

(1)保持机器清洁和环境整洁。加工硬质 PVC 材料后，必须及时清洁机筒和螺杆。停机期间，应对注射和吹塑模具进行防锈处理。

(2)机器各运动副要经常加润滑油。经常检查气动三大件(分水滤气器、减压阀、油雾器)，及时放水和加润滑油。

(3)经常检查液压系统油箱的液面位置，定期更换液压油。

(4)液压油冷却器应定期用三氯乙烷溶液或四氯化碳溶液进行清洗，以提高其热交换率，保障液压油处于正常的温度下工作。

九、二步法注射拉伸吹塑中空成型过程的控制

二步法注射拉伸吹塑中空成型分为型坯的注射成型、预热、拉伸吹塑成型等工序。为了保证中空制品的质量，每道工序都必须进行严格控制。

1. 型坯的注射成型　对于吸湿性树脂，成型前必须干燥。如 PET 树脂有一定的吸水性，且含水树脂在高温加工时极易水解，导致型坯表面出现气泡和内在强度下降，使下一道拉吹工序发生困难。为保证加工全过程顺利进行，树脂加工前必须干燥。除湿干燥机在(150±10)℃下对 PET 干燥 50～90 min，树脂含水量可降至 0.01%以下，能满足加工工艺要求。已经干燥合格的树脂，有从空气中重新吸湿的倾向，因此，应在注射机上装红外线灯保温或采用具有干燥除湿功能的料斗。

型坯注射成型时机筒温度控制主要取决于塑料的性质，注射压力的控制与制品的形状和精度要求有关。成型周期影响设备效率，一般在 15～20 s。

2. 型坯的预热　二步法注—拉—吹中空成型时，型坯在拉伸吹塑之前，需进行预热。型坯的预热一般是在温控箱内进行。预热的温度控制应保证型坯拉伸吹塑时既有一定的结晶速率，又能稳定地拉伸吹塑成型。一般结晶型塑料在其熔点附近或稍低进行拉伸，而无定形塑料控制在高于玻璃化温度 10～40℃的范围内(低于黏流温度)拉伸，如 PET 型坯较合适的预热温度是在 100～110℃。

若型坯预热温度过高，则结晶速率很快，不利于拉伸和吹胀。若预热温度过低，又会出现冷拉伸现象，造成制品厚度不均，质量不稳定。型坯预热时在尽可能短的时间内将型坯均匀地加热到预定温度。一般采用红外线加热效果较好。因红外线加热时，它的辐射穿透性较强，使型坯的内部和外表接近同时升温，因而加热时间短，为 18～25 min，且型坯温度均

匀，加热能耗也低。

3. 型坯拉伸吹塑成型 型坯拉伸吹塑时主要应控制拉伸速率、拉伸长度、吹气速率、吹塑空气压力以及型坯的拉伸比等。一般快速拉伸和拉伸比大时，则制品的强度高、气密性好，但操作较难，制品容易拉断或出现裂痕；缓慢拉伸，制品达不到所需拉伸比，产品无法成型或强度质量下降。一般拉伸比为2.0～3.0，吹塑空气压力在0.8 MPa左右。吹塑成型的压缩空气必须干燥净化，去除油和水分，以保证型坯内部清洁干净。拉伸吹塑时吹塑成型用模具不需另行加热。

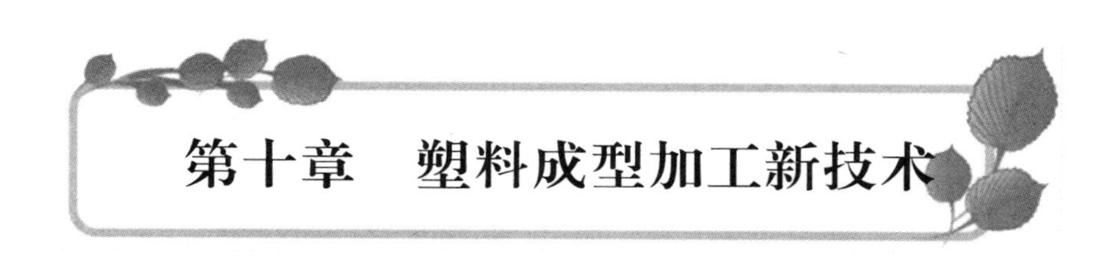

第十章　塑料成型加工新技术

第一节　概　述

从20世纪80年代开始，伴随着塑料材料、成型加工设备、成型模具以及塑料制品用途的发展，塑料成型加工领域出现了许多新的加工技术，这些新技术的出现是由于新产品设计复杂程度提高，以及采用现有加工技术难以完成成型或为解决传统成型加工技术存在的缺陷而产生的。从以满足一些特殊产品成型加工为目的，逐渐推广形成了一种新的成型加工新技术。

例如，为解决厚壁注射制品收缩问题发明了气体辅助注射成型技术，为解决聚合物合金制备过程中相容性问题发明了反应挤出，为解决汽车发动机进气管塑料件无法脱模问题发明了熔芯注射成型技术，为解决聚碳酸酯光盘注射件内应力问题发明了注射压缩成型技术，为解决汽车塑料油箱耐渗透、抗静电等问题发明了多层挤出吹塑技术，为解决塑料件的快速复制问题和无模具制造技术发明了快速成型技术等。

这些新的成型加工技术的出现，与计算机辅助设计(CAD)与辅助制造(CAM)、计算机在塑料成型加工中的应用等信息技术发展有关，也与塑料制品在汽车、电子电器、航空航天、建材、医疗器械、机械等领域的广泛需求有关，还与塑料材料、模具设计、成型设备本身发展有关。应该说，塑料成型加工新技术体现出众多现代科技成果的综合与交叉。

本章以气体辅助注射成型、反应挤出、熔芯注射、注射压缩、自增强成型等主要塑料成型加工新技术为例，介绍这些新技术产生的背景、原理、特点、应用。

第二节　气体辅助注射成型

一、气体辅助注射成型简介

气体辅助注射成型(Gas-Assisted Injection Molding，GAIM)，简称气辅注射成型，是在传统注射成型(Conventional Injection Molding，CIM)基础上发展起来的一种新技术。它的最基本过程如下：先在模具型腔中注射一定量的熔体[图10-2-1(a)]，再注入经压缩后的高压惰性气体[图10-2-1(b)]，利用气体推动熔体完成充模[图10-2-1(c)]，再在气体内压的作用下进一步完成对塑料制件的保压以及冷却定型[图 10-2-1(d)]，随后再将气体从气道中排出，形成内部带有气道的塑件零件。

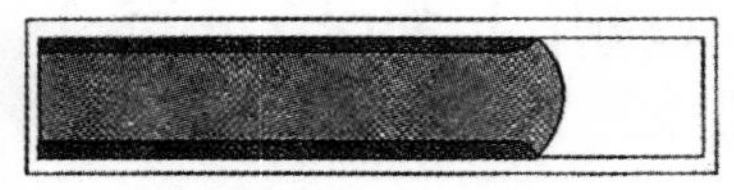
(a) 塑料熔体注入型腔，在模壁形成冻结层

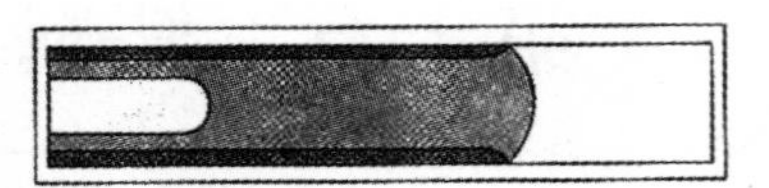
(b) 氮气被注入塑料熔体，推动中间层的熔体前进

(c) 氮气进一步推动熔体前进并充满型腔

(d) 气体从内部对制件施加压力补偿体积收缩并保持零件的外部尺寸

图 10-2-1　气体辅助注射成型示意图

GAIM 技术最早可追溯到 1971 年美国人 Wilson 尝试在 CIM 过程中加气以制造厚的中空鞋跟，虽然在当时并未取得成功，但却为一个具有划时代意义的新技术诞生迈出了探索性的第一步。1983 年，英国人从结构发泡成型制造机房装修材料衍生出“Cinpres”控制内部压力的成型过程，并获得发明专利。该过程在 1986 年德国国际塑料机械展览会上展出后很快就被人们作为新工艺加以接受，并称之为塑料加工业的未来技术。1990 年，气辅注射成型工艺开始使用 Moldflow 软件，使得人们对气道设计和塑料熔体在气体压力推动下的流动有了更深入的了解。1997 年，采用外部气辅原件实现气辅注射成型的工艺获得广泛的商业化应用。1997 年以后，将振动引入气辅注射成型过程中的振动气辅注射技术、用冷却气体冷却塑件的冷却气体气辅注射成型技术、多腔控制气辅注射技术、用冷却水代替气体的水辅助注射成型技术等相继产生，使得气辅注射成型技术蓬勃发展。

二、气辅注射成型的过程

气辅注射成型的过程是在普通注射成型过程中增加了气体注射单元和气体保压单元，因此，气辅注射成型过程可以分为六个阶段，如图 10-2-2 所示。

(1)塑料充填阶段($t_1 \sim t_2$)。这一阶段与传统注射成型相同，只是在传统注射成型时塑料熔体充满整个型腔，而在 GAIM 成型时熔体只充满局部型腔，其余部分要靠气体补充。

(2)切换延迟阶段($t_2 \sim t_3$)。这一阶段是从塑料熔体注射结束到气体注射开始时的时间，这一阶段非常短暂。

(3)气体注射阶段($t_3 \sim t_4$)。此阶段是从气体开始注射到整个型腔被充满的时间，这一阶段也比较短暂，但对制品质量的影响极为重要，如控制不好，会产生空穴、吹穿、注射不足和气体向较薄的部分渗透等缺陷。

(4)保压阶段($t_4 \sim t_5$)。熔体内气体压力保持不变或略有上升，使气体在塑料内部继续施压，以补偿塑料冷却引起的收缩。

(5)气体释放阶段($t_5 \sim t_6$)。使气体入口压力降到零。

(6)冷却开模阶段($t_6 \sim t_1$)。将制品冷却到具有一定刚度和强度后开模取出制品。

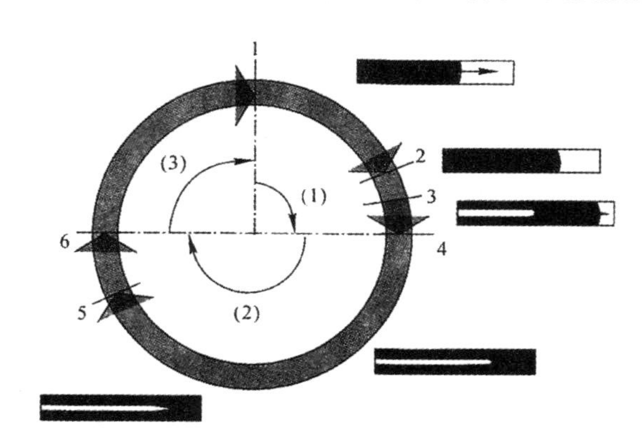

图 10-2-2　气辅注射成型的周期

三、气辅注射成型的方法

目前共有四种方法实现气辅注射成型,分别为标准成型法、熔体回流成型法、活动型芯退出法、溢料腔法。从节省材料、实现难易程度上看,标准成型法是最主要的气体辅助注射成型技术。

(1)标准成型法。先向模具型腔注入准确计量的塑料熔体(欠料注射),再通过浇口和流道注入压缩气体,推动塑料熔体充满模腔,并在气体压力下保压和冷却,待塑料熔体冷却到具有一定刚度和强度后开模取出制品,这是目前最常用的方法,如图 10-2-3 所示。

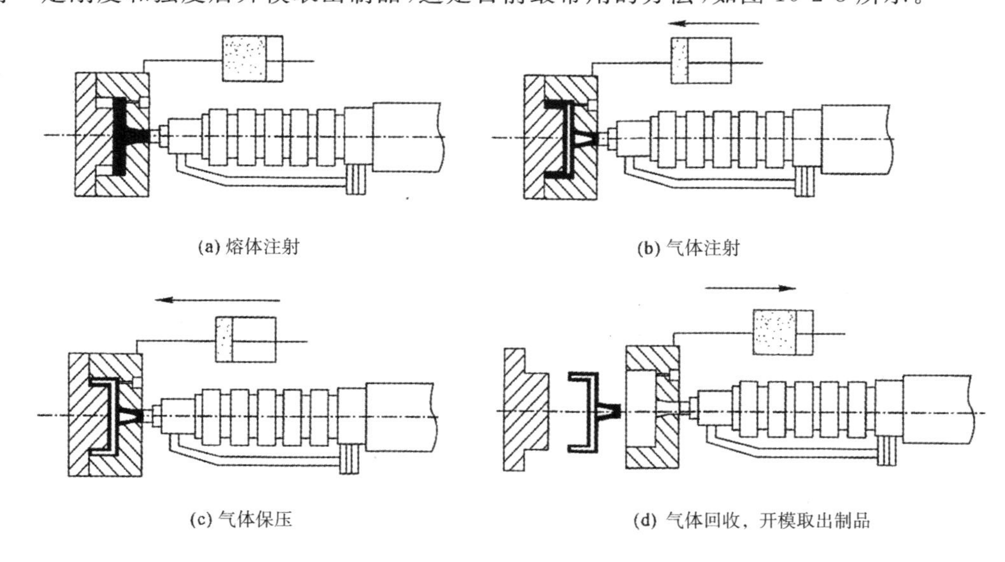

图 10-2-3　标准成型法

(2)熔体回流成型法。首先塑料熔体充满模腔，然后从模具一侧注入压缩气体，气体注入时，多余的熔体从喷嘴流回注射机的料筒，如图 10-2-4 所示。

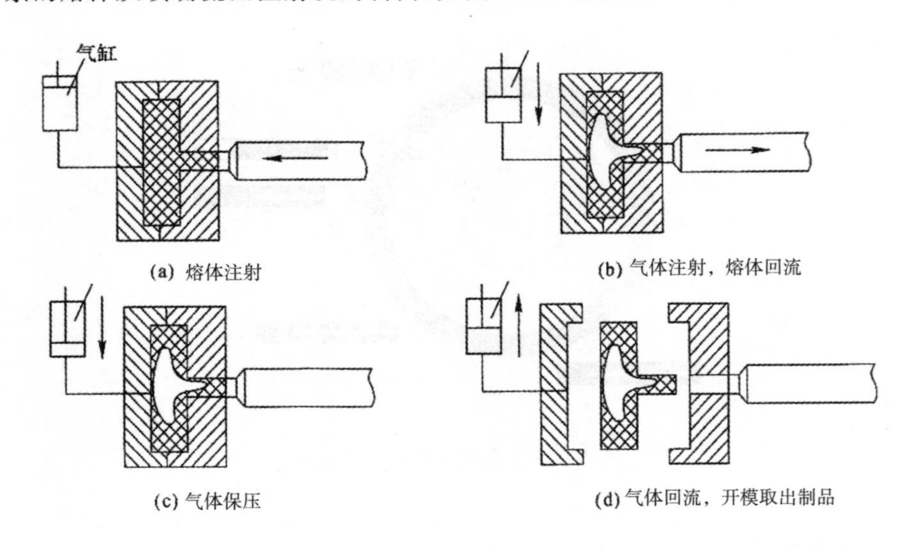

图 10-2-4　熔体回流成型法

(3)活动型芯退出法。在模具的型腔中设置活动型芯，开始时使型芯位于最长伸出的位置 L_{max}，向型腔中注射塑料熔体，并充满型腔进行保压，然后从喷嘴注入气体，气体推动熔体使活动型芯从型腔中退出，让出所需的空间，待活动型芯退到最短伸出位置 L_{min} 时升高气体压力，实现保压补缩，最后制品脱模，如图 10-2-5 所示。

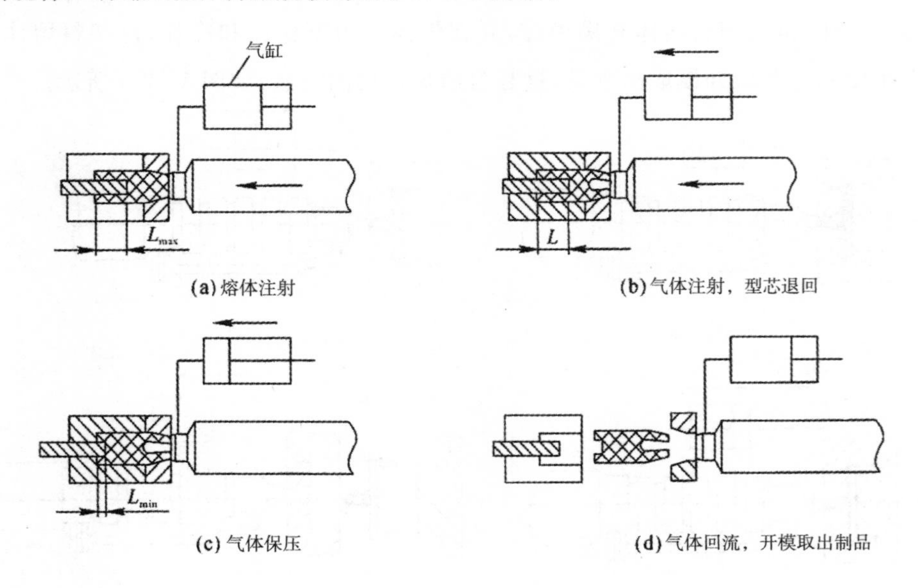

图 10-2-5　活动型芯退出法

(4)溢料腔法。在模具主型腔之外设置可与主型腔相通的溢料腔，成型时先关闭溢料腔，向型腔中注射塑料熔体，并充满型腔进行保压，然后开启溢料腔，并向型腔内注入气体，气体的穿透作用使多余出来的熔体流入溢料腔，当气体穿透到一定程度时再关闭溢料腔，升高气体压力对型腔中的熔体进行保压补缩，最后冷却开模取出制品，并清理溢料腔中的物料，如图 10-2-6 所示。

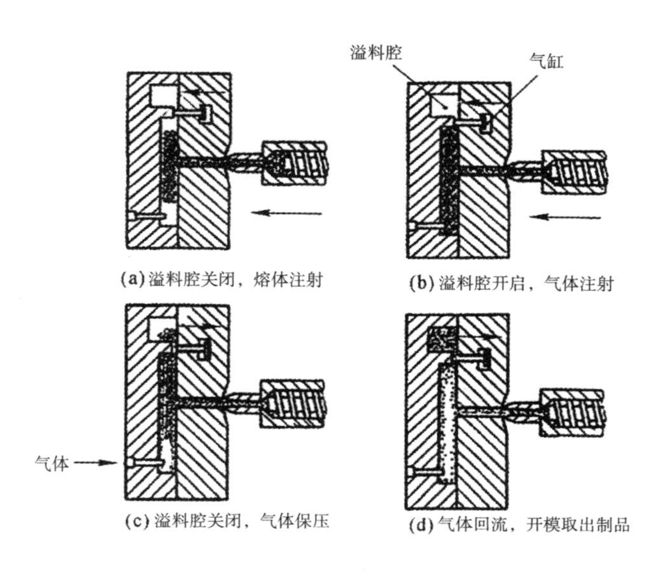

图 10-2-6　溢料腔法

四、气辅注射成型的设计

(1)注气方式的设计。目前气辅注射成型技术中所使用的注气方式有两种，即通过注射机的喷嘴将气体引入型腔的喷嘴注气(图 10-2-7)，以及通过气针(气嘴)将气体引入型腔的气嘴注气(图 10-2-8)。喷嘴注气可以保证熔体流动方向与气体流动方向一致，但喷嘴注气对型腔熔体充填均衡性要求较高，对模具浇注系统设计和模具加工提出较高要求。气嘴注气灵活性高，进气位置应该尽量靠近浇口处，存在气体流动方向与熔体流动方向在局部位置不能保持一致甚至相反的情况，气嘴间隙在注射生产中可能被堵塞，需要停产对气嘴进行清理，这些缺点通过模具设计及精密制造可以解决。

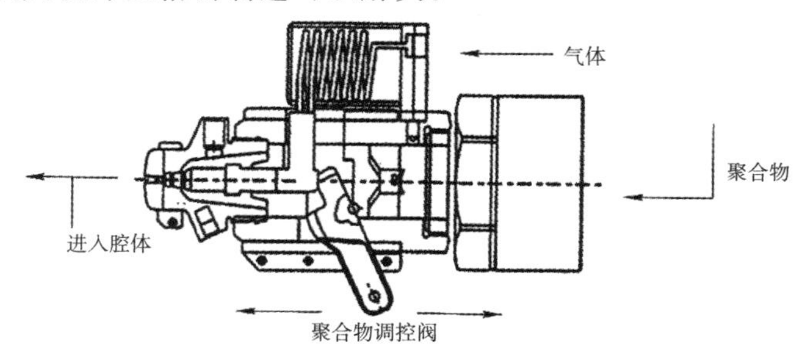

图 10-2-7　注气喷嘴的结构

图 10-2-8　气体直接注入型腔时用的气针

(2)气道设计。气道是用于引导气流方向并使气体不至于冲破薄壁部位。制品的本体厚度太厚容易出现指纹现象;制品的本体厚度也不能太薄,否则容易出现缩痕。气道长度尺寸一般为制品厚度的 2～3 倍;气道最好布置在角落、加强筋等部位并保持均匀平衡;制品应保持圆弧过渡,尽量避免直角;采用 CAE 进行气道设计和分析有利于获得良好的气道结构与尺寸。图 10-2-9 所示为几种气道的结构形式,图 10-2-10 所示为几种气道的对比。

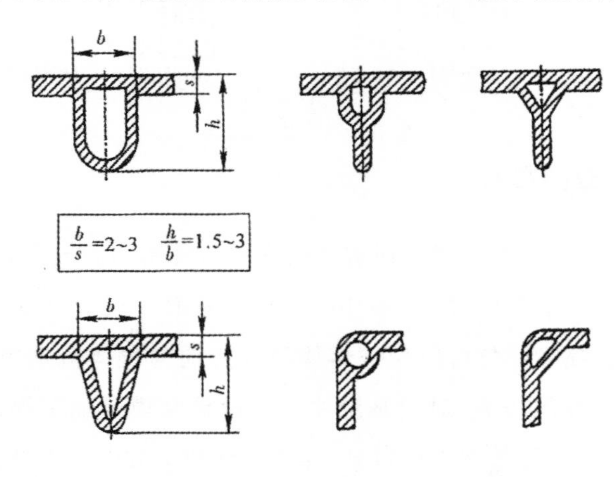

图 10-2-9　几种气道的结构形式

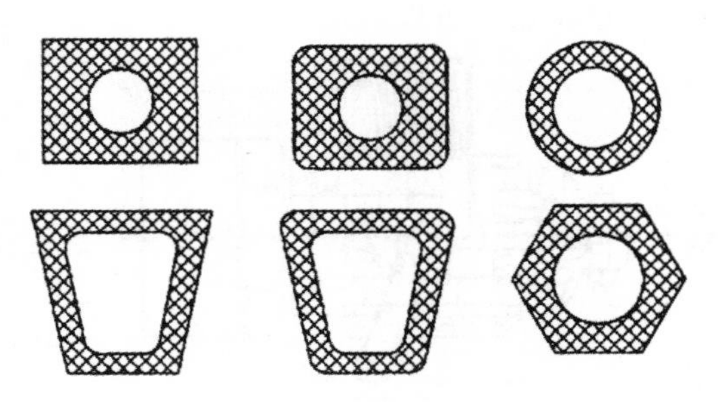

图 10-2-10　几种气道对比

(3)进气位置设计。进气位置设计对产品质量影响很大,图 10-2-11 所示为同一产品不同进气位置示意图。其中图(a)所示为右下角进气,容易在产品右端出现实心区;图(b)所示为左端进气,效果最好;图(c)所示为两端进气,容易在中部形成实心区;图(d)所示为产品中部进气,进气点附近的壁厚很难控制。

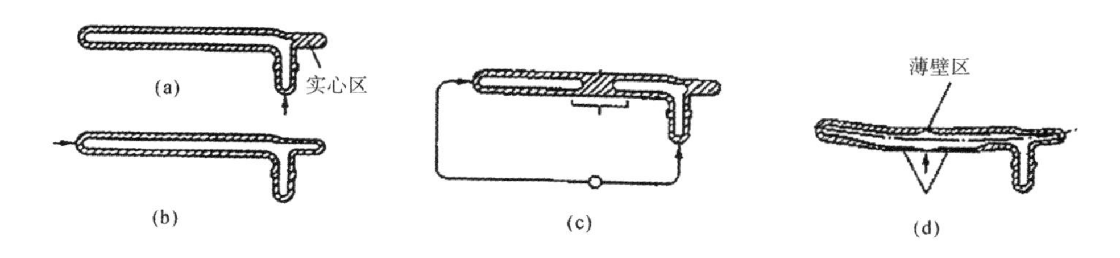

图 10-2-11 几种进气位置的对比

五、气辅注射成型工艺控制

(1)材料性质与材料选择。气辅注射成型要求聚合物熔体具有一定强度,能够保证聚合物熔体有较高的气体穿透距离,又不被气体冲破形成气穴。而聚合物熔体强度取决于聚合物分子结构、导热性能、流变性能、模具温度、皮层厚度等因素。GAIM 一般适用于通用热塑性塑料、工程塑料及其合金、增强、填充材料,不适用于热固性塑料。

(2)熔体温度。熔体温度是气辅注射非常重要的参数。气体穿透距离随熔体温度降低和气体压力上升而缩短。较高的熔体温度通常导致较小的皮层厚度和较短的气体一次穿透距离,同时由于较高的熔体温度也导致较长的冷却时间,从而产生较大的体积收缩,因而气体的二次穿透距离大大增加。气体穿透的最终距离因材料的不同而不同。

以 PP 作为注射材料为例,气体穿透距离随温度的升高而减小,当温度升高到一定范围内,气体穿透长度随温度变化趋于缓和。从流变学角度分析,因为随温度升高,熔体的黏度变小,从而熔体流动阻力变小,气体就容易推动更多的熔体,使气道的横截面积增大,从而气体穿透长度减小。温度升高,一方面有利于熔体的流动,对成型有利;另一方面温度太高,容易造成熔体吹穿和薄壁穿透,并且增加冷却时间,不利于生产率的提高。

(3)熔体预注射量(熔体的充填百分比)。气体穿透距离根据熔体预注射量的不同而不同。熔体预注射量太高,气体没有足够空间穿透,容易造成残余壁厚不均,制品易出现翘曲、凹陷等缺陷;熔体预注射量太低,聚合物熔体很难充满整个型腔,影响成型制品的尺寸,严重时,气体会很快赶上熔体前沿,从而在熔体完全充满型腔以前导致吹穿,不能完成注射过程;熔体预注射量控制合适时,气体穿透充分,从而得到外观和内在质量都良好的制品。

(4)气体延迟时间。气体延迟时间越长,气体穿透的距离就越长,掏空部分的截面尺寸也就越小。这是由于随着延迟时间的增加,冷冻层和黏性层厚度增加,并且聚合物流动发生迟滞现象,从而导致穿透截面缩小而距离加长,气体延迟时间过长易产生迟滞痕。

(5)气体注射压力与保压压力。气体压力越高,气体穿透的距离越短,聚合物皮层厚度越小。这是由于较高的气体压力推动较多的熔体向前,因而型腔后部堆积了较多的熔体,造成气体穿透的部分距离短而皮层厚度小,后部则没有气体穿透。保压压力主要与气体的二次穿透有关。保压压力小,则二次穿透距离长而皮层厚度大,反之则二次穿透距离短而皮层厚度小。

(6)气体注射时间。气体前沿前进的速度要高于熔体前沿前进的速度,因而气熔界面的距离在不断地缩短。随气体注射时间的增加,气体穿透距离增加直到型腔填满。气体注射时间越长,可能导致的气体二次穿透也越长。

六、气辅注射成型优缺点

与常规注射成型相比,气辅注射成型技术具有以下优点。

(1)充填于制件中的气体取代部分熔体,节约原料,产品重量相对减轻。

(2)气体注射压力和保压压力在制品内部处处相等,制品厚度减少,因此大大减小或消除了制品的缩痕,使得制品表面质量获得显著提高。

(3)气体注射压力和保压压力比熔体注射压力和保压压力减小,使得制品残余应力和翘曲变形减小,尺寸稳定性提高。

(4)成型过程所需注射压力和保压压力减小,大大减少了锁模力,降低了对模具材料的要求,减小了模具成本。

(5)可以成型 CIM 难以加工的厚、薄复合塑件,减少装配结构中的零件数量。

但是,首先,气体辅助注射成型需要增加供气、气体压力控制、气体回收装置,相对于普通注射成型,设备成本会增加。其次,模具设计需要额外考虑气道的设置等,对气辅模具设计增加了一定的难度。最后,成型工艺参数的控制精度要求增加,如气体注入点、熔体注射量、熔体强度、延迟时间、冷凝层厚度、气体压力等。这些参数相互影响,关系复杂,对参数的控制要求提高,模具和成型条件的相互制约比传统注射更加复杂。

七、气辅注射成型技术的应用

目前,气辅注射成型已经在汽车工业、家用电器、大型家具、办公用品、家庭及建材等领域中的塑料制品中获得了比较广泛的应用。从产品结构来说,气辅成型工艺最适宜下列几类产品。

(1)厚壁、偏壁、管棒状制件。如汽车零部件中的手柄、方向盘;家庭日用品中的衣架、椅子、门把手等。

(2)大型平板制件。如汽车仪表盘、踏板、保险杠、门窗框、镜架；家电中的洗衣机盖、电视机外壳、计算机显示器外壳及家庭日用品中的桌面板式家具。

(3)壁厚差异较大的制件。采用常规注射容易引起收缩不均、残余内应力较大等问题，严重时会导致产品断裂。采用气辅技术，利用气体穿入使厚壁部分变薄，改变厚壁不均，很好地解决了上述问题。

(4)常规注射成型时不能一次加工成型的制件。如壳体中的一些小制件或固定螺栓等，常规注射成型中需要通过后续工序黏结，采用气辅技术将此位置作为气道，一次成型得到所需要的制件。

图 10-2-12～图 10-2-14 所示为气辅注射成型的典型产品。

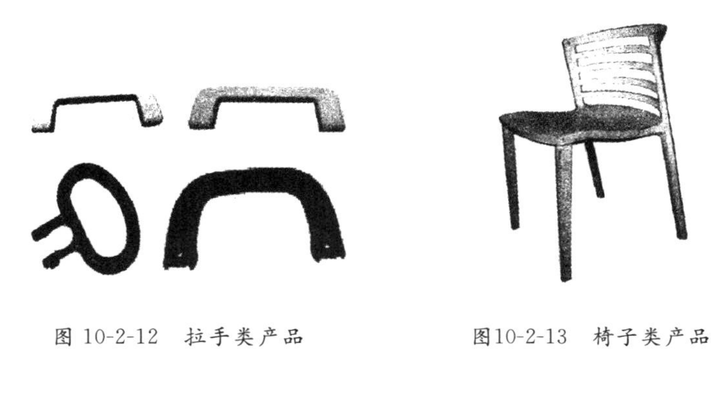

图 10-2-12　拉手类产品　　图10-2-13　椅子类产品

图 10-2-14　平板类产品

八、气辅注射成型新技术

(1)外部气体辅助注射成型(图 10-2-15)。不像传统方法那样将气体注入塑料内以形成中空的部位或管道，而是将气体通过气针注入与塑料相邻的模腔表面局部密封位置中，故称之为“外气注射”，对熔体在模具内冷却时施加压力，取消了熔体保压阶段，保压的作用由气体注射来代替。凭借模具和制件中的整体密封准确控制气体注入阶段和压力增加的速率，其突出优点是能够对点加压，可预防凹痕，减少应力变形，使制品表观质量更加完美。

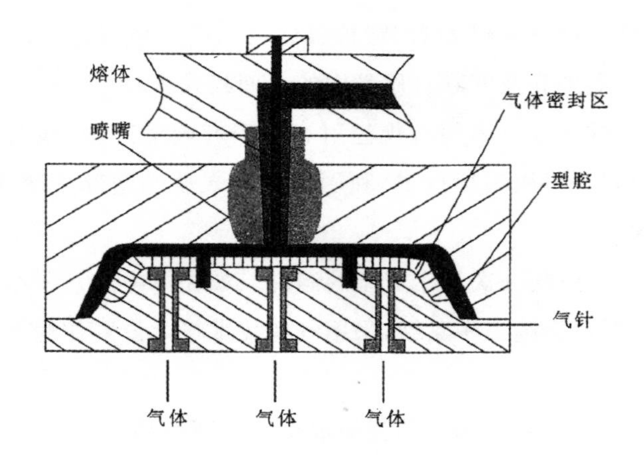

图 10-2-15　外部气体进气辅助注射成型示意图

(2)振动气辅注射成型技术。一般的气辅注射成型技术(GAIM)属于非动态成型工艺，振动气体辅助注射成型工艺是引入一定频率和振幅的振动波，使常规气辅注射成型技术成型时注入的“稳态气体”变为具有一定振动强度的“动态气体”，从而以气体为媒介将振动力场引入气体辅助注射成型的充模、保压和冷却过程中，使其成为动态的成型工艺。在熔体内部引入振动的气体，推动熔体充满整个模腔。振动的气体可以使熔体黏弹性减小，填充时更容易流动和取向。引入振动的气体，可以改进熔体填充过程机理，有效消除收缩痕及其他因流动性差而造成的缺陷。

(3)冷却气体辅助注射成型技术。制品在脱模时冷却不充分，内部残余热量会使熔体再结晶，导致制品剧烈收缩而变形，严重时制品内甚至会出现气泡。气辅注射成型技术能够有效降低塑件的壁厚，其制品冷却速率比较快，但冷却阶段在整个成型周期中所占的比例仍较大。为避免以上情况发生，可采取延长冷却时间或使用次级冷却装置的措施，但会增加工艺成本。冷却气体气辅成型技术便是针对以上问题而出现的一种新方法。在此工艺中，气体通常被冷却至-20℃到-180℃。其主要优点在于：当冷却气体穿透熔体时，在模腔内产生塞流效应。塞流产生的残余壁厚比传统气辅注射成型技术要小，冷却气体也防止了制件内部起泡，并能产生较光滑的内表面，进一步缩短了气辅成型的成型周期。

(4)多腔控制气体辅助注射成型技术。传统的气辅注射成型技术应用于多腔模具是比较困难的，特别是在各个模腔尺寸不同时，原因在于输送至每个模腔的熔体量很难得到精确控制，而且控制气体通道或制品内部中空区域的截面面积也是比较困难的。为解决这些问题，英国 Cinpres 气体注射(CGI)有限公司开发出了多腔控制气体辅助注射成型技术(PFP)，它利用由气体本身形成的模压和专用的切断阀，能够多次准确控制每个模腔内熔体在气体作用下的充填。

(5)多气辅共注射成型技术。聚合物共注射成型工艺在于先后向模腔内注入不同的聚

合物熔体，进而形成多层结构制品。而多气辅共注射成型技术是聚合物共注射成型技术与气体辅助注射成型技术互相结合而形成的一种新工艺，它与聚合物共注射成型工艺相比，多了一个注气过程；相对常规气辅注射成型技术（GAIM）而言，多了一个多层结构的形成过程。熔体共注射阶段：此阶段与一般共注射成型工艺类似，当表层和内层所注入的熔体总量占型腔体积一定比例时，停止注射熔体。气辅注射阶段：高压气体注射进内层熔体，并在其内部进行穿透。随着气体的前进，被气体排挤的内层熔体带动表层熔体向前流动而充满整个型腔。保压冷却，释压脱模，顶出制品。该方法同时具有共注射成型和气辅注射成型技术工艺两项技术的优点。因此，在一些有多种性能要求的多功能中空聚合物制品（如内外层具有不同性能），或者外层为高性能材料、内层为废旧塑料的低成本塑料制件中，此项成型技术得到广泛应用。

九、水辅注射成型

水辅助注射成型（Water-Assisted Injection Molding，WAIM）技术是一种新型的成型中空或者部分中空制品的技术，这种技术是在 GAIM 的基础上发展起来的。德国 Aachen 大学的 IKV 从 1998 年开始研发 WAIM。德国 Sulo 公司是第 1 个实施这种技术的厂家，其于 1999 年采用 WAIM 技术成型出了超市用全塑料手推车。目前除了 IKV 外，Cinpres Gas Injection，Alliance Gas Systems，Battenfeld，Engel 和 PME 等公司也在制造 WAIM 的注水设备。

除了具有 GAIM 的优点外，WAIM 还有一个突出的优点，即能够直接在制品内部进行冷却。由于水的热传导速率是氮气的 40 倍，热焓是氮气的 4 倍，所以 WAIM 高的冷却能力可使制品的冷却时间降至 GAIM 的 30%～50%。除了明显缩短成型周期外，WAIM 能够成型壁厚更薄和更均匀的中空制品，使制品的设计和制造更为灵活。用水代替氮气可降低成本，此外，还可防止气体渗入聚合物熔体中。

此外，WAIM 还可成型内表面很光滑的制件。水与气体之间的另一差异是气体具有可压缩性，而水不可压缩。因此，当水被注射入熔体内时，水的前沿就会像一个移动柱塞那样作用在制件的熔体型芯上，从水的前沿到熔体的过渡段，固化了一层很薄的塑料膜，它像一个高黏度的型芯，进一步推动熔体，从而将制件掏空。水压推动熔体前进的同时，还对其进行冷却。GAIM 的压力为 2～17 MPa，而 WAIM 的压力通常能够达到 30 MPa。

目前，WAIM 可以应用于中空弯曲件、杆件、截面厚薄不同的复杂件、较大薄壁件的成型，例如介质导管、汽车门把手、汽车顶梁、踏板、扶手、带支架的板件等制品的生产（图 10-2-16）。PA、PP、PE、ABS、ASA、PBT 和 HIPS 等材料都可以用于 WAIM。

图 10-2-17 所示为 GAIM 和 WAIM 成型同一产品的内表面对比，可见 WAIM 内表面更加光滑。

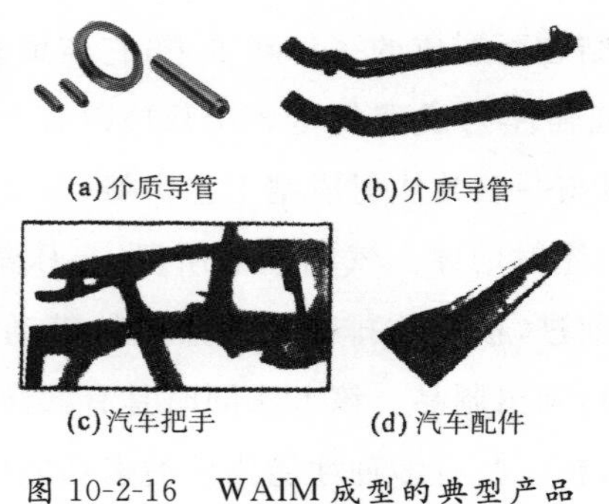

图 10-2-16　WAIM 成型的典型产品

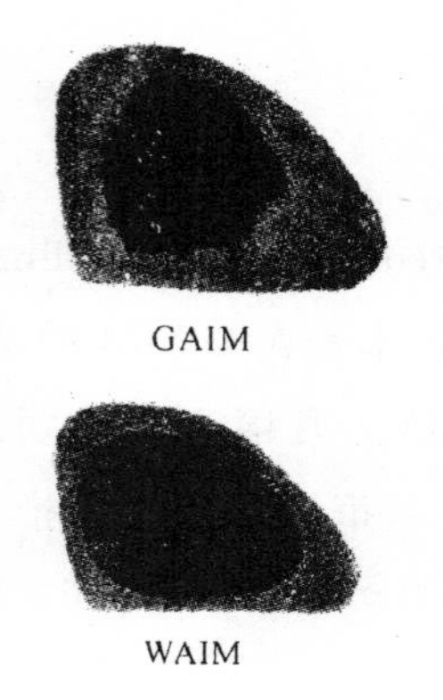

图 10-2-17　GAIM 和 WAIM 成型产品的内表面对比

第三节　反应成型技术

一、反应挤出简介

反应挤出(reative extrusion)是指以螺杆和料筒组成的塑化挤压系统作为连续化反应器,将欲反应的各种原料组分如单体、引发剂、聚合物、助剂等分次由不同的加料口加入螺杆中,在螺杆转动下实现各原料之间的混合、输送、塑化、反应和从模头挤出的全过程。

传统的挤出成型过程一般是将聚合物作为原料,由料斗加入螺杆的固体输送区压实,在螺杆转动下依靠螺杆的螺旋作用和物料与料筒内壁的摩擦作用而将物料向前输送,随后在螺杆的熔融区利用料筒壁传来的外加热量和螺杆转动过程中施加给物料的剪切摩擦热而熔融,再在螺杆熔体输送区内使熔融物料进一步均化后输送给机头模具造型后出模冷却定型。这一过程可以简单地看作为物料由固态(结晶态或玻璃态)—液态(黏流态)—固态(结晶态

或玻璃态）的物理变化主过程，变化的结果是用模头成型出了各种各样的塑料制品。

与此过程不同，反应挤出中存在着化学反应，这些化学反应有单体与单体之间的缩聚、加成、开环得到聚合物的聚合反应，有聚合物与单体之间的接枝反应，有聚合物与聚合物之间的相互交联反应等一系列化学反应。在常规的化学反应器如反应釜中，当聚合物的黏度达到10～10 000 Pa·s时，一般不可能再进行反应，需要使用聚合物质量5～20倍的溶剂或稀释剂来降低黏度，改善混合和传递热量，才能保证反应进一步持续进行下去，而反应挤出却可以在此高黏度范围内实现反应。其主要原因是螺杆和料筒组成的塑化挤压系统能将聚合物熔融后降低黏度，利用熔体的横流使聚合物相互混合达到均匀，并提供足够的活化能使物料间的反应得以进行，同时利用新进物料吸收热量和输出物料排除热量的连续化过程来达到热量匹配，利用排气孔将未反应单体和反应副产物排出。

反应挤出的优点可以归纳为以下六点。

（1）可连续化大规模生产。

（2）投资少，成本低。

（3）不使用或很少使用溶剂，可节省能源，减少对人体和环境的危害。

（4）对制品和原料有较大的选择余地。

（5）可方便地实现混合、输送、聚合等过程，简化聚合物脱除挥发物、造粒和成型加工等过程，并使这些环节一步实现。

（6）在控制化学反应的同时，还可控制相结构，以制备出具有良好性能的新物质。

反应挤出最早出现于1966年。1966—1983年有150个公司报道了有关反应挤出技术方面的专利600多个，主要涉及挤出机的研制工作。由于1980年以前世界上新型聚合物层出不穷，人们的主要精力在于开发新型聚合物及其加工应用，并未对反应挤出有足够的重视。1980年以后，人们放慢了对新型聚合物的合成研究，而转向了对现有聚合物的改性，发现通过采用聚合物的共混（blending）、合金（alloy）、复合（compounding）等手段可以使现有聚合物的性能大幅度提高，而且成本远低于开发一种新型聚合物。为此目的，反应挤出才得以迅速发展。

反应挤出可以使不相容的聚合物体系变得相容，可以使聚合物与纤维或填料之间的界面黏结力提高，从而大幅度提高聚合物合金、共混体系和复合体系的性能，也可以使通用聚合物高性能化，使原本不能用在受力状态或高温体系的通用聚合物变成承力材料和耐高温材料，显示了很大的潜力。迄今为止，反应挤出的研究仍处于初级阶段，人们对反应挤出的机理、过程控制、产物的结构与性能、反应挤出设备的设计等问题还知之甚少，还没有一套完善的科学理论来指导实际。对反应挤出技术的多方位开发，可以使更多的传统聚合物产品通过反应挤出得到。

二、反应挤出设备

传统的单螺杆或双螺杆挤出机主要是为挤出制品或者挤出造粒而设计的，对于要求不高的反应挤出可用单螺杆挤出机直接进行。由于双螺杆挤出机在输送性、自洁性、混合性、排气性、低比功率消耗性等方面均优于单螺杆挤出机，即使对于要求不高的反应挤出，双螺杆挤出机也比单螺杆挤出机要占优势。

1. 传统挤出机用于反应挤出存在的不足　传统意义的单螺杆或双螺杆挤出机用于反应挤出存在着明显的不足，主要表现如下。

(1)无法实现分段加料。反应挤出一般要加入反应试剂如引发剂、单体等，这些助剂不宜于过早加入，应在聚合物处于熔融状态后加入，否则会造成混合料在螺杆加料段内打滑或过早反应而造成向前输送困难，也难以控制各反应原料准确的配比。

(2)无排气系统。反应挤出中产生的挥发性副产物或未反应的助剂应当在螺杆均化段末被抽出，以免使其混入反应产物而造成制品的物理和其他性能降低。

(3)长径比短。反应挤出要求物料在螺杆中有足够的反应时间，以保证所得反应挤出产品有高的性能，L/D 越大，物料在螺杆上停留时间就越长，混合、塑化、反应和均化更为充分完善。尽管 L/D 增大会使机筒和螺杆的制造困难，使功率消耗和制造成本增加，但从反应挤出对其要求来看，L/D 增大会对反应挤出有利，如对于一般挤出机 L/D 一般最大为 48，而反应挤出机的 L/D 可达 60。

2. 反应挤出对挤出设备的要求　为使反应挤出快速、充分地进行，并能得到稳定均一的反应挤出产物，反应挤出工艺对设备的要求如下。

(1)停留时间和停留时间分布。物料在挤出机内的停留时间和停留时间分布对反应挤出过程有着决定性的影响。如果停留时间短，反应不能充分进行；停留时间过长时，又易引起物料降解。因此在能够充分反应的前提下，要尽量缩短物料在挤出机内的停留时间。停留时间分布对反应产物的质量有着直接影响，停留时间分布越窄(即不同时间加入挤出机中的同一组分在挤出机内的停留时间大致相同)，反应产物的质量越稳定，均一性越好。

(2)混合性能。混合是反应挤出成败的关键之一。反应挤出不同于一般的挤出过程，它往往要对黏度差异较大的物料进行混合，混合难度大。而在反应挤出中，各组分之间的混合程度对反应速度和生成物质量有着非常重要的影响，只有当各组分混合均匀时，才能在短时间内达到充分反应，并使反应产物趋于一致，因此要求挤出机有更好的混合性能。

(3)排气性能。在反应挤出中，聚合物熔体内常夹杂着一些挥发性气体(如残余单体、残余引发剂、水等)，要使反应挤出过程稳定进行，挤出机应具备良好的排气性，能有效地将挥

发组分从熔体中排除掉。

(4)输送能力。反应挤出时,反应体系的黏度往往较大,物料的流动阻力大,要使物料从机头挤出,就要求挤出机具备较强的输送能力,能够连续而稳定地将物料向机头方向推进,并在均化段建立足够的压力。

(5)热交换能力。反应挤出过程一般要在一定的温度范围内进行。在反应过程中,一方面反应本身要放出或吸收热量,另一方面,物料间的相对运动会产生黏性耗散热。同时,由于聚合物熔体的黏度往往较大,导热性差,不利于反应体系的温度控制。因此只有挤出机有较好的热交换能力时,才能及时将反应体系的热量排放出去,或者向其输入热量,使反应体系处于热平衡状态,反应也才能顺利、平稳地进行。

总之,反应挤出要求设备能为反应提供足够的停留时间,且停留时间分布窄,能准确控制反应体系的温度,并具备良好的混合、排气和输送能力。

图 10-3-1 所示为 Frund 和 Tzoganakis 报道的反应挤出机示意图。在料筒中段增加了反应试剂的加入口,在料筒后段增加了排气口,使反应挤出中未反应单体和气体可以被抽出。

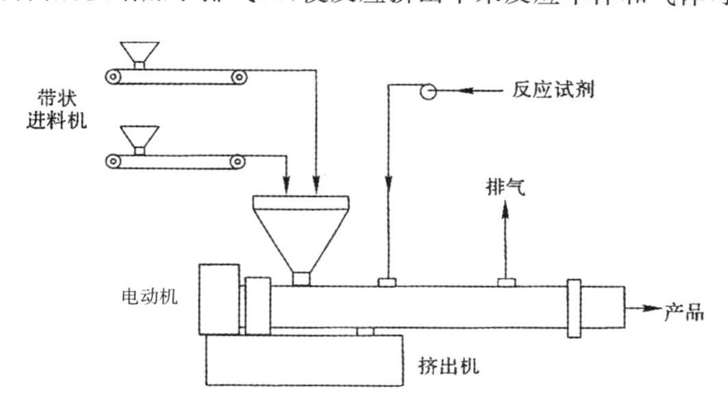

图 10-3-1　反应挤出机的示意图

3. 四段式单螺杆反应挤出机的设计要点　图 10-3-2 所示为四段式单螺杆反应挤出机的螺杆示意图,设计要点如下。

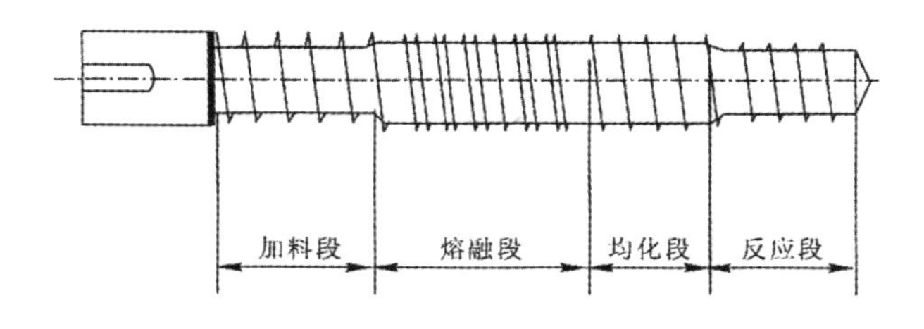

图 10-3-2　四段式反应螺杆结构示意图

(1)设加料段、熔融段、均化段和反应段,前三段与传统的三段式螺杆相似,但压缩比取值范围较宽。

(2)反应段螺槽比均化段要深，这样可以使熔体减压并明显增加熔体停留时间。

(3)在熔融段设置混炼元件，或者采用分离型螺杆结构以加速物料的融化。

(4)优化螺杆结构参数，使熔体停留时间分布尽量窄。

(5)在加料段机筒采取特殊的开槽结构，在提高固体输送效率的同时，防止物料中的液体助剂在轴向压力的作用下从加料口泄露。

(6)为增加挤出机连续运转时间，应提高螺杆和料筒的表面光洁度，消除螺纹死角，防止物料在挤出机中滞留。

由图 10-3-2 可知，反应段设在均化段之后，反应段的主要功能是使均化段送来的熔体减压、完成反应并均匀地向前输送。随着反应的进行，熔体的黏度明显增大，在反应段减压，有助于降低熔体的剪切速率，防止熔体过度剪切而降解。

如果熔融物料占挤出机料筒有效长度的 50%，依据不可压缩假设，经简化可推出在挤出机中熔融物料平均停留时间(t)的表达式为

$$t=\frac{\pi D\varepsilon\rho h_3}{2Q}(D-h_3)$$

式中：D 为螺杆直径(mm)；ε 为螺杆的长径比；h_3 为均化段螺槽深(mm)；ρ 为树脂密度(g/cm^3)；Q 为挤出产量(kg/h)。

采用四段式挤出机可以明显延长熔融物料的停留时间。在相同反应条件下，挤出产量比三段混炼型挤出机提高 25%左右，比普通三段式挤出机提高 60%左右。此外，四段式反应挤出机还具有停留时间分布窄的特点，这对于提高接枝反应效率是十分有利的。

三、反应挤出的应用

1. 接枝反应 利用反应挤出可以将含有官能团的单体接枝到聚合物的分子主链上，从而达到聚合物改性的目的。根据反应挤出的工艺特点，凡是热稳定性好的聚合物均可通过反应挤出进行接枝改性，这些聚合物有 HDPE、LDPE、LLDPE、PP、PS、ABS、PA、PMMA、PC、PSU 等。其中报道较多的为 PE 和 PP。

(1)用于反应挤出的反应单体。用于反应挤出的反应单体一般应具有以下特点。含有可进行接枝反应的官能团，如双键等；沸点高于聚合物熔点或黏流温度 T_f；含有羧基、酸酐基、环氧基、酯基、羟基等官能团；热稳定性好，在加工温度范围内单体不分解，没有异构化反应；对引发剂不起破坏作用。

这些单体主要有马来酸(MA)、马来酸酐(MAH)、马来酸二乙酯(DEM)、马来酸二丁酯(DBM)、马来酸二异丙酯(DIM)、低偶联马来酸酯(LDME)、对苯二胺双马来酸(p-PBM)等马来酸系单体；以及丙烯酸(AA)、甲基丙烯酸(MAA)、甲基丙烯甲酯(MMA)、甲基丙烯酸缩水甘油酯(GMA)等丙烯酸系单体；此外还有乙烯基三甲氧基硅烷(VTMS)、乙烯基三乙

氧基硅烷(VTES)、3-甲基丙烯酰氧基丙基三甲氧基硅烷(VMMS)等不饱和硅烷类单体和苯乙烯(St)类单体。

不同的接枝单体,其均聚反应和接枝反应的竞聚率不同,导致接枝产物的链结构差异很大。易于均聚的单体,其接枝链较长,产物中也可能存在着单体的均聚物。这种产物特性与基础聚合物(base polymer)的物理性质可能完全不同,理想的接枝应是接枝链很短,甚至仅由 1 个单体分子单元组成,在这种情况下,接枝物的物理性能、力学性能与基础聚合物差异不大,但化学性能却有很大的不同。单体与聚合物的有效混合、摩尔比例、引发剂的用量、助单体的选择以及反应温度、反应时间等因素均可用来控制接枝产物的分子链结构,使均聚物达到最低程度。

(2)用于反应挤出的引发剂。由于反应挤出的时间较短(一般为 2～6 min),因此只有自由基引发接枝的反应才适合于反应挤出,这类引发剂具有以下特点。分解过程中不产生小分子气体,以免在产物中留下难以消除的气体;在加工温度范围内,其半衰期为 0.2～2 min。低于 0.2 min 则反应太快,聚合物和反应单体、引发剂不能充分混合均匀;高于 2 min 则会使产物中残留对后续加工和性能不利;熔点低,易于与反应单体和基础聚合物混合。

这些引发剂通常有过氧化二异丙苯(DCP)、过氧化二特丁烷(DTBP)、过氧化二苯甲酰(BPO)、叔丁基过氧化苯甲酰(BPD)、1,3-二特丁基过氧化二异丙苯、2,5-二甲基-2,5 双(叔丁基过氧基)己炔(AD)等。

(3)接枝反应机理。PE 与 MAH 的反应挤出接枝过程描述如下。

链引发:

R—O—O—R ⟶ 2RO·　　(10-3-1)

RO·+PE ⟶ PE·+ROH　　(10-3-2)

链增长:

PE·+MAH ⟶ PE—MAH·　　(10-3-3)

链终止:

PE—MAH·+PE ⟶ PE—MAH+PE·　　(10-3-4)

PE—MAH·+PE· ⟶ PE—MAH—PE　　(10-3-5)

PE—MAH·+·MAH—PE ⟶ PE—MAH—MAH—PE　　(10-3-6)

PE·+PE· ⟶ PE—PE　　(10-3-7)

PE—MAH·+PE—MAH· ⟶ PE—MAH(饱和)+PE—MAH(不饱和)　　(10-3-8)

上面表达的机理中式(10-3-3)和式(10-3-4)为接枝主反应,式(10-3-5)～式(10-3-7)为偶合终止导致的 PE 交联反应,其中式(10-3-5)和式(10-3-6)为由 MAH 作为桥链导致的 PE 交联反应,式(10-3-7)为 PE 自由基的偶合交联反应。因此,按照 K. E. Russel 的观点,这种交联能解释高含量 MAH 和 DCP 的 LDPE/DCP/MAH 体系中熔融指数(MI)随 MAH 和 DCP 增加而下降的现象。式(10-3-8)为接枝链的歧化终止,其结果形成了饱和 MAH 和不饱和 MAH 的单分子接枝结构,如图 10-3-3 所示。

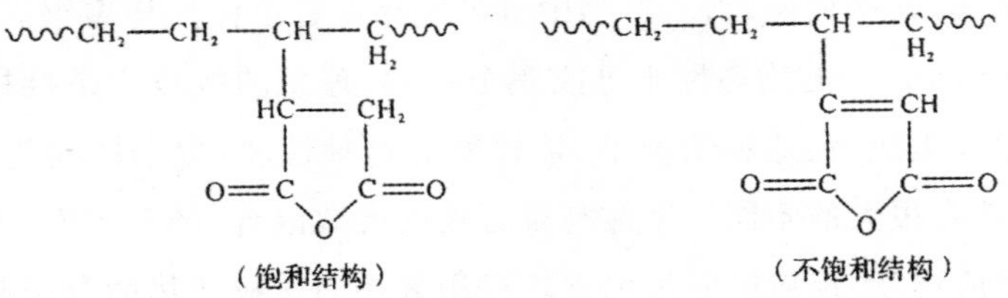

～CH_2—CH_2—CH—$\underset{H_2}{C}$～　　～CH_2—CH_2—CH—$\underset{H_2}{C}$～

HC—CH_2　　C═CH

O═C　C═O　　O═C　C═O

O　　O

(饱和结构)　　(不饱和结构)

图 10-3-3　LDPE-g-MAH 的分子结构式

采用反应挤出制备出的接枝聚合物可用作热熔胶、增容剂等。

2. 聚合反应　反应挤出应用于聚合反应是指将单体和单体的混合物在很少量或无溶剂条件下于挤出机中制备聚合物的过程。随着反应的进行,反应混合物的黏度会迅速增加,通常由小于50 Pa·s增大到 100 Pa·s 以上,这样的体系对热转移极为不利。因此用于聚合反应的反应挤出机须设计为在机筒不同部位能同时传递黏度相差很大的反应物和生成物,以及能高效精确控制反应混合物的温度梯度。此外,在进入挤出机均化段之前能有效地减压排气以使未反应单体和反应副产物及时除去,达到有效控制聚合度并得到稳定单一的产物。反应挤出用于聚合反应的类型有缩聚反应和加聚反应两大类。

(1)缩聚反应。由于缩聚反应是按逐步反应机理进行并伴随着小分子的产生,因此以挤出机为反应器时,必须在机筒一处或多处设置减压排气口,有效地移去低分子的副产物,达到最佳的平衡点。另外,反应单体为两种或两种以上时,为了制得高分子量聚合物,必须严格控制单体的计量,单体最好是以熔融态或液态进入挤出机的加料口。在啮合型异向旋转双螺杆挤出机(Co-TSE)中制备缩聚型的聚合物有聚醚酰亚胺(PEI)、非晶型尼龙、芳香族聚酯和 PA6 与 PA66 的共缩聚物。

(2)加聚反应。第一,虽然加聚反应无低分子副产物,但在挤出机中进行的本体加聚反应同样需要减压排气口以移去未反应的单体;第二,由于加聚反应会产生大量的反应热,通常加入易脱除的惰性气体以达到控制反应体系热量的目的;第三,在挤出机中进行的本体加聚反应须将反应温度控制在聚合物的熔融温度以上;第四,由于反应体系黏度高,聚合物链自由基的扩散转移较困难,因而终止速率低,聚合物分子量高,单体转化率高。由单螺杆挤出机(SSE)和双螺杆挤出机(TSE)制备自由基型加聚反应的产物有热塑性聚氨酯(TPU)、聚甲基丙烯酸甲酯(PMMA)、苯乙烯与丙烯腈共聚物(SAN)、苯乙烯与马来酸酐的共聚物(SMA)、苯乙烯与甲基丙烯酸共聚物(S/MMA)、苯乙烯与双马来酰亚胺共聚物(S/BMA)以及双马来酰亚胺均聚物 P(BMA)等。

利用反应挤出还可制备离子型本体聚合物，如在啮合型异向旋转双螺杆挤出机(CO-TSE)中已制备出了尼龙-6(PA6)、聚苯乙烯(PS)、苯乙烯—丁二烯—苯乙烯弹性体(SBS)和聚甲醛(POM)等。

应用反应挤出技术进行本体聚合反应最关键的问题，一是物料的有效熔化混合，均化和防止形成固相而引起挤出机螺槽的堵塞；二是能否有效地向增长的聚合物自由基进行链转移；三是聚合物反应热的逸去以保证反应体系温度低于聚合物的分解温度。

3. 共混增容反应　聚合物共混是获得综合性能优良的聚合物及聚合物改性的最简便、最有效方法，是近20年来聚合物界致力开发的领域。然而大多数聚合物之间不相容，直接混合得不到性能优良的共混物。人们已通过在共混体系中引入嵌段共聚物或接枝共聚物成功地制备出了一系列性能卓越的共混物。其中利用接枝共聚物实现反应挤出增容有着无可比拟的优点。

一是接枝共聚物的官能团可与另一聚合物反应而实现强迫增容(或称为就地增容)；二是螺杆可产生高的剪切力使体系黏度降低，使共聚物能充分混合，特别是避免了增容剂过于聚集而降低增容效果的情况；三是共混作用与产品的造粒或成型可在一个连续化过程中同时实现，经济效益显著。通常的增容反应包括酰胺化、酰亚胺化、酯化、酯交换、胺—酯交换、双烯加成、开环反应及离子键合等类型。

在聚酰胺中引入三元乙丙橡胶可以改善其低温韧性，添加EPDM-g-MAH等增容剂，使得EPDM-g-MAH中MAH与PA的端胺基反应，形成强迫增容桥链体系，即

$$\sim\text{EPDM}-\text{CH}-\text{CH}_2\ (\text{O}{=}\text{C}-\text{O}-\text{C}{=}\text{O}\ \text{ring}) + \text{H}_2\text{N}-\text{PA6} \longrightarrow \sim\text{EPDM}-\text{CH}-\text{CH}_2\ (\text{O}{=}\text{C}-\text{N}(\text{PA6}\sim)-\text{C}{=}\text{O}\ \text{ring})$$

此时三元乙丙橡胶可以与桥链体系的EPDM分子链相容，聚酰胺可以与桥链体系的PA分子链相容。这是在双螺杆挤出机中制备超韧尼龙的典型工业实例。

4. 可控降解反应　利用反应挤出技术可使聚合物可控降解，达到控制相对分子质量和相对分子质量分布的目的。在聚丙烯中加入适量的过氧化物进行反应挤出，使聚合物主链断裂，歧化终止，由断链产生的大分子自由基可制得用一般化学方法难以制得的熔体黏度低、相对分子质量分布窄、相对分子质量低的PP。这种PP可用于高速纺丝、薄膜挤出、薄壁注射制品。

如加拿大V. Triacca提出在过氧化物存在的条件下，PP的自由基降解以无规断链为主，主链的断链次数与有机过氧化物的浓度成正比。美国M. Xanthos提出在Brabender强力混合器中，在2，5-二甲基-2，5-二正丁基过氧化己炔存在的条件下，PP的降解程度随此过氧化物浓度的增加而增加。过氧化物浓度一定时，随反应时间的增加，PP的相对

分子质量降低，熔体指数增加，最后趋于极限值，达到极限值的时间为过氧化物半衰期的4～5倍。随PP相对分子质量降低，PP熔体的非牛顿流体行为降低，当熔体指数达360时，PP的熔体接近于牛顿流体。该结果为反应挤出机的螺杆设计、工艺条件的确定提供了重要的参数。德国H. G. Fritz提出了双螺杆挤出机与联机流变仪相接，用计算机控制系统监控产品，可以迅速调节加工条件，制得质量稳定的低分子量PP。加拿大A. Pabedingskas等人提出了PP在反应挤出过程中控制PP黏度的降解动力学模型，考虑了引发剂效率和PP熔融时间两者对PP降解的影响，提出了动力学—熔融组合模型(combined kinetic-melting model)，通过提出的模型可预估降解过程中PP相对分子质量及分布的变化。美国K. R. Watkins和L. R. Dean提出了在PET中加入0.19%乙二醇，在265～273℃挤出，可降低其黏度，使其更适于挤出。

四、反应注射

反应注射成型(Reaction Injection Molding，RIM)是一种将两种具有化学活性的低分子量液体原料在高压下撞击混合，然后注入密封模具内进行聚合、交联固化形成制品的技术。

反应注射与热固性塑料注射的主要不同点：一是不用配制好的塑料而直接采用液态单体和各种添加剂作为成型物料，而且不经加热塑化即注入模腔，从而省去聚合、配料和塑化等操作，既简化了制品的成型工艺过程，又减少了能源消耗；二是液态物料的黏度低，充模时的流动性高，使充模压力和锁模力都很低，这不仅有利于降低成型设备和模具的造价，而且很适合成型大面积、薄壁和形状很复杂的注射制品。能以加成聚合反应生成树脂的单体，原则上都可作为反应注射的成型物料基体，但目前工业上已经采用的只有不饱和聚酯、环氧树脂、聚环戊二烯、聚酰胺和聚氨酯等几种树脂的单体，其中以聚氨酯单体应用最为广泛。反应注射除用普通的原料浆作为成型物料外，还可用含有短纤维增强剂的原料浆和有发泡能力的原料浆作为成型物料，通常将前者的成型特别称作增强反应注射成型(RRIM)，将后者的成型称作发泡反应注射成型。以下即以聚氨酯为例介绍反应注射制品成型流程。

聚氨酯反应注射常在图10-3-4所示的专用设备上进行，其成型过程通常由成型物料准备、充模造型和固化定型三个阶段组成。

1. 成型物料准备　聚氨酯反应注射所用成型物料，分别以多元醇(组分A)和二异氰酸酯(组分B)为基料的两种原料浆组成，在多元醇中还常加入填料和其他添加剂。成型物料的准备工作通常包括原料浆的储存、计量和混合三项操作。

两种原料浆应分别储存在两个储槽罐A，B内，并需用换热器1将其维持在20～40℃的温度范围内。在不成型时，也要使原料浆在储槽罐、换热器和混合头3中不断循环。为防止

原料浆中的固体组分沉析，应对储槽中的浆料不停地进行搅拌。

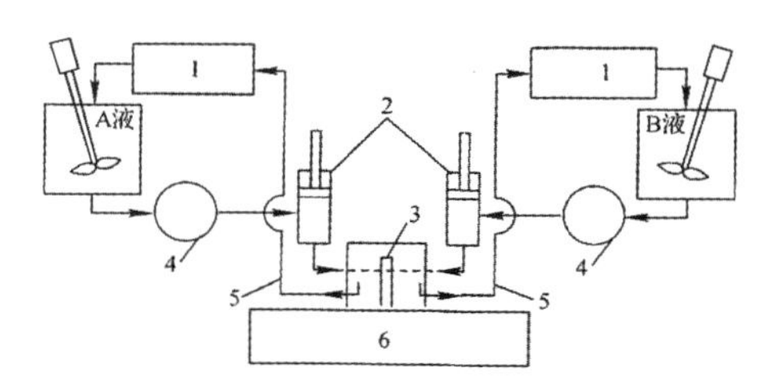

图 10-3-4　聚氨酯反应注射机示意图

1—换热器　2—置换料筒　3—混合头　4—泵　5—循环回路　6—模具

计量原料浆经由定量泵 4 计量输出。用定量泵吸入原料浆时须具有一定的压力，所以原料浆在储槽罐、换热器和混合头中的循环通常在 0.2～0.3 MPa 的低压下进行。为严格控制进入混合头的混合室时各可反应组分的正确配比，要求计量精度不低于±1.5%，最好控制在±1%以内。

聚氨酯反应注射制品的质量在很大程度上由浆料间的混合质量所决定。浆料的混合在混合头内完成，如图 10-3-5 所示，其左半部分为物料在混合头中循环状态，右半部分为物料在混合头中冲击混合及注射流出方向。成型物料的混合，是通过高压将两种原料浆同时压入混合头，在混合头内原料浆的压力能被转换成动能，使各组分单元具有很高的速度并相互撞击，由此实现均匀混合。原料浆的混合质量一般由其黏度、体积流率、流型以及两浆料的比例等多种因素决定。

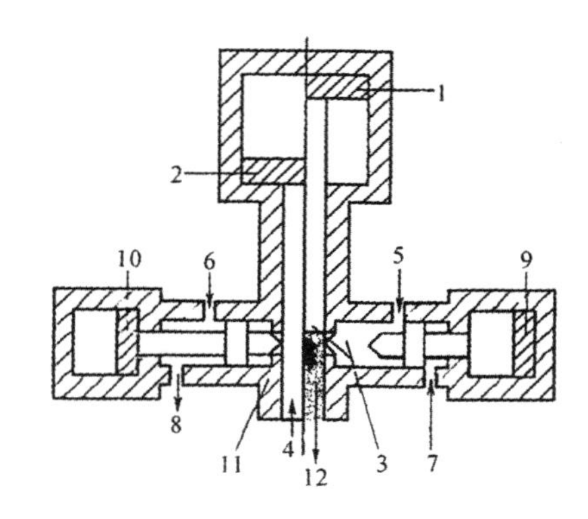

图 10-3-5　混合头示意图

1—注射时活塞位置　2—循环时活塞位置　3—注射时活塞杆位置　4—循环时活塞杆位置　5—组分 A 进料口　6—组分 B 进料口　7,8—回路　9,10—活塞　11—冲击喷嘴　12—A,B 两组分冲击混合后流向

2. 充模造型过程　物料充模的特点是料流的速度很高，为此要求原料浆的黏度不能过高，过高黏度的混合料难于高速流动。黏度过低的混合料也会给充模带来问题：一是混

合料容易沿模具分型面泄漏和进入排气槽，从而给模腔排气造成困难；二是料流可能夹带空气进入模腔，严重时会造成不稳定充模；三是会使化学反应加剧，在很短时间内产生大量反应热，反应热引起温升，导致热降解；四是会造成混合料中的固体粒子在流动中沉析，不利于保持制品质量的一致。一般规定聚氨酯混合料充模时的黏度不应小于0.1 Pa·s。

3. 固化定型过程 由于具有很高的反应性，聚氨酯两种单体原料浆的混合料在注入模腔并取得模腔形状后，可在很短的时间内完成固化定型。由于塑料的导热性差，大量的反应热使成型物内部温度常高于表层温度，致使成型物的固化是从内向外进行的。在这种情况下，模具的换热功能主要是为了散发热量，以便将模腔内的最高温度控制在树脂的热分解温度以下。成型物在反应注射模内的固化时间，主要由成型物料的配方和制品尺寸决定。对需要加热固化的制品，适当提高模具加热温度不仅能缩短固化时间，而且可使制品内外有更均一的固化度。从模内顶出制品的合适时间，由制品取得足够的强度和刚度所需的固化时间决定。有些聚氨酯反应注射制品，从模内脱出后还要进行热处理，一是补充固化，但应注意在模腔内固化程度过低的制品，在热处理过程中会发生翘曲变形；二是涂漆后的烘烤，以便在制品表面形成牢固的保护膜或装饰膜。

第四节　熔芯注射成型

一、熔芯注射成型简介

对于外部和内部形状比较复杂，特别是内表面有凹槽的塑料制件，用普通的热塑性塑料加工十分困难，可成型的形状受到限制，采用普通注射成型无法将型芯脱出，用中空吹塑无法保证壁厚的均匀性(图 10-4-1)。

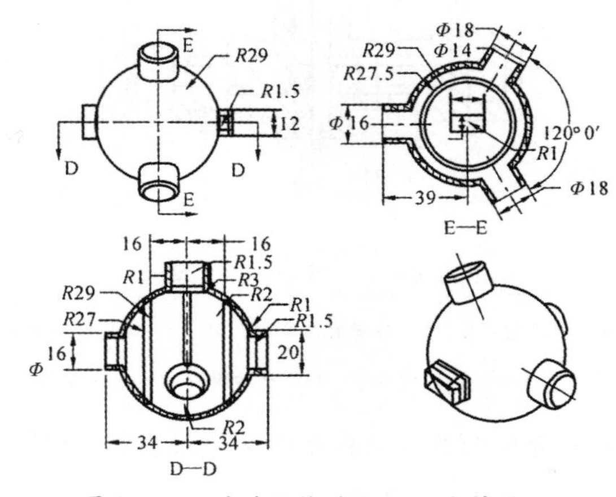

图 10-4-1　玻璃纤维增强 PA6 塑料制品

目前对此类中空产品的成型可以考虑先采用滑动型芯法、壳体法、吹塑成型法、气体注射成型法、易熔型芯法等分次成型，再进行焊接，几种中空成型方法的比较见表10-4-1。

表10-4-1　几种中空成型方法的比较

成型方法	特征	存在问题
滑动型芯法	能使用通用注射成型机，但模芯、模具复杂，技术稳定，质量好，成本低，适用材料范围广	设计自由度小
壳体法	分二次注射成型为制品，再用振动进行焊接，壁厚、表面性能良好	制品有结合缝，强度差，要有焊接工序，设计范围受到制约
吹塑成型法	形状比较简单，壁薄制品	壁厚不均匀，适用材料受到限制
气体注射成型法	注射成型时需注入高压气体，适用材料范围广	壁厚不均匀，内表面质量差
易熔型芯法	用带有比树脂熔点低的金属型芯，成型后熔出。能使用通用注射机，壁厚均匀，设计自由度大，适用材料范围广	投资额大

将金属熔模铸造的思路引入塑料注射中，就形成了易熔型芯注射成型技术，简称为熔芯注射成型(fusible core injection molding)。它将成为成型复杂内、外表面制品的主要加工手段。

熔芯注射成型技术，最早可以追溯到20世纪50年代，那时主要用于小型制件和样品制件的生产。到了20世纪80年代末，随着汽车发动机全塑进气分配管的应用和发展，才使得该项技术在大批量生产上实现了突破，形成了比较完善的熔芯注射成型技术，并不断获得推广应用。

二、熔芯注射成型技术要点

采用低熔点合金(T_m＝90～200℃)预制出金属型芯(称为中子)，然后将中子作为金属嵌件置入模腔，注射成型，再将成型件加热至中子熔点以上(加热温度小于塑料的T_m或T_f)使中子熔化并流出，然后清洗注射件，得到注射制品。

熔芯注射成型技术必须解决以下四个方面的技术难题。

1. 中子材料的选择　由于中子熔点低于塑料的成型温度，塑料熔体进入模腔后与中子接触就有可能使中子熔融。因此对中子的熔点、热容量、热导率及机械强度选择十分重要。由于金属型芯导热系数[40～60 W/(m·K)]比塑料[0.1～0.5 W/(m·K)]大得多，塑料熔体与型芯接触后，熔体中的部分热量迅速传入型芯，再通过金属模具迅速传导溢出，这样与型芯接触的熔体层温度立即下降，因此可以保证型芯不会熔化，这也是熔芯注射成型之所以获得成功的最基本依据。

以锡Sn(T_m＝232℃，ρ＝7.28 g/cm^3)、锑Sb(T_m＝631℃，ρ＝6.69 g/cm^3)、铋Bi(T_m＝271℃，ρ＝9.8 g/cm^3)、铅Pb(T_m＝327℃，ρ＝11.34 g/cm^3)等为合金元素，通过不同配比可

以制备出一系列熔点在90～200℃的低熔点合金材料，以满足不同塑料材料的熔芯注射成型要求。表10-4-2给出了不同元素比例所获得的中子材料熔点。

表10-4-2　不同元素比例所获得的中子材料熔点

化学组成/%				熔点/℃	比重/$g \cdot cm^{-3}$	导热系数/$W \cdot (m \cdot K)^{-1}$
锡(Sn)	锑(Sb)	铅(Pb)	铋(Bi)			
56	3	41	0	187	8.5	46
42	0	58	0	139	8.55	50.2
14.5	9	28.5	48	122	9.5	—
40	0	20	40	100	9.46	—
25	0	25	50	93	9.44	—

除了考虑中子的熔点能够适应于塑料注射以外，中子材料还须考虑成型工艺性、收缩性、刚性、熔出性、毒性等问题。适当的低熔点、足够的硬度和刚度的中子型芯才能在成型过程中承受塑料熔体压力的冲击而保持形状。

2. 中子的制备　采用低压浇铸法制备中子，即将中子材料先熔融为液态金属流体，再将其浇铸到中子成型钢模具中冷却凝固为具有一定形状和尺寸要求的中子。为了达到高的表面质量，中子成型须考虑模具温度、浇口位置、充填速度、压力、表面质量等，这些问题在金属铸造中不难解决。

3. 含中子塑料零件的注射成型　中子作为嵌件固定于注射模内，中子的密度高达8～10 g/cm^3，对大型制品，中子重量达10 kg，用机械手放入。另外，中子比较软，在放置和注射中必须小心，不要碰伤，塑料熔体的注射压力、浇口位置、制品形状、树脂流动性必须仔细分析和试验，防止注射时使中子变形。

通常中子作为型芯，中子熔点比所成型的热塑性塑料熔点低，这虽然保证了制品脱模后便于将型芯熔化，但给注射时防止型芯熔化造成了一定的难度。在浇口处的型芯特别容易发生熔化现象，因为浇口处不断有热的熔体将热量带给型芯，因此应避免将浇口设置在可熔化的型芯处，而应该让熔体首先接触钢制的模具部分。

4. 中子的熔出　对于含有中子型芯的塑料制件，采用耐热油加热熔出即可。也可采用感应加热的方式熔出中子或促进熔出。熔出后的注射制品，需用清洗剂洗去附着在制品表面上的加热油。同时还需回收合金再送到中子成型机中成型中子。

熔出过程对注射制品的质量、制造成本、制品设计有着极其重要的影响，主要表现在：合金的损失、熔出温度、熔出时间、清洗剂和清洗时间。低熔点合金价格昂贵，即使少量的损失对成本影响也很大，为此以损失0.1%为核算目标，并希望尽量在低温、短时间内熔出。

清洗工序中，不仅要考虑所花费的时间会影响生产效率，对清洗液的卫生指标和防止公害也必须考虑。

中子熔出过程对制品性能的影响：采用感应加热，加热快、均匀，但限制产品中有金属嵌件；熔出过程中对塑料制品的加热，会造成制品退火，也可能发生变形。

5. 适合熔芯注射成型的塑料　PA6、PA66、PBT、PET、PPO、PEEK、PPA 等工程塑料适合于熔芯注射成型技术，更适合熔芯注射的则是玻纤增强的热塑性工程塑料。随着技术发展，玻璃纤维增强 PP 等熔点较低的塑料也能用于熔芯注射成型。

三、熔芯注射成型技术的应用

熔芯注射成型特别适用于形状复杂、中空和不宜机械加工的工程塑料制品，这种成型方法与吹塑和气体辅助注射成型相比，虽然要增加铸造可熔型芯模具和设备及熔化型芯的设备，但可以充分利用现有的注射机，且成型的自由度也较大。熔芯注射成型已发展成为专门的注射成型技术分支，实现批量生产的是伴随着汽车工业对高分子材料的需求而有所突破的汽车零部件，尤其是汽车发动机的全塑多头集成进气管的应用，而网球拍手柄是首先大批量生产的熔芯注射成型应用实例。其他新的应用领域有汽车水泵、水泵推进轮、离心热水泵、航天器油泵等，如图 10-4-2 所示。

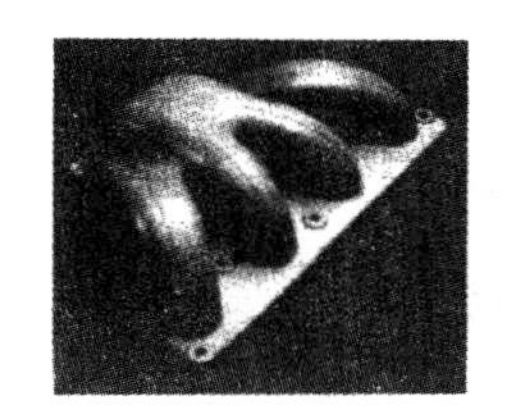
(a)汽车发动机进气分配管

(b) 汽车水泵叶轮

(c)飞机汽化燃油泵壳体

图 10-4-2　熔芯注射成型全塑产品

10 年前一辆汽车大约消耗 170 kg 塑料，约为汽车重量的 13%。汽车发动机消耗的塑料为汽车总重量的 3%～7%。而现在，一辆汽车最多可以采用 15%重量的塑料，与铝相比，大约可以减少 50%的重量。

汽车进气歧管是易熔型芯注射工艺最重要的用途，也是易熔型芯注射工艺开发成功的源泉。通常，汽车进气歧管选用玻璃纤维增强尼龙 66(GFPA66)作为材料，采用易熔型芯工艺制造，其优点为：进气歧管由 11.5 kg 重的铸铁管发展到 5 kg 重的铸铝管，进而发展到 2.5 kg重的塑料管，重量降低 50%；内表面光滑精度提高，吸气时阻力减少；树脂管的绝热性好，低温混合气体容积效率提高，CO 排气减少；成本降低约 40%；工序自动化提高；作业环境改善；投资成本降低 50%；模具寿命增大 12 倍；模具成本降低 75%。

第五节　注射压缩成型

一、注射压缩成型简介

在模具少许打开状态下(即模具首次合模后，动模和定模不完全闭合，保留 0.3～1.0 mm 的压缩间隙)，利用低压将熔料注入模腔，浇口封闭后再二次合模，使模具完全闭合，利用锁模力压缩取代传统的保压使模腔中熔料产生压力，达到尺寸要求，这一过程被称为注射压缩成型(injection compression molding)。注射压缩成型原理如图10-5-1所示。

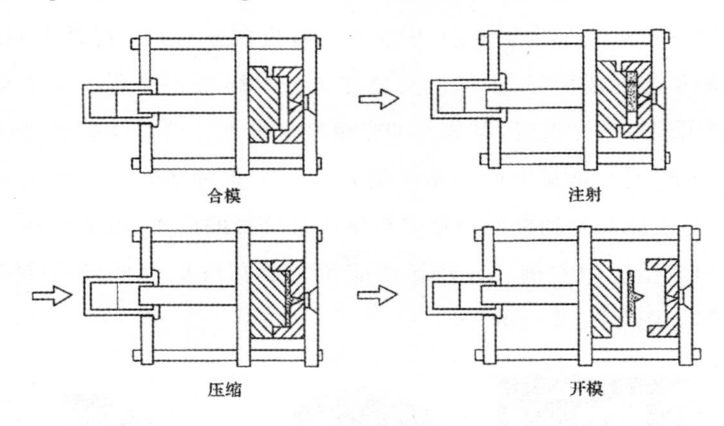

图 10-5-1　注射压缩成型原理

传统注射成型中，要向预先闭模的模腔中高压充填熔料，会在制品中引起较大的分子取向和内应力，引起制品收缩不均，出模后变形、翘曲、制品的强度会下降。

采用注射压缩后，熔料以低的压力充填较大体积的型腔，不会产生取向和内应力。随后压缩时，由于压力作用在整个制品的横截面上(类似于模压成型)，熔料受压均匀，密度提高，内应力和取向大大减少，出模后收缩和翘曲消除。特别适合于成型对内应力要求低的制品，如透镜、光盘、透明件等零部件。

二、注射压缩成型的特点

(1)注射压力小。注射压缩成型时，由于熔料是在扩大后的型腔内流动，相当于欠料注射，因此，熔料流动路径上的流动阻力减少，需要的注射充模压力大大减少。如一般注射成型时注射压力为 30～80 MPa，而注射压缩成型时的注射压力为 10～25 MPa。

(2)型腔内的压力分布均匀。一般注射成型时，由于需要将熔体在高压下才能注入模腔，不可避免在模腔内存在压力梯度，往往会在浇口和成型制品的不同部位中产生不同的压力分布。

(3)取向和残余应力减少，对于光学制品尤为重要。一般注射成型时，熔体在模腔内流

动取向非常强，从浇口向制品长度方向的取向度分布如图 10-5-2(b)所示，从模壁向制品厚度方向的取向度分布如图 10-5-2(a)所示，由此可见，常规注射成型时，不仅取向度大，而且取向度的分布极不平衡。但是，注射压缩成型利用低的注射压力和随后的压缩工艺，大大地减少了流动取向，并使制品内的残余应力大为减少，得到了均一的制品结构，对于光学零件(如透镜和光盘)尤为重要。

(4)尺寸精度和转印性大大提高。注射压缩成型时，在较低的注射充填压力下，容易受到均一的成型压力，对模具的转印性非常有利，可以提高成型品的形状精度及尺寸精度，对光盘生产极其重要。

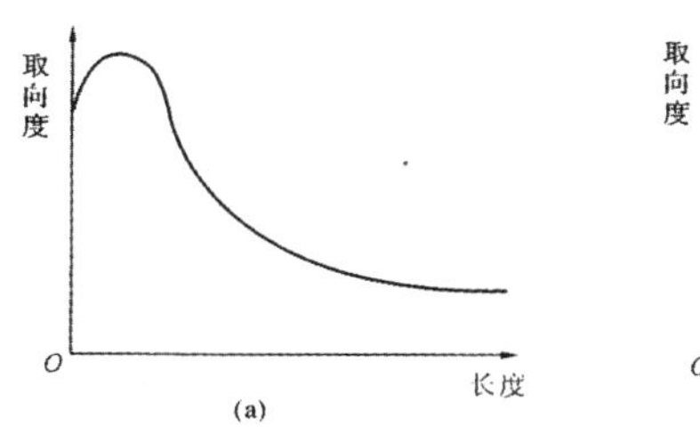

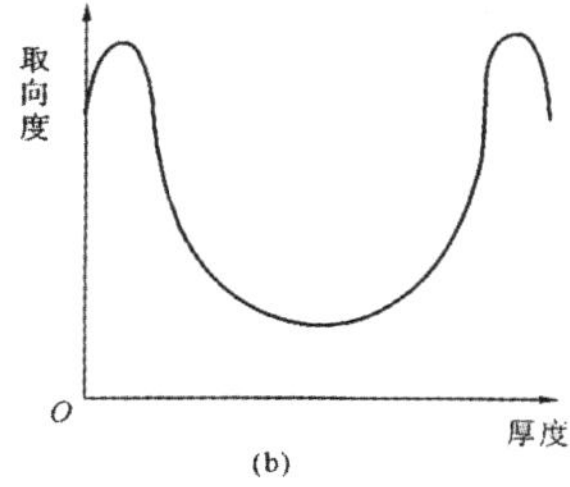

图 10-5-2　一般注射成型时制品的取向度分布

三、注射压缩成型的应用

用 PC 制成的光盘仅重 6 g，厚 1.2 mm，直径 120 mm，如图 10-5-3 所示。PC 是目前最主要的光盘基板用树脂，光盘性能的好坏取决于光盘基板材料的性能。PC 的光转移性高，韧性与耐磨损性高，特别用这种材料制作的光盘具有良好的光学特性，且张力超强，即便在高温、高湿的环境下也不易变形，不仅确保了刻录品质，更延长了光盘的使用和保存年限。音乐或其他数字信息被储存于 CD 上约 40 亿条细凹槽之中，利用注射工艺，将这些标记放在 CD 上需要的时间还不到 4 s。

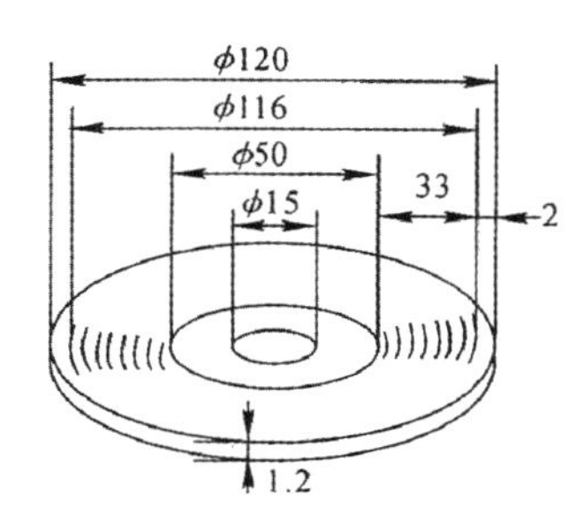

图 10-5-3　CD 尺寸及形状(单位：mm)

在偏光显微照片中可观察到注射压缩成型出的CD制品与普通注射成型出的CD制品的内应力明显有差别，注射压缩成型出的CD制品的复折射率很小[图10-5-4(b)]，内应力几乎为零。而在普通注射成型的CD产品中，在光盘的读入和读出部位附近，复折射率很大[图10-5-4(a)]，内应力很大，会严重影响画面和影像效果。

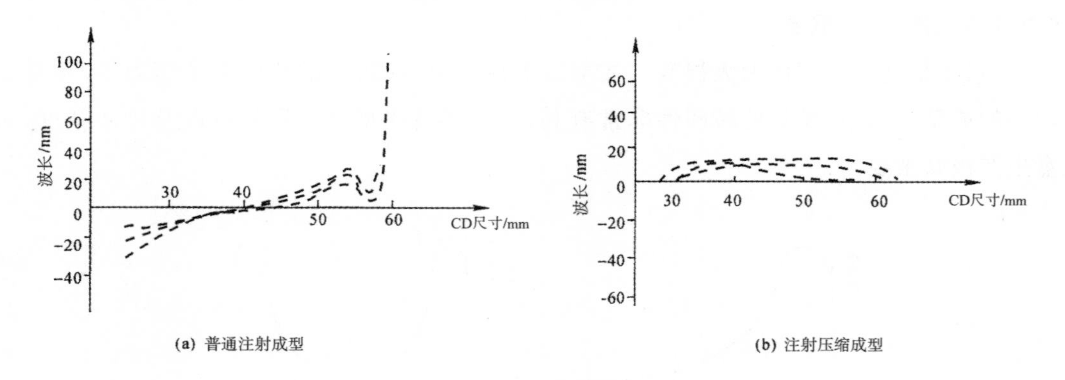

图10-5-4　CD产品的复折射率对比

第六节　自增强成型

一、自增强成型简介

结构材料的主要力学性能指标是强度和模量，金属和陶瓷的实际模量与理论值接近或相等，而聚合物的实际强度与模量比理论值相差很大，造成这种差异的原因有很多。高分子材料基础结构单元的长链大分子中碳—碳原子的共价键结合能高达400 kJ/mol，对应着极高的理论刚度和强度，但由于聚合物材料内部大分子链的无规则排列，使分子链本身的高强度和高模量并未转化为制品的高强度和高模量，在材料受力过程中，作为主价力的共价键结合只是高分子材料中的一种作用力，其绝大部分是由相对弱得多的次价力如范德瓦耳斯力、氢键或偶极键力等提供的，而它们的结合能约为40 kJ/mol。同时由于聚合物是一种黏弹性材料，其模量和强度随时间和温度而变化，且聚合物中都有一定量的自由体积，这些都造成了理论强度和实际强度有较大的差别。

塑料增强可分为外增强和自增强，外增强又称添加剂增强，指利用增强材料作为增强相，以提高材料力学性能，例如纤维增强塑料或织物增强塑料。自增强成型(self-reinforcing molding)指的是充分挖掘材料自身的潜力，利用特殊的成型方法改变聚合物的聚集态结构，构造刚性链结构或伸展链晶体，组成内在的增强相，从而提高材料力学性能。自增强材料内部大分子沿应力方向有序排列，在化学键能一定的情况下，材料的宏观强度得到大幅度提

高，同时分子链的有序排列使结晶度提高，在材料受外力作用时，化学键起主要作用，从而使材料的强度和模量得到提高。自增强塑料方面最成功的例子是液晶高分子材料和聚烯烃材料。

对于自增强材料，增强相与基础相属同一化学结构，完全相容，不存在外增强的界面问题，从而自增强材料的比刚度、比模量、尺寸稳定性和耐化学腐蚀性将大大提高，有极大的发展潜力。

二、自增强成型原理

对聚合物而言，如果大分子链能够沿着作用力的方向充分地伸展，并能由这些充分伸展的链相互平行排列结晶组成体型材料的话，材料将达到理论的刚度和强度。但高分子材料实际刚度和强度跟理论值相差很大。对半结晶性和结晶性材料来说，材料的晶体结构可能就是造成这种差距最主要的原因。

以半结晶的热塑性材料为例，通过传统的成型工艺方法，当聚合物从浓溶液或熔体冷却结晶时，倾向于生成球晶。球晶的结构是起始片晶分支成次级片晶，次级片晶在生长过程中发生弯曲和扭曲，又分支成三级片晶，如此沿晶核径向向各个方向循环发展，直至相邻球晶彼此相互接触为止。显然，对于热塑性材料来说，决定它的刚度和强度的首要因素是球晶的界面区结构以及各级片晶之间的晶界区结构和非晶区结构，以及松弛卷曲的大分子构象，而不是折叠链的片晶本身。

如果改变成型加工的条件，使熔体大分子在正应变的作用下预取向，则材料的超分子结构随之发生变化，得到的将是由平行串联的片晶所组成的纤维形貌，而不再是球晶。这时的材料力学性能将因为规整平行串联的片晶结构高于由球晶组成的材料，但决定其刚度和强度的仍然是平行片晶之间的晶界区结构和非晶区结构。

提高片晶之间的晶界区结构和非晶区结构力学性能的途径：首先，使非晶区内处于松弛状态的大分子链在力的作用线上取向伸展，可以有效地提高材料的整体刚度和强度。高分子材料的冷、温、热牵引拉伸工艺的目的即在于此。其次，可以用刚性链的大分子对非晶区掺杂和强化，但这个方法的实际可行性不大，因为大多数大分子在分子水平上不相容。再次，是利用其他的片晶在需增强材料的片晶之间搭接，从而加强原来的松弛态大分子非晶态的连接。片晶搭接意味着其他片晶在原片晶晶界上的外延生长。

串晶也称 Shish-kabab 结构，是高分子材料结晶的一种特殊形式，最早是在聚合物稀溶液边搅拌边结晶中形成的，从高分子稀溶液中生成的微纤针形晶在随后的热处理过程中，会从作为晶轴的微纤表面径向生长出一层层的片晶，形成溶液串晶结构。而对高分子熔体，在成型加工过程中的正应变流动状态下，伸展的分子链平行相处足够长时间后会成核，也生成微纤针形晶。而一旦生成了微纤晶体，它便承受了流场的应力，从而使周围的分子链松弛，诱发垂直于晶轴方向的晶体生长，形成沿径向的片晶，即生成熔体串晶结构。

串晶结构在体型高分子材料的自增强技术中起到了很重要的作用，串晶的晶轴是伸展链大分子的单晶晶须，晶轴方向的刚度和强度接近分子链的理论值。在一部分伸展链大分子构成晶轴的同时，也有一部分分子链从晶轴的四面发散进周围暂时还是松弛状态的非晶区域，并以晶轴表面为晶种，附晶生长为片晶。因此晶轴与片晶实质上是一个整体，具有牢固的界面结合。片晶之间的间隔十分均匀，一束平行串晶中的片晶之间相互嵌接，因此一束串晶也构成一个结构整体，单个单晶很难以晶轴为中心被扭旋。片晶之间的非晶区里的大分子也不是完全无规的，而是处于一定的张力作用之下，其中存在着数量较大的连接分子。事实上，当一束平行片晶致密嵌接时，较规整的晶界区结构甚至多于完全无规的非晶态结构。因此非晶区的变形能力也被晶界分子的结构及串晶的结构强烈地限制住了。

由于平行串晶的上述结构特点，晶区与非晶区产生自锁性质，不存在较薄弱的滑移变形面。除了晶轴方向的高模量高强度性能外，与其他纤维增强的方式相比，材料横向的模量和强度也很高。

由于串晶可以有力地提高体型高分子材料的力学性能，所以材料自增强技术研究以尽可能多地获得串晶为目标。为了获得串晶，以下条件是至关紧要的。

首先，正应变流动诱导分子链取向、成核与结晶。必须有一定持续时间的正应变熔体流动而不是剪切流动，以造成大分子的伸展和成核。流动诱导结晶意味着过冷熔体的成核速度和密度与流场中的应力成正比。

其次，过冷条件或压力诱导的针晶生长、附晶外延生长和串晶结构的固定。在高压作用下，高分子熔体的结晶温度提高。如这个温度提高到高于熔体当时的温度，则产生与冷却作用相似的促进晶体生长及固定晶体结构的作用。

三、自增强成型加工技术

1. 单向自增强

(1)超级拉伸。超级拉伸是在很大的拉伸比下使材料发生很大的塑性变形，促使材料内部的分子高度取向，以期获得高模量材料的传统方法。对于给定的材料，模量与拉伸比的关系几乎是线性的(图 10-6-1)。而影响材料自然拉伸比(也叫最大拉伸比)的因素还有相对分子质量大小、相对分子质量分布、材质、拉伸速度、热处理历史等。

(2)固相挤出。聚合物固相等静压挤出是由金属压力加工演化而来，是使物料在很大的压力下通过一个收缩的锥形口模，造成很大的塑性变形，从而使材料内部分子高度取向，以达到增强的目的。与超级拉伸相似，固相等静压挤出材料的模量随挤出比的增大而增加，微

观结构由片晶转化成微纤状结构。与超级拉伸相比，固相等静压挤出的材料微纤结构要更加规整、致密，弥补了超级拉伸只能加工小尺寸材料的局限，为大尺寸试样的加工提供了可能，而且此方法材料的变形度只与坯料和口模的尺寸有关，而不像超级拉伸那样还要受到材质等因素的影响。这种方法的缺点是生产不能连续化，生产效率较低。

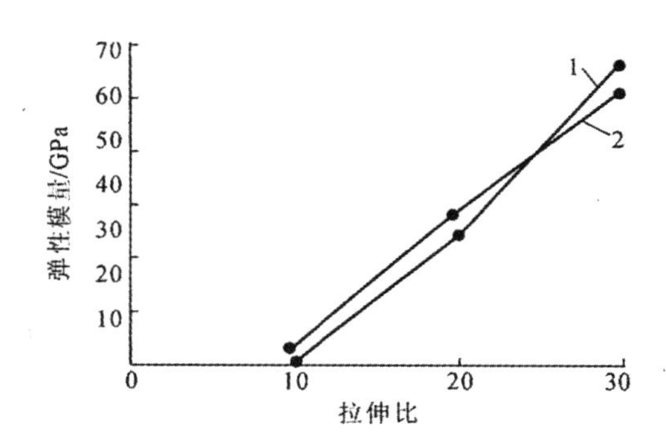

图 10-6-1　线性聚乙烯在 75℃时模量与拉伸比的关系

1-M_n(数均分子量)＝13 350 kPa，1-M_w(重均分子量)＝67 800 kPa；2-M_n＝6 180 kPa，2-M_w＝101 450 kPa

(3)辊压拉伸。辊压拉伸成型是将一种能取向结晶的无定形热塑性塑料聚合物坯料(通常是挤出或注射的棒材或片材)，强力牵引通过两个间隙大大小于坯料厚度的辊筒(公称压缩比不小于2∶1)，从而成型出取向制品的固相成型工艺。装置示意图如图 10-6-2所示。

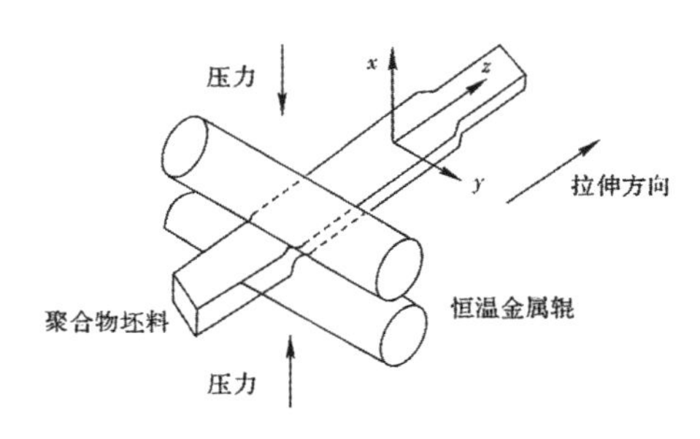

图 10-6-2　辊压拉伸装置

经过辊压拉伸的 HDPE 和 IPP 的杨氏模量分别提高到原来的 25 倍和 15 倍，拉伸强度分别提高到原来的 8 倍和 30 倍。拉伸比较大的 HDPE 和 IPP 试样内部晶体的分子链沿拉伸方向取向，其熔点、结晶度和熔融峰的尖锐程度都随拉伸比的增大而增大，辊压成型使聚合物双轴取向，使材料的力学性能显著提高。辊压拉伸是一种连续的成型工艺，可以成型较大的片材和棒材。缺点是必须有模塑或挤出的坯料，材料选择范围窄，工艺控制难度较大，拉伸取向度也有限。

(4)凝胶纺丝。凝胶纺丝又称为冻胶纺丝，属于溶液纺丝范畴，采用超高分子量聚合物为原料制成半稀溶液,然后经喷丝板在凝固浴中成为初生纤维,纺丝原液在凝固浴成形为初生纤维过程中基本上没有溶剂扩散,仅发生热交换,初生纤维含有大量溶剂并呈凝胶态,这种初生纤维经过溶剂萃取、多级拉伸最终成为超高模量、超高强度聚合物纤维,如图 10-6-3 所示。

凝胶纺丝与常规的湿法纺丝、干法纺丝相比具有如下特点:其一,以超高分子量聚合体为原料,链末端造成纤维结构的缺陷越少,越有利于纤维强度的提高,同时初生丝条能承受的拉伸倍数也越大,所得成品纤维的强度也就越高;其二,用半稀溶液作为纺丝原液,便于超高分子量原料的溶解和柔性链大分子缠结的拆开,提高了纺丝原液的流动性和可纺性;其三,进行超倍热拉伸,使大分子高度取向,并促使大分子应力诱导结晶,原折叠链结晶逐渐解体成伸直链结晶,使成品纤维具有很高的取向度和结晶度。经过凝胶纺丝的纤维具有十分典型的串晶结构;在热拉伸后串晶结构逐渐向具有更好的热力学稳定性的纤维状结构过渡,分子链被高度延伸取向。在纺丝过程中分子链缠结网络排进高度取向的纤维状晶体。只有这种几乎由伸直链组成的结晶相结构,才有可能赋予超拉伸制品接近理论值的高力学强度。目前,超高分子量聚乙烯纤维、聚丙烯腈纤维、聚乙烯醇纤维等均可采用凝胶纺丝工艺制备高模高强纤维,其中超高分子量聚乙烯纤维的模量可达 200 GPa,拉伸强度可达 6 GPa。

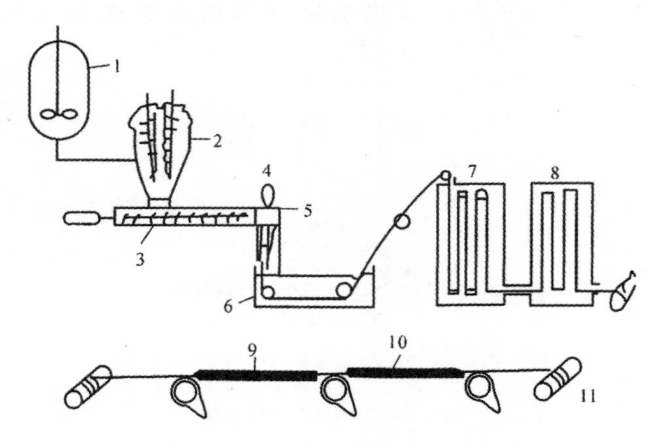

图 10-6-3　凝胶纺丝过程示意图

1—混合釜　2—溶解釜　3—螺杆挤出机　4—齿轮泵　5—喷丝头　6—凝固浴
7—萃取装置　8—烘干装置　9,10—热拉伸甬道　11—卷曲装置

(5)熔体挤出。在单螺杆挤出机上安装熔体泵和锥形口模,使聚合物熔体在口模内形成拉伸流动诱导分子取向,控制口模出口冷却,保持其温度刚好高于聚合物熔点,以促使串晶生成。口模内压力的升高导致聚合物熔点上升,产生聚合物熔体过冷度,整个截面上的熔体很快固化,同时将串晶结构固定下来。这种串晶结构能够赋予挤出物以很高的强度和模量,

运用这种方法挤出的自增强 HDPE 最大拉伸强度达 160 MPa，弹性模量超过 17 GPa。图 10-6-4所示为连续挤出有互锁串晶结构的单丝。

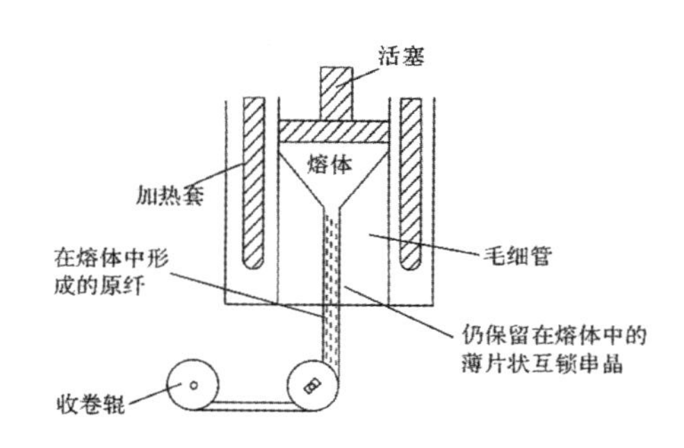

图 10-6-4 连续挤出有互锁串晶结构的单丝

(6)旋转挤出成型法。旋转挤出成型法主要是在挤出管材时，依靠成型管材内表面的芯棒旋转形成的周向剪切力场，使管材沿周向取向，从而实现管材周向自增强的方法。如图 10-6-5 所示为十字形旋转口模。自增强的 HDPE 管材分子链沿周向取向并有串晶生成，周向强度和爆破强度分别为普通未增强管的 5 倍和 1.7 倍。

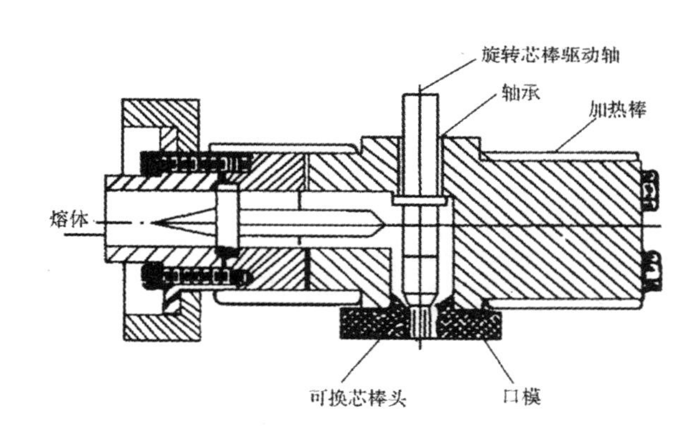

图 10-6-5 十字形旋转口模

(7)高压注射法。分为拉伸流动法和剪切控制法。

①拉伸流动法。与连续挤出自增强采用的收敛口模相类似，拉伸流动法也是在流道上安装一个收敛部件，使聚合物熔体在充模过程中造成拉伸流动以形成分子取向，控制模具型腔的冷却温度，促使取向和串晶生成，从而达到注射件自增强的目的。如图 10-6-6 所示的拉伸流动注射成型装置成型线性聚乙烯试样，由于注射机料筒内径 b 大于喷嘴口径 a，熔体在通过长度 L 的锥形喷嘴(Ⅰ处)时形成拉伸流动；另外，流道断面也明显大于模具型腔断面，熔体在进入型腔处(Ⅱ处)也形成拉伸流动。这样，熔体在充模过程中的拉伸流动使分子取向，制得试样的拉伸强度高达 150 MPa 左右。

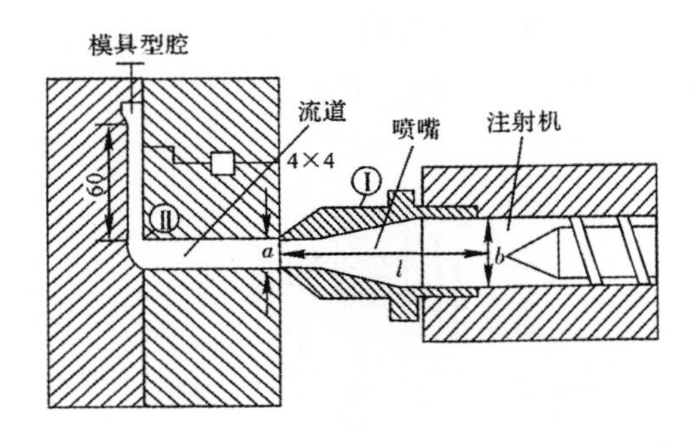

图 10-6-6 拉伸流动注射成型装置示意图

②剪切控制法。剪切控制法是采用特殊的注射成型模具，在制件保压冷却阶段，使聚合物熔体往复不断地通过模腔并受到剪切力场作用，取向由表及里一层层地固化下来，以形成多层取向结构，从而使制品实现自增强的方法。如图 10-6-7 所示，剪切控制取向注射成型装置，装置主要由注射机、双活塞动态保压头和成型模具三个基本部分构成。动作原理是注射机将预塑好的熔料注入温度较高的动态保压头，两个动作反相的活塞 A 和 B 以一定的频率进行推拉，使塑料熔体反复通过模具型腔，不断在型腔内表面冻结，使得熔体流动的芯部横截面积越来越小，直到最后芯部完全冷却，形成多层取向试样。通过控制保压频率、保压头温度和模具温度可获得在流动方向上具有较好的力学性能的自增强试样。

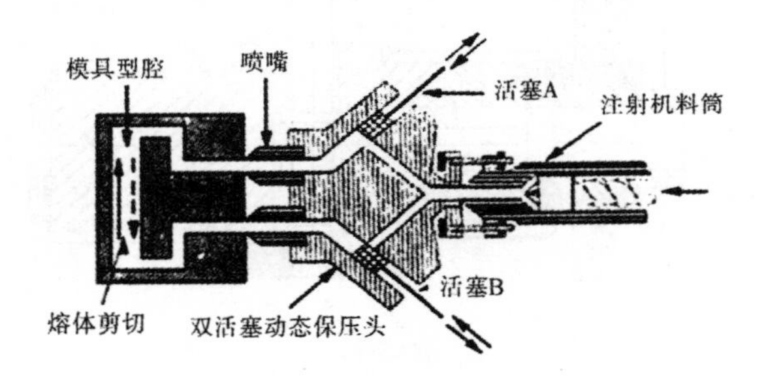

图 10-6-7 剪切控制注射成型装置示意图

2. 双向自增强 前面所述的各种自增强技术，只是从分子取向的目的出发，使分子链或结晶沿某个方向有序排列，制件在这一方向上的物理力学性能就会提高。但是在实际应用中，塑料成型制品往往不只受单方向的应力。为了全面提高注射件的整体力学性能，多方位自增强的研究就显得必要。下面介绍几种双向自增强的方法，主要有注射压制二步法、旋转注射和摆动注射、剪切控制法。

(1)注射压制二步法。将高度注射取向的 HDPE 试样作为坯料，在低于熔点的温度下在 z 方向上施加压力将坯样压成 0.1～0.2 mm 的双向取向薄膜，如图 10-6-8 所示，薄膜在 x、y 两个方向的拉伸强度均超过 100 MPa，是常规试样强度的 4～5 倍。经 SAXS 测试发现

薄膜的结构为最初注射过程中形成的 x 向取向串晶和压制过程中生成的 y 向取向微纤交织而成。这种双向自增强工艺的局限性显而易见：首先，它需要高压注射成型的单向取向注射坯样；其次，它只能制备面积很小的薄膜；此外，它成型过程不连续、效率低。

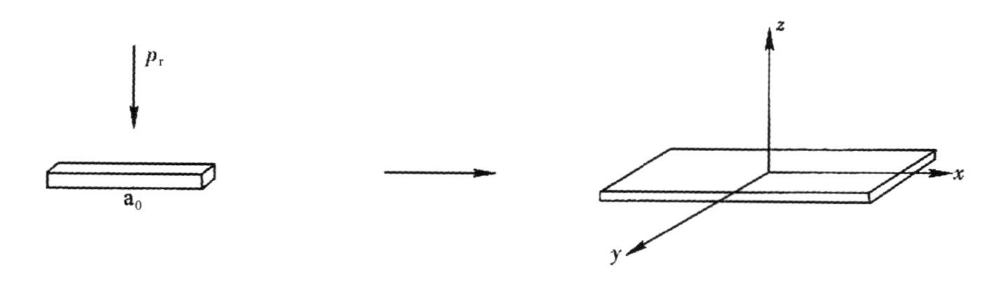

图 10-6-8　注射坯样压制过程示意图

(2)旋转注射和摆动注射。旋转注射成型模具结构如图 10-6-9 所示，浇口开在制件的中心，型腔壁可以在外部扭矩作用下旋转，模具温度刚好低于塑料熔点。合模注射完成后，型腔开始旋转，形成如图 10-6-10 所示流动取向结构的制件。制备的 HDPE 圆形件周向强度为 0.15～0.2 GPa，周向和径向模量分别为 10～15 GPa 和 3～4 GPa。

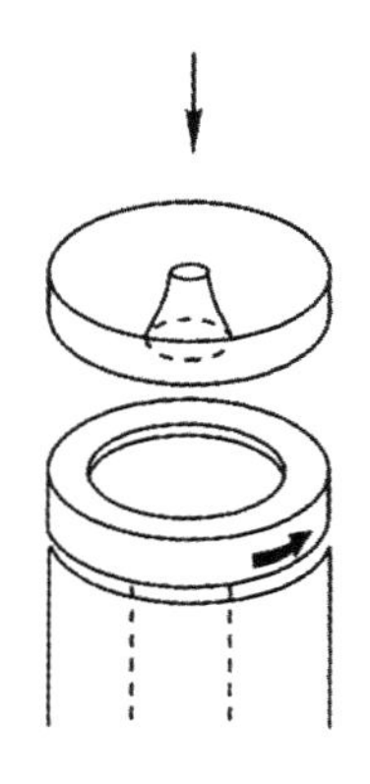

图 10-6-9　旋转注射成型模具示意图

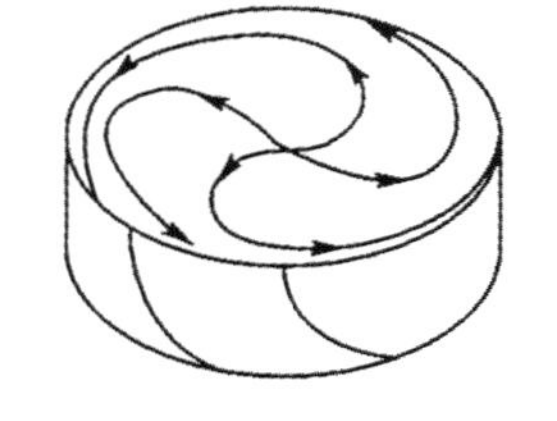

图 10-6-10　旋转注射试样表面及厚度上分子取向分布

摆动注射成型与旋转注射成型相仿，只不过型腔不做旋转而是在一定频率下往复摆动，摆动注射成型可成型各向同性制件。常规注射、旋转注射和摆动注射成型制件在中心浇口模具型腔中的流动模式对比如图 10-6-11 所示。旋转注射和摆动注射均可控制制件分子取向，提高制件在整个平面的力学性能。其困难之处在于要实现在合模后的型腔旋转，必须克服合模力带来的摩擦力，这在模具结构设计和材料选择等方面都面临一系列的技术难题，且制件必须是圆形制件，因此该工艺难以推广应用。

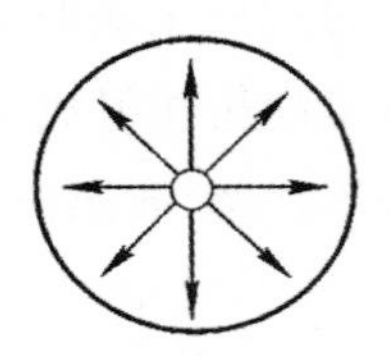

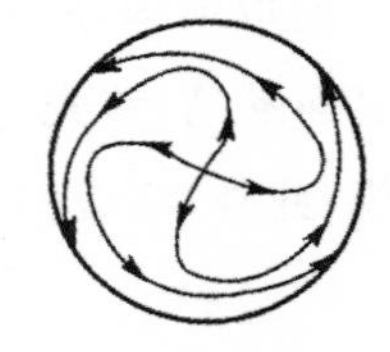

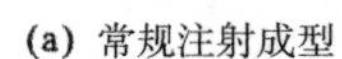

(a) 常规注射成型　(b) 旋转注射成型　(c) 摆动注射成型

图 10-6-11　几种注射成型制件在中心浇口模具型腔中的流动模式对比

(3)剪切控制法。剪切控制取向技术成型双向自增强注射制品的机构如图 10-6-12 所示。

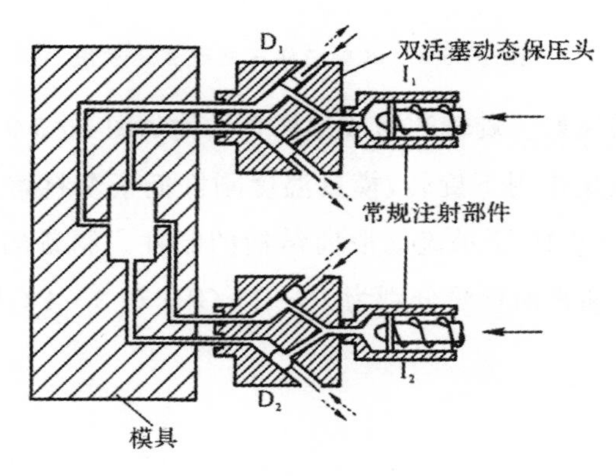

图 10-6-12　带有两个动态保压头和四浇口模具的双向自增强注射试样成型装置

整个机构包括带有两个常规注射单元 I_1 和 I_2 的双料筒注射机，两套双活塞动态保压头 D_1 和 D_2，一套 4 浇口模具。两组分别反相的活塞 1，2 和 3，4 交替推拉，以形成分别在两个垂直方向取向的多层结构试样。试样为 110 mm×110 mm×4 mm 的长方体样。试样的整体力学性能用落锤冲击强度表征。用这种装置成型的 IPP 均聚物和 PP/PE 共聚物试样的落锤冲击强度比常规试样分别提高了 74％和 40％。SEM 等微观结构表征手段证明，双向自增强试样的剪切层具有互锁串晶结构，正是该结构导致了聚合物的双向自增强。

3. 自增强成型的材料　自增强材料方面最成功的例子是液晶高分子材料，利用热致液晶高分子合成制造的芳纶纤维已广泛应用在高技术领域。聚烯烃自增强的研究极具应用前景，已成为人们关注的热点，其目的是利用现有通用级聚烯烃材料，通过特殊的加工方法，挖掘材料内在潜力，开发力学性能可与工程塑料相媲美的聚烯烃制品。

(1)热致液晶高分子材料。根据液晶中分子排列形式与有序性的区别，液晶可分为向列型、近晶型、胆甾型和近年来新发现的铁饼型等几种类型。热致液晶高分子的特征是其熔融相会随温度的不同出现各向异性或各向同性现象。随温度的升高，分子的有序性减小，但分子间的作用力仍限制着单个分子的旋转运动，材料表现出晶体的性质。只有当温度进一步

升高时，才能观察到由于分子间作用力的进一步减弱和消失而产生的液体各向同性及透明现象。热致液晶高分子可分为侧链型和主链型两种。侧链热致液晶高分子在光学和电学上各向异性，当它含适当的中间相基团时，也会具有非线性光学性质，因此，它可以制成光盘。主链热致液晶高分子具有优异的热性能和流变性能，能自组织形成液晶畴，通过适当的流动定向可以产生分子自增强效果，从而获得优异的力学性能。将其加入其他热塑性聚合物中，可明显改善体系的加工特性，并能“原位”生成高长径比、高模量和高强度的微纤，形成自增强的原位复合材料。

(2)聚烯烃材料。聚烯烃塑料中最具有自增强开发前景的是高密度聚乙烯，因为高密度聚乙烯的晶体结构在聚烯烃塑料中具有最高的理论弹性模量和理论拉伸强度，而它的这个潜在的力学性能，尚未得到充分的开发和利用。聚烯烃塑料的理论力学性能一方面取决于分子链的结构和晶体的结构，另一方面取决于分子的取向及形态。聚乙烯晶区中的分子链是平面锯齿形结构，其形变首先是共价键的弯曲和伸直；而在全同立构聚丙烯中，分子链是三重螺旋结构，它的形变首先是绕键的旋转和键的弯曲。其次，当结构的形变平行或垂直于链轴或螺旋轴时，所观察到的力学行为是很不一样的。聚乙烯在平行于链轴方向的理论弹性模量为300 GPa，但在垂直方向仅为1～10 GPa，这主要还是链间次价力的作用。同理，聚丙烯在平行螺旋轴和垂直螺旋轴方向的模量分别为50 GPa和1～10 GPa。

分子的取向对聚烯烃塑料的性能有极其重要的贡献。结晶聚合物可认为是晶区和非晶区共存的复合体系，只有使晶区高度整齐地在受力方向排列成行，使分子链取向形成串晶，才能提高材料的刚度，实现材料的自增强。因此，材料承受外力能力的提高与分子链的取向程度成正比。材料的自增强是建立在利用材料各向异性性质的基础上的，提高拉伸方向的刚度意味着牺牲它在垂直方向的力学性能。

同热致液晶塑料的情况相仿，聚烯烃塑料的力学性能随成型工艺参数的变化极其敏感。半结晶聚合物自增强效果的获得，是因为它们的熔体在伸展流动中应变诱导结晶，从而破坏了分子的构象，使分子链平行于原纤成核。然后在高压的作用下，分子链沿流动方向以链轴取向附晶外延生长，产生分子自增强作用的串晶增强相。保压压力对HDPE在自增强注射冷却过程中的作用特别明显，几乎是一个线性关系。显然，普通注射机的压力上限是由注射机的系统压力决定的。

在正常的注射过程中，熔体充分塑化，由应变作用造成的大分子取向迅速松弛，取向基本消失，注射件基本各向同性。但在结晶温度以上的一定温度范围内注射，大分子应变诱导形成串晶，促使塑料在串晶方向自增强，这种自增强作用还因模具的流道设计得到进一步的加强。

自增强挤出和注射技术的提出与发展，突破了以往通用塑料与工程塑料之间的界限。目前所制得的自增强聚烯烃材料在模量和强度上都已超过了许多昂贵的工程塑料，显示出该技术具有十分巨大的发展潜力。随着自增强挤出技术的进一步发展,必将对高分子材料科学的理论与实践起到积极的推动作用。

第七节　快速成型

一、快速成型简介

塑料制品的生产周期一般需要经过产品设计、模具设计、模具制造、试模、修改产品设计、修改模具和正式量产等多个环节,这样制品开发过程存在周期长、费用高、修改困难等缺点,难以满足日益高速发展的市场需求。能否找到一种方法,在不投入正式模具之前,先将产品做出来,展示给设计者或投放给用户评定,评定完成后再修改产品设计,正式投入工装模具,进行正规化大规模生产。另外,如果所需的塑料制品数量比较少(几件甚至几十件),能否省去做模具或不用昂贵的金属模,将这几件甚至几十件产品在几天内制造出来。如有一个样品,需复制出几十件,甚至几百件,不用加工模具就可制造出来。

传统制造方法根据零件成型的过程可以分为两大类型:一类是其成型过程中以材料减少为特征,通过各种方法将零件毛坯上多余材料去除掉,这种方法通常称为材料去除法,这类方法多属于金属材料加工;另外一类是材料的质量在成型过程中基本保持不变,如塑料模压、注射、挤出、压延、吹塑以及金属铸造、锻造等。随着计算机信息技术、激光技术、CAD技术以及材料科学与技术的发展,一种所谓的材料累加法(material increase)制造技术迅速在近年发展起来,通过完成材料的有序累加完成成型。这种技术不需要传统的加工工具,利用成型机可进行任意零件的加工,不受零件形状、复杂程度的影响,柔性加工极高,这种加工成型技术原理正是各种快速成型方法的基础思想。

从材料制造的全过程可以将材料累加制造技术描述为离散与堆积。对于一个实体零件,可以认为是由一些具有物质的点、线、面叠加而成的。从CAD快速模型中获得这些点、线、面的几何信息(离散),把它与成型参数信息结合,转化为控制成型机的代码,控制材料规整有序地、精确地叠加起来(堆积),从而构成三维实体零件,如图10-7-1所示。

快速成型系统应包括各截面层轮廓制作和截面层叠加制作两部分。快速成型系统根据切片处理得到的截面轮廓信息,在计算机的控制下,其成型头(激光头或喷头)在XY平面内,自动按截面轮廓进行固化液态光敏树脂、切割纸、烧结粉末材料、喷涂黏结剂或热熔材料,得到一层层截面轮廓。截面轮廓成型之后,快速成型系统将下一层材料送至已成型的轮廓面上,然后进行新一层截面轮廓的成型,从而将一层层的截面轮廓逐步叠加在一起,形成三维工件。

目前,快速成型技术主要包括液态光敏树脂固化SLA(Stereo Lithography Apparatus)、

粉末材料选择性激光烧结 SLS(Selective Laser Sintering)、薄形材料选择性切割 LOM(Laminated Object Manufacturing)、丝状材料熔覆 FDM(Fused Deposition Modeling)、三维印刷法 TDP(Three Dimensional Printing)等。这些快速成型方法都是基于"材料分层叠加"的成型原理,即由一层层的二维轮廓逐步叠加形成三维工件。其差别在于二维轮廓制作采用的原材料类型及对应的成型方法不同,还有截面层之间的连接方法不同。

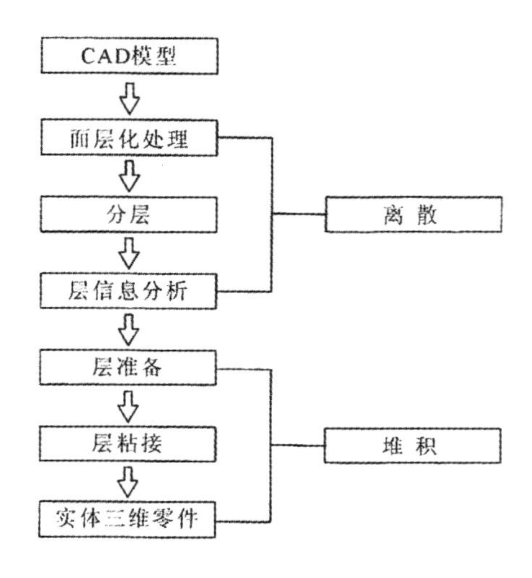

图 10-7-1　材料累加成型技术的基本过程

快速成型技术的出现引起了制造业的一场革命,它不需要专门的工夹具,并且不受批量大小的限制,能够直接从 CAD 三维模型快速地转变为三维实体模型,而产品造价几乎与批量大小和零件的复杂程度无关,特别适合于复杂的带有精细内部结构的零件制造,并且制造柔性极高,随着材料种类的增加,以及材料性能的不断改进,其应用领域不断扩大。

二、液态光敏聚合物固化

SLA 系统是最早出现的一种商品化的快速成型系统,它由液槽、可升降工作台、激光器、扫描系统和计算机数控系统等组成(图 10-7-2)。其中,液槽中盛满液态光敏聚合物的单体及其光引发剂。带有许多小孔洞的可升降工作台在步进电动机的驱动下能沿高度 Z 方向作往复运动。激光器为紫外(UV)激光器,功率一般为 10～200 mW,波长为 320～370 nm。扫描系统为一组定位镜,它根据控制系统的指令,按照每一截面轮廓层轮廓的要求作高速往复摆动,并沿此面作 X 和 Y 方向的扫描运动,从而使激光器发出的激光束反射并聚焦于液槽中需要固化的液面的上表面,并使其固化。一系列这样被选择固化的截面轮廓叠合在一起就构成了复杂的三维工件。

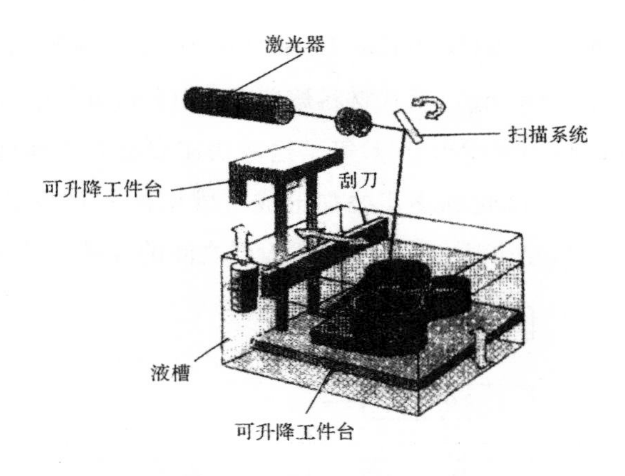

图 10-7-2　液态光敏聚合物固化成型系统

三、粉末材料选择性烧结

粉末材料选择性烧结快速成型系统的原理如图 10-7-3 所示。它采用功率为 50～200 W 的 CO_2激光器，粉末状材料可以是尼龙粉、聚碳酸酯粉、丙烯酸类聚合粉、聚氯乙烯粉、混有 50%玻璃珠的尼龙粉、弹性体聚合物粉、热固化树脂与砂的混合粉、陶瓷或金属与黏结剂的混合粉以及金属粉等，粉粒直径为 50～125 μm。成型时，先在工作台上用辊筒铺一层粉末材料，并将其加热至略低于它的熔融温度，然后，激光束在计算机的控制下，按照截面轮廓的信息对制件的实心部分所在的粉末进行扫描，使粉末的温度升到熔点，于是粉末颗粒交界处熔化，粉末相互黏结，逐步得到各层轮廓。在非烧结区的粉末仍是松散状，作为工件和下一层粉末的支撑。一层成型完成后，工作台下降一截面层的高度，再进行下一层的铺料和烧结，如此循环，最终形成三维工件。这种成型运行时，成型腔室部分应密闭，并充满保护气体（氮气）。

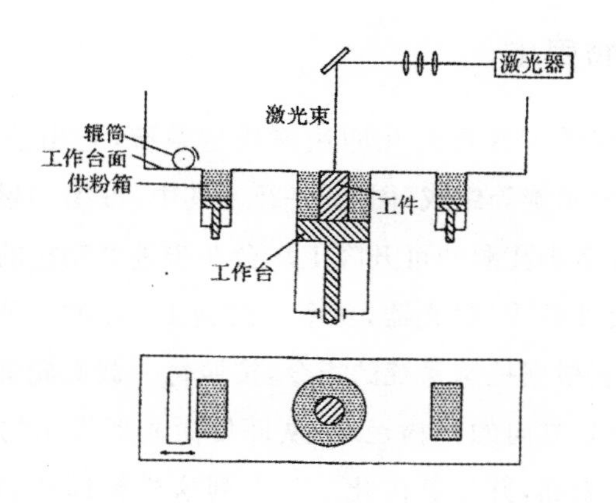

图10-7-3　粉末材料选择性烧结快速成型系统

四、薄形材料切割

薄形材料切割系统是由计算机、原材料存储及送进机构、热黏压机构、激光切割系统、可升降工作台和数控系统、模型取出装置和机架等组成。图 10-7-4 所示为 LOM 型激光快速成型系统的原理图。其中，计算机用于接受和存储工件的三维模型，沿模型的高度方向提取一系列的截面轮廓线，并发出控制指令。原材料存储及送进机构将存于其中的原材料（如底面有热熔胶和添加剂的纸），逐步送至工作台的上方。热黏压机构将一层层成型材料黏合在一起。激光切割系统按照计算机提取的截面轮廓线所发出的指令，逐一在工作台上方的材料上切割出轮廓线，并将无轮廓区切割成小方网格，如图 10-7-5 所示，这是为了在成型后能剔除废料。网格的大小根据被成型件的形状复杂程度选定，网格越小，废料越容易剔除，但成型花费的时间越长。可升降工作台支承正在成型的工件，并在每层成型完毕之后，降低一层材料厚度（通常为 0.1～0.2 mm）以便送进、黏合和切割新的一层成型材料。数控系统执行计算机发出的指令，使一段段的材料逐步送至工作台的上方，然后黏合、切割，最终形成三维工件。

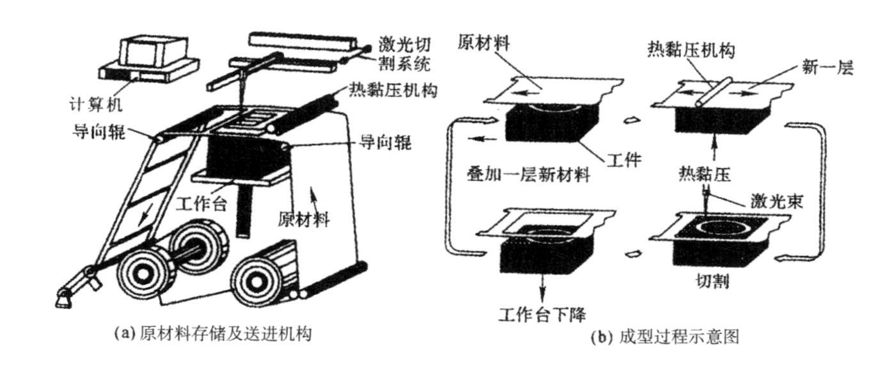

(a) 原材料存储及送进机构　　(b) 成型过程示意图

图 10-7-4　LOM 型激光快速成型原理图

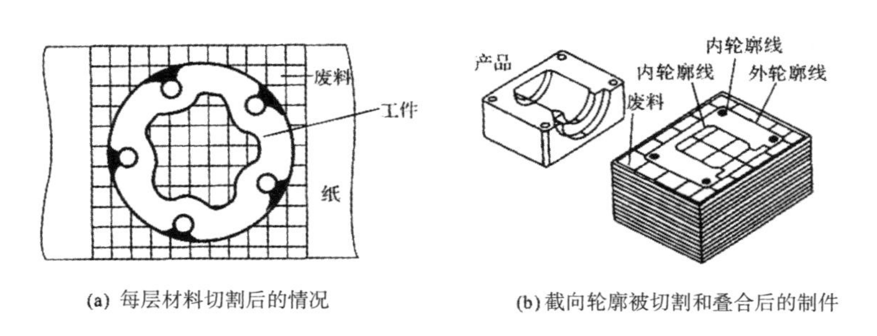

(a) 每层材料切割后的情况　　(b) 截向轮廓被切割和叠合后的制件

图 10-7-5　截面轮廓被切割和叠合后所形成的制件

五、丝状材料熔覆成型

丝状材料选择性熔覆成型系统的原理如图 10-7-6 所示。这是一种不基于激光处理，而是基于加热熔融为加工方法的快速成型技术。其中，加热喷头在计算机的控制下，可根据截面轮廓的信息，作 XY 平面运动和高度 Z 方向的运动。丝状热塑性材料（如 ABS、塑料丝、蜡丝、聚丙烯丝、尼龙丝）由供丝机构送至喷头，并在喷头中加热至熔融态，然后被选择性地涂覆在工作台上，快速冷却后形成截面轮廓。一层截面完成后，喷头上升一截面层的高度，再进行下一层的涂覆。如此循环，最终形成三维产品。

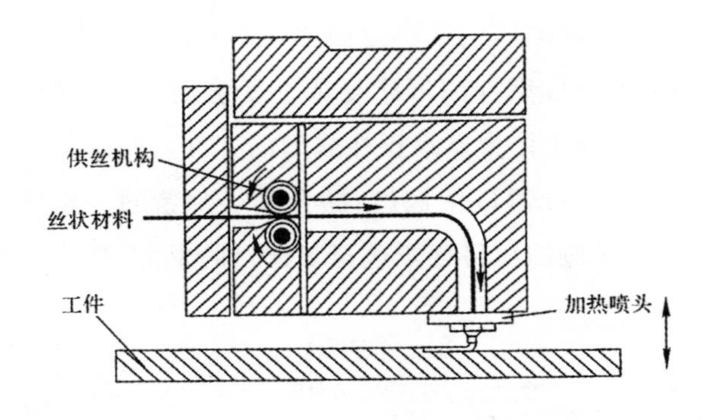

图 10-7-6 丝状材料熔覆成型系统的原理

图 10-7-7 所示为 FDM 快速成型系统的一种喷头和供丝机构的结构示意图。可以看出，原材料为实心柔性丝材（直径为 1.27～1.78 mm），缠绕在供料辊上，由主驱动电动机和附加驱动电动机共同驱动。其中，主驱动电动机为高分辨率步进电动机，它通过皮带或链条带动三对驱动辊的右部三个主动辊。在弹簧和压板的作用下，驱动辊左部三个从动辊与右部三个主动辊夹紧从中通过的丝材，由于辊子与丝材之间的摩擦力作用，使丝材向喷头的出口送进。附加驱动电动机的轴上装有飞轮，它们与主驱动电动机协同工作，将供料辊上的丝材推向喷头的内腔。在供料辊与喷头之间有一导向套，它用低摩擦因数的材料（如聚四氟乙烯）制成，以便丝材能顺利准确地由供料辊送至喷头的内腔（最大送料速度为 10～25 mm/s，推荐速度为5～18 mm/s）。喷头的前段有电阻丝式加热器，在其作用下，丝材被加热熔融（熔模蜡丝的熔融温度为 70～100℃，聚烯烃树脂丝熔融温度为 120～160℃，聚酰胺丝的熔融温度为 200～250℃，ABS 丝的熔融温度为 180～230℃），然后通过出口（内径为 0.25～1.32 mm，随材料的种类和送料速度而定），涂覆至工作台上，并在冷却后形成截面轮廓。由于受结构的限制，加热器的功率不可能太大，因此，丝材一般为熔点不太高的热塑性塑料或蜡。

丝状材料熔覆的层厚度随喷头的运动速度（最高速度为 380 mm/s）的变化而变化，通常最大层厚为 0.15～0.5 mm，推荐层厚为 0.15～0.25 mm。

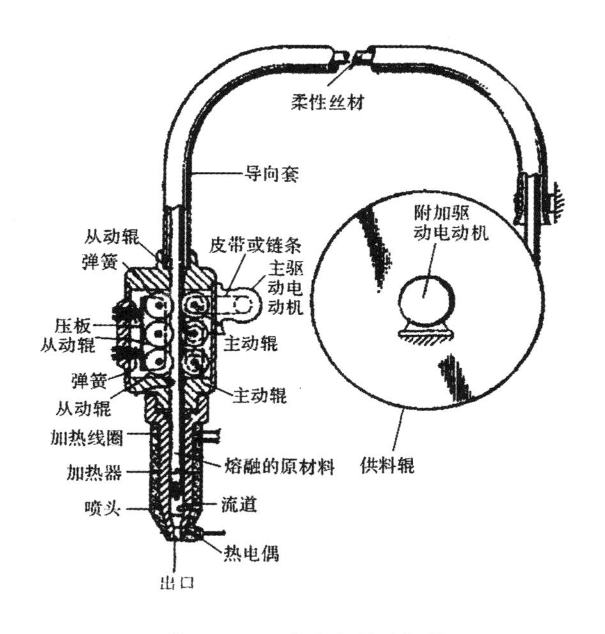

图 10-7-7　喷头和供丝机构

六、三维打印快速成型

所谓三维打印快速成型系统，都是以某种喷头作为成型源，它的工作很像打印头，不同点在于除喷头能做 XY 平面运动外，工作台还能作 Z 方向的垂直运动；而且喷头吐出的材料不是墨水，而是熔化了的热塑性材料、蜡或黏结剂等，因此可成型三维实体。目前的三维打印快速成型系统，主要有粉末材料选择性黏结和喷墨式三维打印两类。

(1)粉末材料选择性黏结。粉末材料选择性黏结快速成型系统的原理如图 10-7-8 所示，在计算机的控制下，按照截面轮廓的信息，在铺好的一层层粉末材料上有选择地喷射黏结剂，使部分粉末材料黏结，形成截面轮廓，一层截面轮廓成型完成后，工作台下降一截面层的高度，再进行下一层的成型，如此循环，最终形成三维工件。一般来说，黏结得到的工件需置于加热炉中，做进一步的固化或烧结，以便提高黏结强度。

图 10-7-9 所示为按上述原理设计用于制作陶瓷模的 TDP 型快速成型机。它有一个陶瓷粉喷头和一个黏结剂喷头。其中，陶瓷粉喷头在直线步进电动机（或伺服电动机）的驱动下，能沿 Y 方向作往复运动，向工作台面喷洒一层厚度为 100～200 μm 的陶瓷粉。黏结剂喷头也用步进电动机驱动，以便跟随陶瓷粉喷头选择性地喷洒黏结剂，黏结剂液滴的直径为15～20 μm。

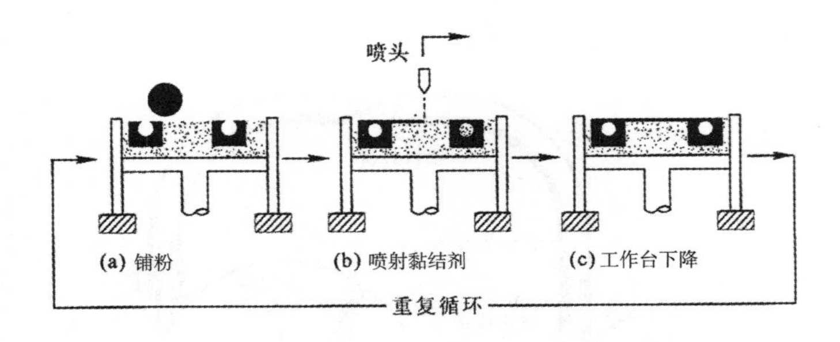

图 10-7-8　粉末材料选择性黏结快速成型系统的原理

图 10-7-9　TDP 型快速成型机

上述这种快速成型方法适合成型小型件，工件的表面也不够光洁，对整个截面都须进行扫描黏结，因此成型的时间较长。为克服这一缺点，可采用多个喷头同时进行黏结，以提高成型效率。例如，Z Corporation 公司生产的一种 2402 TDP 型快速成型机有 128 个黏结剂喷头，它喷洒水基液态黏结剂，成型速度较快，制作一个 203 mm×101 mm×25 mm 的工件仅需 32 min。

(2)喷墨式三维打印：喷墨式三维打印的喷头喷射出来的材料呈液态，很像喷墨打印头。例如，美国 3D SYS-TEM 公司多喷嘴的 Actua 2100 型 3D 打印机，其外形尺寸如同一台落地复印机，可安装在办公室的计算机旁边，成型件的最大尺寸为 250 mm×190 mm×200 mm，采用 96 个呈线性排列、总宽度为 63.5 mm 的喷嘴(打印头)，此喷嘴能相对工作台沿 X 和 Y 方向作扫描运动，并在控制系统的控制下，有选择性地一层层喷射熔化的热塑性塑料(Thermo Jet)，喷射液滴的直径为 0.076 mm，分辨率为 12 滴/mm^2。该材料被喷射至工作台后能迅速固化，形成工件的一层层轮廓。上述工作台能做 Z 方向的运动，从而可以在每层喷射完成后，再喷射下一层，直至得到最终的三维工件。这种成型机成型速度快，而且没有激光器，所以价格便宜，使用方便，采用的热塑性材料装在一卡盒内，能像复印粉盒那样插在机器上，成型完成后会自动清洗喷嘴。使用这种成型机，无须求助于专门的快速成型公司或快速成型实验室，产品设计人员自己就能又快又省地制作、验证概念设计所需的样品。

参考文献

[1]杨中文.塑料成型工艺[M].北京:化学工业出版社,2010.

[2]张京珍.塑料成型工艺[M].北京:中国轻工业出版社,2010.

[3]王家龙.吴清鹤.高分子材料基本加工工艺[M].北京:化学工业出版社,2010.

[4]李光.高分子材料加工工艺[M].2版.北京:中国纺织出版社,2010.

[5]王贵恒.高分子材料成型加工原理[M].北京:化学工业出版社,2010.

[6]吴培熙.塑料制品生产加工技术[M].北京:化学工业出版社,2011.

[7]温变英.高分子材料与加工[M].北京:中国轻工业出版社,2011.

[8]周殿明.塑料薄膜挤出成型加工技术[M].北京:机械工业出版社,2012.

[9]孙立新.张昌松.塑料成型基础及成型工艺[M].北京:化学工业出版社,2012.

[10]王慧敏.高分子材料加工工艺学[M].北京:中国石化出版社,2012.

[11]雷文,张曙,陈泳.高分子材料加工工艺学[M].北京:中国林业出版社,2013.

[12]唐松超.高分子材料成型加工[M].3版.北京:中国轻工业出版社,2013.

[13]沈新元.高分子材料加工原理[M].2版.北京:中国纺织出版社,2014.

[14]吴崇周.塑料加工原理及应用[M].北京:化学工业出版社,2015.